堆肥工艺及设备

条垛式堆肥

条垛式翻堆机

槽式发酵

槽式翻抛机

塔式发酵

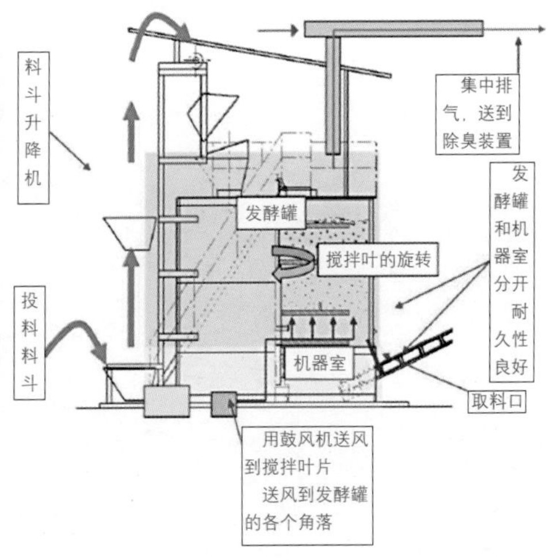

有机肥造粒设备

塔式发酵设备

有机堆肥试验及生产厂家

有机堆肥的苹果施肥试验

西安临潼有机堆肥厂

洛川水渭益果生态肥业有限公司有机肥厂

咸阳润园生物科技有限公司有机肥厂

兴平星光种猪场猪粪堆肥车间

张增强　主编

堆肥

清洁生产与使用手册

DUIFEI QINGJIE SHENGCHAN YU SHIYONG SHOUCE

中国农业出版社
北　京

内容简介

堆肥法是一种古老而又现代的有机废弃物生物处理技术，通过堆肥化处理，不仅可以消除有机废弃物的环境污染特性，还可以为农业生产提供高品质的有机肥料。本书从堆肥的原料、堆肥的生产过程及堆肥产品的质量控制、堆肥的工艺及设备、堆肥产品的土地利用等方面，系统阐明堆肥清洁生产的概念、原理、过程污染控制以及堆肥产品的施用，为有机废弃物的无害化处理与肥料化利用提供了技术支撑。

作者简介

张增强 博士，中国民主同盟盟员，西北农林科技大学资源环境学院教授，博士生导师，国际生物过程协会（IBA）终身会员，中国农业生态环境保护协会理事，中国环境科学学会高级会员，陕西省固体废弃物环境管理专家，《农业环境科学学报》编委，美国路易斯安那州立大学访问学者，国务院政府特殊津贴获得者。主要从事有机废弃物处理及土壤污染修复科研工作，先后主持和参与了国家科技部和陕西省的有关环境污染治理项目 30 多项，在城市污泥、城市生活垃圾及集约化养殖场畜禽粪便等的无害化与资源化处理方面取得了丰硕成果。结合课题研究，在国内外核心期刊发表科研论文 280 余篇，其中被 SCI/EI 收录 80 余篇，取得国家发明专利 10 项，获省部级奖 2 项。培养硕士、博士研究生及博士后 100 余人。

编　委　会

主　编　张增强

副主编　李荣华　〔印度〕Awasthi M. K.

编　者（以姓名笔画为序）

王　权　王美净　任秀娜　刘　涛

李荣华　肖　然　张增强　陈宏宇

赵军超　〔印度〕Awasthi M. K.

序
PREFACE

堆肥法作为一种传统的有机固体废弃物无害化与资源化处理技术，在我国已有上千年的历史。两千年来，我国一直是传统农业国家，正是传统的可持续农业保障了中华文明成为世界四大文明中唯一没有中断的文明。根据资料记载，我国在南宋时就已建立起科学的堆肥方法，早于西方约 800 年。南宋时期我国水稻产量已达到 4 500 千克/公顷，可以这样说，正是农业生产中长期大量地施用有机肥，才使得我国的农业生产保持数千年长盛不衰，我国传统农业的功绩也在西方《四千年农夫》《农业圣典》等经典著作中得到推崇。

现代堆肥技术启蒙产生于 20 世纪初的印度，即由 Albert Howard（1873—1947）先生在印度创立 Indore 堆肥法或改进后的班加罗尔堆肥法（Bangalore Process）。该堆肥方法明确给出了堆肥的物料配比、堆置方法等，使得堆肥过程基本满足现代科技可以重复的基本特征。然而，堆肥技术的快速发展则始于 20 世纪 30～40 年代，在欧洲的荷兰、德国、瑞士、丹麦等相继出现了不同的堆肥工艺及装置，如 Dano 法、Earp - Thomas 法、Frazer Eweson 法、Jersey 法、Naturizer 法、Riker 法和 Varro 法等装置，以及结合以上工艺开发出的 Fairfield Hardy 法、Snell 法、Metro - Wasfe 法和 Tollemache 法等。第二次世界大战结束后，堆肥技术被大规模地应用于对城市固体废弃物的处理中，相继出现了现代化的大型城市固体废弃物机械化堆肥工厂。由于城市固体废弃物混合收集中存在包括金属、玻璃等各种类型的污染物，传统的分选设备无法有效地分选出这些污染物，从而使得以城市固体废弃物为原料的堆肥产品的品质难以满足农用要求，直接影响到以城市固体废弃物为原料的堆肥厂建设。

随着我国经济社会的持续快速发展和人民生活水平的不断提高，人们对肉、蛋、奶的需求日益增加，因而集约化养殖场的规模和数量不断增加，围绕养殖场畜禽粪便的堆肥化处理也越来越受到重视。养殖业集约化发展中不可避免地会用到一些重金属，抗生素等环境风险物质，也间接影响到畜禽粪便堆肥的质量。为此，针对城乡不同有机废弃物开展堆肥清洁生产就显得非常必要。

西北农林科技大学张增强教授团队在多年堆肥研究基础上，编写了这本《堆肥清洁生产与使用手册》。该书以清洁生产理论为依据，从堆肥的原料、堆肥的生产过程及堆肥产品的质量控制、堆肥的工艺及设备、堆肥产品的土地利用等方面，系统阐明了堆肥清洁生产的概念、原理、过程以及堆肥产品的施用，为有机废弃物的无害化处理与肥料化利用提供了技术支撑，具有较高的理论水平与应用价值，对我国有机废弃物的清洁安全处理与肥料化利用具有重要意义。

中国农业大学资源与环境学院　李季

2019年3月18日

目录

CONTENTS

序

第一章　清洁堆肥的概念及原理 ………………………… 1

一、清洁生产的定义 ………………………… 1
二、清洁堆肥的概念 ………………………… 1
三、有机固体废弃物堆肥化基本概念和原理 ………………………… 2
四、堆肥系统分类 ………………………… 7
五、堆肥化过程控制 ………………………… 8
六、堆肥的质量控制指标 ………………………… 19
主要参考文献 ………………………… 20

第二章　清洁堆肥的原料来源与组成 ………………………… 22

一、畜禽粪便 ………………………… 22
二、污泥 ………………………… 32
三、餐厨垃圾 ………………………… 36
四、沼渣 ………………………… 38
五、农业废弃物 ………………………… 41
六、展望 ………………………… 49
七、堆肥标准及测定方法 ………………………… 49
主要参考文献 ………………………… 53

第三章　清洁堆肥的污染控制 …………………………… 55

一、清洁堆肥过程中病原微生物的控制 ………………… 56
二、堆肥过程中抗生素的控制 ……………………………… 69
三、堆肥过程中重金属的控制 …………………………… 100
四、展望 ……………………………………………………… 118
主要参考文献 ………………………………………………… 119

第四章　堆肥工艺及设备 ………………………………… 121

一、堆肥基本工艺 ………………………………………… 121
二、堆肥发酵设备 ………………………………………… 124
三、堆肥辅助机械设备 …………………………………… 133
四、堆肥工艺实例 ………………………………………… 138
主要参考文献 ………………………………………………… 146

第五章　清洁堆肥品质的评价与提升 ………………… 148

一、清洁堆肥产品腐熟度评价指标体系 ………………… 149
二、清洁堆肥过程中养分保留 …………………………… 158
三、堆肥品质的提升 ……………………………………… 167
主要参考文献 ………………………………………………… 169

第六章　清洁堆肥的基质化使用 ……………………… 171

一、栽培基质的含义 ……………………………………… 171
二、栽培基质的物理性状 ………………………………… 171
三、栽培基质的化学性状 ………………………………… 177
四、当前常规基质及存在问题 …………………………… 179
五、有机废弃物堆肥的基质化使用 ……………………… 180
六、存在问题及展望 ……………………………………… 188
主要参考文献 ………………………………………………… 190

第七章 清洁堆肥的产品使用 …… 191

一、堆肥农用的政策导向 …… 191
二、清洁堆肥在农田土壤方面的应用 …… 194
三、堆肥在作物生长方面的应用 …… 197
四、作物施肥原则及清洁堆肥施用方法 …… 199
五、展望 …… 231
主要参考文献 …… 232

第八章 清洁堆肥在土壤改良中的应用 …… 234

一、土壤环境问题 …… 234
二、堆肥特点 …… 237
三、清洁堆肥用于土壤改良 …… 237
四、清洁堆肥用于土壤污染修复 …… 239
主要参考文献 …… 256

第一章　清洁堆肥的概念及原理

一、清洁生产的定义

在了解清洁堆肥的概念之前，有必要先了解什么是清洁生产。根据《中华人民共和国清洁生产促进法》对清洁生产所做的定义，清洁生产是指不断采取改进设计，使用清洁的能源和原料，采用先进的工艺技术与设备、改善管理、综合利用等措施，从源头削减污染，提高资源利用效率，减少或者避免生产、服务和产品使用过程中污染物的产生和排放，以减轻或者消除对人类健康和环境的危害。

二、清洁堆肥的概念

堆肥处理法是一种古老而又现代的有机固体废弃物的生物处理技术。早在 1 000 年前，中国和印度等东方国家的农民便将杂草落叶、作物秸秆和动物粪便等堆积发酵，其产品称之为农家肥。这一方法在 19 世纪初才传到西方。从 20 世纪中期以来，人们发现它的作用原理也可适合城市垃圾的无害化处理，便使用现代工业技术使这一方法操作机械化和自动化，20 世纪 50 年代后在美国开始进行机械化堆肥并用于处理城市固体废弃物（MSW）。现在清洁堆肥已发展到世界各地，成了处理 MSW 的主要手段之一。

通过堆肥处理，不仅能将有机固体废弃物中的可腐有机物进行生物转化，使之稳定下来，并消灭对人类有害的病原微生物和植物虫害、草籽、昆虫及其卵等，大大降低废弃物的恶臭味，保护自然环境和人体健康，而且可以回收大量有机肥，对于改善土壤结构与提高肥力、维持农作物长期的优质高产和农业可持续发展及自然界的良性物质循环十分有益，达到了以经济有效的手段使有机固体废弃物无害化、资源化的目的。随着各国有机固体废弃物总数量逐年增加，需要对其处理的卫生要求也日益严格，从节省资源与能源角度出发，堆肥处理技术日益受到各国的重视。

清洁堆肥的概念源于清洁生产。由于堆肥的原料、生产过程和最终产品都或多或少存在一定的环境污染问题，在堆肥的生产全过程实行清洁生产就显得非常必要。因而，清洁堆肥即可表述为在堆肥原料的选取、堆肥过程及堆肥产品的施用等全过程中通过选取无害或低害的原料、控制堆肥过程中污染物的排放，消除堆肥原料中的有害物质，使最终堆肥产品无害化，其土地利用后对环境和人体健康无害化的堆肥过程。

三、有机固体废弃物堆肥化基本概念和原理

有机固体废弃物在湿度、通风条件适宜的情况下，放置在任一场所都会自动产生热量，这是因为一般的有机固体废弃物中都存在一定量的微生物，在适宜的条件下，对有机固体废弃物进行了降解。长期以来，正是通过这种过程，地球表面残留的枯枝落叶、杂草、树皮和其他半固体的有机物才被分解后再进一步参与到物质和能量的循环中去。堆肥处理法便是根据这种现象，在人工控制条件下，供给适宜的水分、碳氮比（C/N）和氧气，利用微生物的发酵作用，将有机物转变为稳定的腐殖质肥料的方法。

1. 堆肥化的定义 堆肥化（composting）是在控制条件下，使来源于生物的有机废弃物发生生物稳定作用的过程。稳定是相对的，是指堆肥产品对环境无害，并不是废弃物达到完全稳定。具体来讲，堆肥化就是依靠自然界广泛分布的细菌、放线菌、真菌等微生物，在一定的人工条件下，有控制地促进可被生物降解的有机物向稳定的腐殖质转化的生物化学过程。

废弃物经过堆肥化处理，制得的成品称为堆肥（compost），它是一类棕色的、泥炭般的腐殖质含量很高的疏松物质，故也称为腐殖土。废弃物经过堆制，体积一般只有原体积的50%～70%。

2. 堆肥化基本原理 根据堆肥化过程中氧气的供应情况可以

把堆肥化过程分成好氧堆肥和厌氧堆肥两种。好氧堆肥是在通气条件好、氧气充足的条件下借助好氧微生物的生命活动降解有机物，通常好氧堆肥堆温高，一般在 55～60 ℃时比较好，有时可高达 80～90 ℃，堆制周期短，所以好氧堆肥也称为高温堆肥；厌氧堆肥则是在氧气不足的条件下借助厌氧微生物发酵堆肥。由于厌氧堆肥化系统中，空气与发酵原料隔绝，堆温低，工艺比较简单，成品堆肥中氮素保留比较多，但堆制周期过长，需 3～12 个月，异味浓烈，分解不够充分；而好氧堆肥化具有发酵周期短、无害化程度高、卫生条件好、易于机械化操作等特点，故国内外运用垃圾、污泥、人畜粪尿等有机废弃物制造堆肥的工厂，绝大多数都采用好氧堆肥化且现代堆肥化也专指好氧堆肥化，所以这里主要介绍好氧堆肥化的原理。

好氧堆肥过程按照有机物质的转化方向可分为两个阶段，第一阶段为堆肥有机物的分解或降解阶段，第二个阶段为腐殖质的形成阶段。一般好氧堆肥的第一阶段对应的是堆肥过程的中温期和高温期，而第二阶段对应的堆肥过程中的腐熟期或后熟期。在好氧堆肥过程中，有机废弃物中的可溶性小分子有机物质透过微生物的细胞壁和细胞膜而被微生物直接吸收利用；不溶性大分子有机物（主要是固体的和胶体的有机物）则先附着在微生物的体外，依靠微生物所分泌的胞外酶分解为可溶性小分子物质，再渗入细胞内被微生物利用。微生物通过自身的生命活动——分解代谢（氧化还原）和合成代谢（生物合成）过程，把一部分被吸收的有机物氧化成简单的无机物，并放出微生物生长、活动所需要的能量，把另一部分有机物转化合成新的细胞物质，使微生物生长繁殖，产生更多的生物体。图 1-1 可以简单地说明这个过程。

3. 好氧堆肥化过程 在堆肥化过程中，有机物生化降解会产生热量，如果这部分热量大于堆肥向环境中散出的热量，则堆肥物料的温度会上升。根据堆肥的升温过程，好氧堆肥过程可大致分成 4 个时期，如图 1-2 所示。

（1）潜育期（亦称起始期）。指堆肥化过程的起始阶段，堆层温度基本维持在环境温度附近，微生物处于调整适应阶段，此时微生物基本不生长。根据环境温度不同，该阶段通常在第 1～2 天。

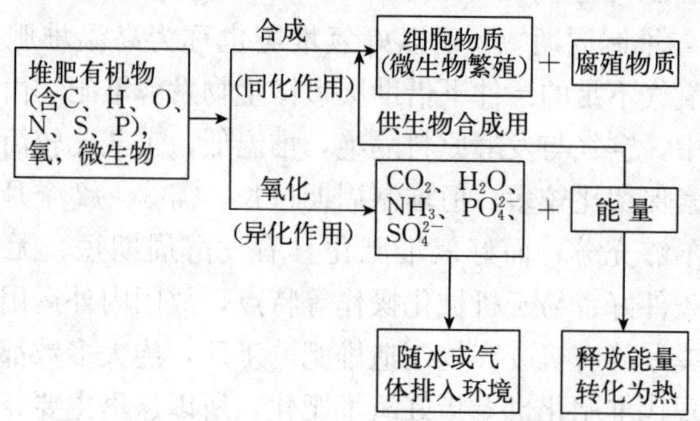

图 1-1　有机物的好氧堆肥分解原理

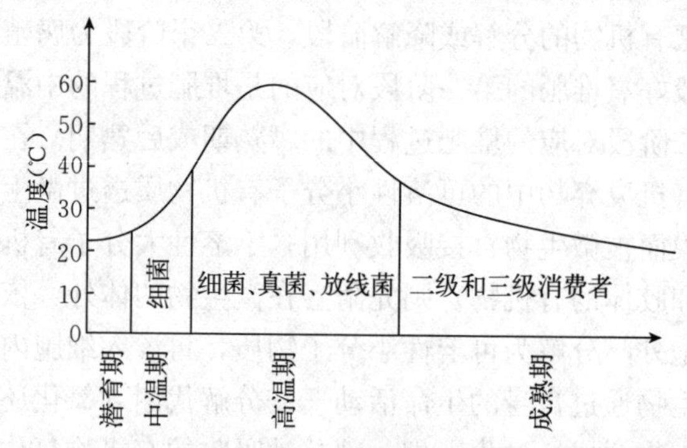

图 1-2　好氧堆制过程的 4 个时期

（2）中温期（亦称产热期）。指堆肥化过程的初期阶段（通常在第 1～3 天），堆层基本呈 25～45 ℃的中温，嗜温微生物较为活跃并利用堆肥中可溶性有机物进行旺盛繁殖。由于堆料有良好的保温作用，温度不断上升。此阶段微生物以中温、需氧型为主，通常是一些无芽孢细菌，另外还有真菌和放线菌。真菌菌丝体能够延伸到堆肥原料的所有部分，并会出现中温真菌的实体。同时螨、马陆（千足虫）等将摄取有机废弃物。腐烂植物的纤维素将维持线虫的生长，而更高一级的消费者中弹尾目昆虫以真菌为食，缨甲科昆虫以真菌孢子为食，线虫摄食细菌，原生动物以细菌为食。在目前的堆肥化设备中，此阶段一般在 12 小时以内。

(3) 高温期。当堆温升至 45 ℃以上时，即进入高温期，在这一阶段，嗜温微生物受到抑制甚至死亡，嗜热微生物逐渐代替了嗜温微生物的活动，堆肥中残留的和新形成的可溶性有机物质继续被氧化分解，堆肥中复杂的有机物如半纤维素、纤维素和蛋白质等开始被强烈分解。在高温期，各种嗜热微生物的最适宜温度也是不相同的，随着温度上升，嗜热微生物的类群和种群互相接替。通常在 50 ℃左右时进行活动的主要是嗜热真菌和放线菌；当温度上升到 60 ℃时，真菌则几乎完全停止活动，仅为嗜热放线菌和细菌在活动；温度升到 70 ℃以上时，对大多数嗜热微生物已不再适应，从而进入死亡和休眠状态。现代化堆肥生产的最佳温度一般为 55 ℃，因为大多数微生物在 45～65 ℃最活跃，最易分解有机物，其中的病原物和寄生虫大多数可被杀死。

(4) 成熟期（腐熟期）。在内源呼吸后期，只剩下部分较难分解的有机物和新形成的腐殖质，此时微生物的活性下降，发热量减少，温度下降。在此阶段嗜温微生物又占优势，对残余较难分解的有机物作进一步分解，腐殖质不断增多且稳定化，堆肥进入腐熟期。降温后，需氧量大大减少，含水率也降低。堆肥物孔隙增大，氧扩散能力增强，此时只需自然通风，最终使堆肥稳定，完成堆肥过程。

因此，可以认为堆肥过程就是微生物生长、死亡的过程，也是堆肥物料温度上升和下降的动态过程。

4. 堆肥无害化的机理 好氧堆肥化能提供杀灭病原体所需要的热量，（病原体）细胞的热死主要是由于酶的热灭活所致。其依据的理论主要是热灭活理论。

热灭活有关理论指出：①温度超过一定范围时，以活性型存在的酶将明显降低，大部分将呈变性（灭活）型。如无酶的正常活动，细胞会失去功能而死亡。只有很少数酶能长时间的耐热。②热灭活有一种温度——时间效应关系。热灭活作用是温度与时间两者的函数，即经历高温短时间或者低温长时间是同样有效的，如表 1-1 所示。③在低温下，灭活是可逆的，而在高温下，则是不可逆的。

一般认为杀灭蛔虫卵的条件也可杀灭原生动物、孢子等，故可以把蛔虫卵作为灭菌程度的指示生物。

表 1-1　消灭污泥中病原体的温度和时间

病原微生物	杀灭的温度、时间		病原微生物	杀灭的温度、时间	
	温度（℃）	时间（分）		温度（℃）	时间（分）
志贺氏（杆）菌	55	60	链球菌属化脓菌	54	10
溶组织内阿米巴的孢子	45	很短	结核分枝杆菌	66	15～20
绦虫	55	很短	蛔虫卵	50	60
微球菌属化脓菌	50	10	埃希氏杆菌属大肠杆菌	55	60

实际操作中堆肥无害化温度、时间条件要比理论上更高一些，即在较高的温度下维持较长时间，才能达到无害化要求。实际上好氧堆肥无害化工艺条件为：堆温 55 ℃以上需维持 5～7 天，堆温 70 ℃则需维持 3～5 天。

5. 堆肥微生物　堆肥化是微生物作用于有机废弃物的生化降解过程，微生物是堆肥过程的主体。堆肥微生物的来源主要有两个：一是来自有机废弃物里面固有的大量的微生物种群，如在城市垃圾中一般的细菌数量在 10^{14}～10^{16} 个/千克；二是人工加入的特殊菌种，这些菌种在一定条件下对某些有机废弃物具有较强的分解能力，具有活性强、繁殖快、分解有机物迅速等特点，能加速堆肥反应的进程，缩短堆肥反应的时间。

堆肥化过程中起作用的微生物主要是细菌和放线菌，还有真菌和原生动物等。随着堆肥化过程有机物的逐步降解，堆肥微生物的种群和数量也随之发生变化。

细菌是堆肥中形体最小、数量最多的微生物，它们分解了大部分的有机物并产生热量。在堆肥初期温度低于 40 ℃时，嗜温细菌占优势。该堆肥温度升至 40 ℃以上时，嗜热细菌逐步占优势。这阶段微生物多数是杆菌，杆菌种群的差异在 50～55 ℃时是相当大的，而在温度超过 60 ℃时差异又变得很小。当环境改变不利于微生物生长时，杆菌通过形成孢子壁而幸存下来，厚壁孢子对热、冷、干燥及食物不足都有很强的耐受力，一旦周围环境改善，它们又将恢复活性。

放线菌可使成品堆肥散发出泥土气息。在堆肥化的过程中放线菌在分解纤维素、木质素、角质素和蛋白质等这些复杂有机物时发挥着重要的作用。放线菌分泌的酶能够帮助分解树皮、报纸等坚硬的有机物。

真菌在堆肥后期当水分逐步减少时发挥着重要的作用。它与细菌竞争食物，与细菌相比，它们更能够忍受低温的环境，并且部分真菌对氮的需求比细菌低，因此能够分解木质素，而细菌则不能。

微型生物在堆肥过程中也发挥着重要的作用。轮虫、线虫、跳虫、潮虫、甲虫和蚯蚓通过在堆肥中移动和吞食作用，不仅能消纳部分有机废弃物，而且还能增大堆肥物料的比表面积，并促进微生物的生命活动。

四、堆肥系统分类

不同堆肥技术的主要区别在于维持堆体物料均匀及通气条件所使用的技术手段的不同。堆肥化系统有多种分类方法，按堆制方式可分为间歇堆积法和连续堆积法，按需氧程度可分为好氧堆肥和厌氧堆肥，按温度可分为中温堆肥和高温堆肥，按技术可分为露天堆肥和机械密封堆肥，按原料发酵所处状态可分为静态发酵法和动态发酵法。在众多分类方法中，Haug 的分类比较具有系统性，他根据反应器类型、固体流向、反应器床层和空气供给方式进行分类，其分类如表 1-2 所示。

表 1-2 堆肥化系统分类

<table>
<tr><th>系统</th><th>固体流向</th><th>供气方式或
反应器类型</th><th>反应器床层、
形状或固体流态</th></tr>
<tr><td rowspan="4">开放式系统</td><td rowspan="2">搅拌固体床
（条垛式）</td><td>自然通风式</td><td rowspan="4">装载机成垛、
翻堆机翻垛，装
载机出料</td></tr>
<tr><td>强制通风式</td></tr>
<tr><td rowspan="2">静态固体床</td><td>强制通风静态垛式</td></tr>
<tr><td>自然通风式</td></tr>
<tr><td rowspan="11">反应器系统</td><td rowspan="4">垂直固体流</td><td rowspan="2">搅拌固体床</td><td>多床式</td></tr>
<tr><td>多层式</td></tr>
<tr><td rowspan="2">筒仓式反应器</td><td>气固逆流式</td></tr>
<tr><td>气固错流式</td></tr>
<tr><td rowspan="7">水平和倾斜固体流</td><td rowspan="3">滚动固体床
（转筒或转鼓）</td><td>分散流式</td></tr>
<tr><td>蜂窝式</td></tr>
<tr><td>完全混合式</td></tr>
<tr><td rowspan="2">搅拌固体床
（搅拌箱或开放槽）</td><td>圆形</td></tr>
<tr><td>长方形</td></tr>
<tr><td rowspan="2">静态固体床
（管状）</td><td>推进式</td></tr>
<tr><td>输送带式</td></tr>
<tr><td></td><td>静止式（堆肥箱）</td><td>强制通风（可移动堆肥仓）</td><td>推进式或输送带式</td></tr>
</table>

五、堆肥化过程控制

（一）堆肥化工艺环节

目前堆肥生产一般采用高温好氧堆肥工艺。尽管堆肥系统多种多样，但其基本工序通常都由前处理、主发酵（一次发酵）、后发酵（二次发酵）、后处理、脱臭及储存等工序组成。

1. 前处理 以城市生活垃圾为堆肥原料时，前处理往往包括破碎、分选、筛分等工序，主要是去除粗大垃圾和不能堆肥的物质，一般适宜的粒径范围是12～60毫米，使堆肥原料和含水率达到一定程度的均匀化；使原料的表面积增大，便于微生物繁殖，从而提高发酵速度。在以家畜粪便、污泥等为堆肥原料时，由于其含水率太高等原因，前处理的主要任务是调整水分和碳氮比，或者添加菌种和酶制剂，以促进发酵过程正常或快速进行。

降低水分、增加透气性、调整碳氮比的主要方法是添加有机调理剂和膨胀剂。

（1）调理剂。调理剂可分为两种类型：①结构调理剂：无机物或有机物，可以减小堆肥底料容重，增加底料空隙，从而有利于通风。②能源调理剂：有机物，可增加可生化降解的有机物的含量，从而增加混合物的能量。理想的调理剂是干燥、较轻且易分解的物料，常用的有木屑、稻壳、禾秆、树叶等。

（2）膨胀剂。膨胀剂是指有机或无机的固体颗粒，当它加入湿堆肥化物料中时，能有足够的尺寸保证物料与空气的充分接触，并能依靠粒子间接触起到支撑作用。普遍使用的膨胀剂是干木屑、花生壳、成粒状的轮胎、小块岩石等物质。

2. 主发酵（一次发酵） 通常将堆肥化物料温度升高到开始降低为止的阶段，称为主发酵阶段（或主发酵期）。在此阶段主要是脂肪、蛋白质、碳水化合物等生物易降解的物质发生转化，变成比较稳定的物质。主发酵包括升温和高温期，一般升温期很短，只需4～12 小时即可，在高温期，各种病原物均可被杀死，从而达到无害化。此阶段的特征是：耗氧速率高，温度高，挥发性有机物降解速率高和出现很浓的臭味。主发酵可在露天或发酵装置内进行，通过翻堆或强制通风向堆积层或发酵装置内供给氧气。以生活垃圾为主体的城市垃圾和家畜粪便好氧堆肥，主发酵期 4～12 天。

3. 后发酵（二次发酵） 后发酵主要是将主发酵工序尚未分解的易分解和较难分解的有机物进一步分解，使之变成腐殖酸、氨基酸等比较稳定的有机物，得到完全成熟的堆肥制品。此阶段也称为熟化阶段，其特征是：温度低，耗氧速率低和出现很淡的臭味。通常，把物料堆积到 1～2 米高以进行后发酵，并要有防雨水流入的装置，有时还要进行翻堆或通风。后发酵时间通常在20天以上。

4. 后处理 后发酵后的堆肥很稳定，基本上没有臭气。但大多数堆肥形状不一，出售时必须进行粒度调整或成分调整，同时为了保存和运输方便应装袋。城市生活垃圾堆肥时，在预分选工序没有去除的塑料、玻璃、陶瓷、金属、小石块等杂物依然存在，因此还要经过一道分选工序以去除杂物，并根据需要进行再破碎，如生产精制堆肥。

5. 脱臭 部分堆肥工艺中堆肥物在堆制过程会产生臭味，必须进行脱臭处理。去除臭气的方法主要有化学除臭剂除臭、碱水和水溶液过滤以及熟堆肥或活性炭、沸石等吸附剂过滤。在露天堆肥时，可在堆肥表面覆盖熟堆肥，以防止臭气逸散。较为多用的除臭装置是生物滤堆，当臭气通过该装置，恶臭成分被堆料吸附，进而被其中好氧微生物分解而脱臭，也可用特种土壤代替堆肥使用，这种过滤器称为土壤脱臭过滤器。另外，用锯木屑脱臭也是行之有效的。

6. 储存 堆肥一般在春、秋两季使用，夏、冬两季生产的堆肥只能储存，所以要建立可储存6个月生产量的库房。储存方式为直接堆存在二次发酵仓中或袋装，这时要求干燥而透气，如果密闭和受潮则会影响产品的质量。

（二）堆肥化的过程控制

堆肥过程进行是否顺利，主要根据堆肥物料中有机物和堆肥工艺控制参数的变化来监测和控制。对于各种堆肥系统而言，其控制和监测堆肥过程的运行参数是一致的，主要有有机物含量、含水率、温度、通气量、pH等。

1. 堆肥过程中有机物的控制 由于堆肥原料来源广泛，有机物的成分复杂、多样和可变，因此有机物质含量的多少、成分的变化均对堆肥过程产生一定影响。

（1）有机物含量的控制。在高温好氧堆肥中，有机物含量的最适范围为20%～80%。当有机物含量低于20%时，因有机物量不足，不能产生足够的热量来提高和维持堆层温度，从而无法使堆肥达到无害化，同时微生物活性很低，产生的堆肥肥效较低。当堆肥物料中的有机质含量过高（高于80%）时，由于堆肥过程对氧气的需求量较大，而传统的供氧方式难以满足好氧微生物对氧气的需求而产生恶臭，也不能使好氧堆肥工艺顺利进行。实践证明，在堆肥中添加适量的无机组分（煤灰等）对于增大堆肥的空隙率、提高通风供氧的效率大为有利。

调整和增加堆肥原料的有机组分的具体做法如下：①对堆肥原料进行预处理。通过破碎、筛分等工艺去掉部分无机成分，使城市垃圾有机物含量提高到50%以上；用含污泥的混合物堆肥时，堆料的挥发性固体含量应大于50%。②发酵前在堆肥原料中掺入一定比例的粪稀、城市污水污泥、畜粪等调理剂。其中，城市垃圾以掺稀粪为最多，农业秸秆以添加畜禽粪便较合适，城市污泥以添加草炭或锯末较为理想。③城市生活垃圾和污泥混合堆肥。通常把污泥作为调理剂，根据城市垃圾和污泥的固体物和挥发性物质的含量计算出所需回流堆肥和调理剂的用量以及混合物的挥发性物质含量。

城市垃圾堆肥过程中常用作调理剂的粪稀含挥发性物质2%～3%、水分97%～98%，城市污水污泥和畜禽粪便的含水率及营养成分见表1-3和表1-4。

表1-3　城市下水污泥含水量和营养成分（干重）

单位：%

污泥类型		含水率	N	P_2O_5	K_2O
一级处理污泥	原污泥	95～98	3.0～4.0	1.0～3.0	—
	消化污泥	87～95	1.3～3.0	1.5～4.5	0.3～0.5
一级处理及滤池污泥	原污泥	95～98	3.5～5.0	—	—
	消化污泥	90～95	1.5～3.5	2.8～4.5	—
活性污泥	原污泥	98～99.5	4.3～6.4	4.6～7.0	0.3～0.7
	消化污泥	93～97	2.0～4.8	2.5～4.8	0.3～0.6

表 1-4 各种家畜粪便的肥分含量

（黄绍文等，2017）

畜禽粪便	含量范围	N（克/千克）	P_2O_5（克/千克）	K_2O（克/千克）	有机物（%）
鸡粪	均值	25.0±13.9	35.9±17.7	21.7±8.1	42.1±13.5
	范围	7.4～73.1	8.4～104.9	4.3～49.2	9.0～69.8
猪粪	均值	21.6±6.6	47.4±21.1	15.4±5.9	54.4±12.4
	范围	7.1～38.5	11.0～97.8	3.1～34.3	18.4～71.6
牛粪	均值	14.6±4.2	16.1±12.2	13.9±9.6	57.4±12.6
	范围	4.7～22.5	3.5～62.2	0.8～40.2	25.3～73.5
羊粪	均值	17.2±5.2	13.1±7.3	20.6±13.6	54.5±13.3
	范围	6.7～25.5	3.8～34	4.1～59	19.5～72.6
其他	均值	19±28.2	20.2±20.6	20.6±15.6	36.5±20.9
	范围	0.8～141.1	2.7～88.7	2.7～71.4	5.8～74.6

注：其他有机废弃物样品包括鸽粪、马粪、鹿粪、兔粪、堆肥、厩肥、沼气肥、菇渣等样品。

（2）碳氮比的调整。堆肥物料碳氮比的变化在堆肥中有特殊的意义。根据微生物（主要是细菌和真菌）细胞的碳氮比和它们进行新陈代谢所需的碳量可知，堆肥过程最佳碳氮比为（25～35）∶1。若碳氮比过低（低于 20∶1），微生物的繁殖就会因能量不足而受到抑制，导致分解缓慢且不彻底；另外，由于可供消耗的碳素少，氮素养料相对过剩，则氮将变成铵态氮而挥发，导致氮素大量损失而降低肥效。而一旦碳氮比过高（超过 40∶1），则在堆肥施入土壤后，将会发生夺取土壤中氮素的现象，产生“氮饥饿”状态，对作物生长产生不良影响。

为保证成品堆肥中一定的碳氮比［一般为（10～20）∶1］和在堆肥过程中使分解速度有序地进行，必须调整好堆肥原料的碳氮比。初始原料的碳氮比一般都高于最佳值，调整的方法是加入人粪尿、畜粪以及城市污泥等调节剂，使碳氮比调到最佳范围。当有机

原料的碳氮比为已知时，可按下式计算所需添加的氮源物质的数量

$$K=(C_1+C_2)/(N_1+N_2) \quad (1-1)$$

式（1-1）中，K 为混合原料的碳氮比，通常最佳范围值为(25～35)∶1；C_1、C_2、N_1、N_2 分别为有机原料和添加物料的碳、氮含量。表1-5所示的有机废弃物可用来调整堆肥原料的碳氮比。

表1-5　各种废弃物的氮含量和碳氮比

物质	N（%）	碳氮比	物质	N（%）	碳氮比
大便	5.5～6.5	(6～10)∶1	厨房垃圾	2.15	25∶1
小便	15～18	0.8∶1	羊厩肥	8.75	—
家禽肥料	6.3	—	猪厩肥	3.75	—
混合的屠宰场废弃物	7～10	2∶1	混合垃圾	1.05	34∶1
活性污泥	5.0～6.0	6∶1	农家庭院垃圾	2.15	14∶1
马齿苋	4.5	8∶1	牛厩肥	1.7	18∶1
嫩草	4.0	12∶1	麦秸	0.53	87∶1
杂草	2.4	19∶1	稻草	0.63	67∶1
马厩肥	2.3	25∶1	玉米秸	0.75	53∶1

此外，磷也是非常重要的因素，磷的含量对发酵起很大影响。有时，在垃圾发酵时，添加污泥的原因之一就是污泥含有丰富的磷。堆肥物料适宜的碳磷比为（75～150）∶1。

2. 堆肥过程的水分（含水率）控制　堆肥中水分的主要作用是：溶解有机物，参与微生物的新陈代谢；水分蒸发时带走热量，起到调节堆肥温度的作用。水分是否适量直接影响堆肥发酵速度和腐熟度，所以含水率是好氧堆肥化的关键因素之一。微生物的生长和对氧的要求均在含水率为50%～60%时达到峰值。因此，一般堆肥化含水率的适宜范围，按质量计为45%～60%，以55%为最佳。水分过多时，易造成厌氧状态，而且会产生渗滤液的处理问题；水分低于40%时，微生物活性降低，堆肥温度随之下降。因此，对于条垛式系统和反应器系统，堆料的水分不应大于65%；

对于强制通风静态垛系统，水分不应大于 60%。无论什么堆肥系统，水分均应不小于 40%。

通常，生活垃圾的含水率均低于最佳值，可添加污水、污泥、人畜尿、粪便等进行调节。添加的调节剂与垃圾的质量比，可根据式（1-2）求出：

$$M=(W_m-W_c)/(W_b-W_m) \quad (1-2)$$

式（1-2）中，M 为调节剂与垃圾的质量（湿重）比，W_m、W_c、W_b 分别为混合原料含水率、垃圾含水率、调节剂含水率。

也可用一定量的回流堆肥来进行调节。堆肥物料的水分调节可根据采用回流堆肥工艺的物料平衡进行。图 1-3 是好氧堆肥化物料平衡图。

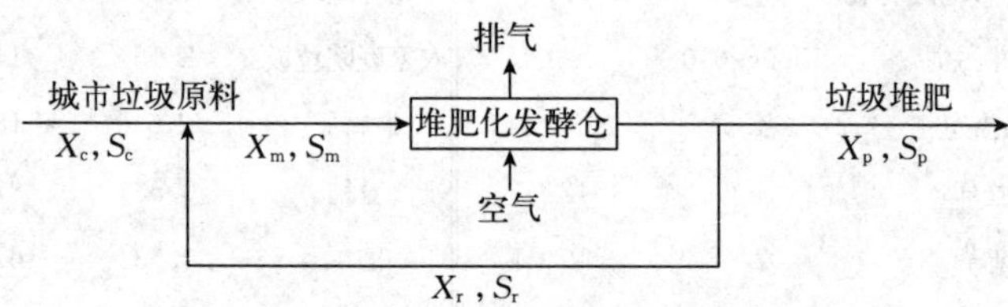

图 1-3　好氧堆肥化物料平衡

X_c：城市垃圾原料的湿重；S_c：原料中固体含量（质量分数）；X_m：进入发酵混合物料的总湿重；S_m：进入发酵仓混合物料的固体含量（质量分数）；S_p、S_r：堆肥产物和回流堆肥的固体含量（质量分数）；X_p：堆肥产物的湿重；X_r：回流堆肥产物的湿重。

作物料平衡计算如下：

湿物料平衡式　$X_c+X_r=X_m$　(1-3)

干物料平衡式　$S_cX_c+S_rX_r=S_mX_m$　(1-4)

将式（1-3）代入式（1-4）中，得关系式

$$S_cX_c+S_rX_r=S_m(X_c+X_r) \quad (1-5)$$

令 R_w 为回流产物湿重与垃圾原料湿重之比，称为回流比率，则

$$R_w=X_r/X_c \quad (1-6)$$

由式（1-5）得　$X_r\ (S_r-S_m)=X_c(S_m-S_c)$

即　$X_r/X_c=(S_m-S_c)/(X_r-S_m)$

故　$R_w=X_r/X_c=(S_m-S_c)/(S_r-S_m)$　(1-7)

如令 R_d 为回流产物的干重与垃圾原料干重之比，则

$$R_d=S_rX_r/(S_cX_c) \quad (1-8)$$

将式（1-5）变形，方程两边各除以 S_cX_c，得

$$1+R_d=S_mX_c/(S_cX_c)+S_mX_r/(S_cX_c)$$
$$=S_m/S_c+(S_r/S_r)\times S_mX_r/(S_cX_c)$$
$$=S_m/S_c+S_m/S_r\times R_d$$

即　$R_d\ (1-S_m/S_r)=S_m/S_c-1$

可整理得关系式　$R_d=(S_m/S_c-1)/(1-S_m/S_r)$　(1-9)

式（1-8）或式（1-9）能用来计算所需要的以干重或湿重为条件的回流比率。当以脱水污泥滤饼等湿度大的物料为主要原料时，回流堆肥调节水分是常用的方法。

如生活垃圾中水分过高时，则需采取有效的补救措施，包括：①若土地空间和时间允许，可将物料摊开进行搅拌，即通过翻堆促进水分蒸发；②在物料中添加松散或吸水物（常用的有稻草、谷壳、干叶、木屑和堆肥产品等），以辅助吸收水分，增加其空隙率。

3. 堆肥过程的温度控制　堆肥过程中堆体温度升高是微生物活动剧烈程度的最好参数。温度的作用主要是影响微生物的生长，一般认为高温菌对有机物的降解效率高于中温菌，现代的快速、高温好氧堆肥正是利用这一特点，在堆肥的初期，堆体温度一般与环境温度相近，经过中温菌 1～2 天的作用，堆肥温度便能达到高温菌的理想温度 45～65 ℃，按此温度，一般堆肥只要 5～6 天，即可完成无害化过程。因此，在堆肥过程中，堆体温度应控制在 45～65 ℃，但在 55～60 ℃时比较好，不宜超过 60 ℃，因为温度超过 60 ℃，微生物的生长活动即开始受到抑制，且温度过高会过度消耗有机质，降低堆肥产品质量。为达到杀灭病原菌的效果，对于反应器系统和强制通风静态垛系统，堆体内部温度大于 55 ℃的时间必须达 3 天。对于条垛式系统，堆体内部温度大于 55 ℃的时间至

少为 7 天，且在操作过程中至少翻堆 3 次。

根据绘制的常规堆肥温度变化曲线，可判断发酵过程的进展情况。如测出温度偏离常规温度曲线，就表明微生物的活动受到了某种因素的干扰或阻碍，而常规的影响因素主要是供氧情况和物料含水量。在实际生产中，往往通过温度-供气反馈系统来完成温度的自动控制。通过在堆体中安装温度监测装置，当堆体内部温度超过 60 ℃时，风机开始自动向堆体内送风，从而排出堆料中的热量和水汽，使堆体温度下降。而对于无通风系统的条垛式堆肥，则采用定期翻堆来实现通风控温。若运行正常，而堆温却持续下降，即可判定堆肥已进入结束前的温降阶段。

4. 通风的过程控制 通风的主要作用在于：为微生物的活动提供足够的氧气，同时将堆积层中因微生物呼吸作用释放的二氧化碳排出；调节堆肥过程中的温度，在堆肥后期可降低温度和稀释臭味；去除过多的水分。从理论上讲，堆肥过程中的需氧量取决于被氧化的碳量，但由于有机物在堆肥化过程中分解的不确定性，难以根据垃圾的含碳量变化精确确定需氧量。目前，研究人员往往通过测定堆层中的氧浓度和耗氧速度来了解堆层的生物活动过程和需氧量多少，从而达到控制供气量的目的。

必须注意供氧的浓度，堆肥过程中的氧浓度应大于 18%，最低浓度不能小于 8%，一旦低于 8%，氧就成为好氧堆肥中微生物生命活动的限制因素，并易使堆肥产生恶臭。

根据不同堆肥对供氧要求的差异和堆肥反应器结构及工艺过程的不同，好氧堆肥的通风供氧方式有以下几种。

（1）自然扩散。利用堆料表面与其内部氧气的浓度差产生扩散，使氧气与物料接触。在一次发酵阶段通过表面扩散供氧只能保证堆体内离表层约 22 厘米厚的物料内有氧气，显然堆层内因供氧不足内部常呈厌氧状态。在二次发酵阶段，氧气可自堆层表面扩散至堆体内 1.5 米处，因此在实际生产中，二次发酵采用堆高在 1.5 米以下时，可采用自然扩散的供氧方式以节省能源。但自然通风系统的升温和降温过程都较缓慢，需要较长的堆肥周期。

(2) 翻堆。利用固体物料的翻动或搅拌，把空气包裹到固体颗粒的间隙中以达到供氧的目的。翻堆还能使堆料混合均匀，促进水分蒸发，有利于堆肥的干燥。在堆肥的起始阶段，耗氧速率很大，理论上如果仅靠翻堆供氧，则固体颗粒间的氧约 30 分钟就被耗尽，即每 30 分钟左右就应翻堆一次，但在实际生产中很难实施。若以温度作为翻堆指标则比较合理，当堆心温度达到 55 ℃或 60 ℃时就需要翻堆。堆肥初期需要较频繁的翻堆，运行费用较高。

(3) 被动通风。将孔眼朝上的穿孔管铺于堆体底部，或用空心竹竿竖直插入堆体中，堆体中的热空气上升时形成的抽吸作用使外部空气进入堆体中，达到自然的通风效果。条垛式堆肥系统常用此通风方式，称为被动通风条垛系统，它不需要翻堆和强制通风，因此与强制通风静态垛系统相比，大大地降低了投资和运行费用。但它不能有效地控制通风量的变化来满足不同堆肥阶段的需要。

(4) 强制通风。通过机械通风系统对堆体强制通风供氧。强制通风系统由风机和通风管道组成。通风管道可采用穿孔管铺设在堆肥池地面下或设活动管道插在堆肥物料中等方式。铺设时应遵循的原则是：必须使各路气体通过堆层的路径大致相等，且通风管路的通风孔口要分布均匀。通风方式有正压鼓风、负压抽气和由正压鼓风、负压抽气组成的混合通风。鼓风有利于保持管道畅通，排除水蒸气，防止堆体边缘温度下降，有利于堆垛温度均衡。一般在堆肥化前期和中期采用鼓风，后期采用抽风，有利于臭气的排除及尽快降低堆垛的温度。过量通风会过度降低堆垛的温度，延长堆肥化过程；但通风量过低则会造成局部厌氧环境。与其他方式相比，强制通风易于操作和控制，是为堆料供氧的最有效的通风方式。强制通风静态垛系统和发酵仓（反应器）系统常用这种通风方式。

(5) 翻堆和强制通风结合的方式。强制通风条垛系统常用这种通风方式。

强制通风的风量可根据不同目的计算出来。用于通风散热以控制适宜温度所需的通风量是有机物分解所需空气量的9倍，也就是说，为了维持堆体的适宜温度，必须以所需空气量的9倍供气。堆肥装置的强制通风量一般为每立方米堆料0.1～0.2米^3/分。

强制通风的控制方式有以下4种：①时间控制法：可分为连续通风和间歇通风两种，其中间歇通风更适宜于堆肥过程，它实际上是控制温度，使其处于堆肥的最佳温度范围并予以保持。而通风速率又可采用恒定和变化的两种，速率恒定就是在整个堆肥过程中，自始至终都采用相同的通风速率，此法必然会造成某些阶段通风过量或某些阶段风量不足，因此在堆肥过程中，最好采用变化的通风速率。时间控制法不能很好地保证堆肥过程对风量的要求，若通风时间过短，会造成局部厌氧，若通风时间过长，则会造成气量的浪费及引起堆体温度下降。②温度反馈控制法：通过温度-供气反馈系统来完成温度的自动控制。高温堆肥温度最好控制在55～60℃，当温度达到60℃时，通过温度-供气反馈装置启动鼓风机进行通风，以降低堆温，当温度低于60℃时，停止鼓风，让堆温上升，如此反复，使堆温始终保持在60℃左右。此法可较好地控制堆体温度。③耗氧速率控制法：耗氧速率可作为好氧微生物分解和转化有机物速率的标志，通过测定堆体内部耗氧速率的快慢来控制通风量的大小和时间是最为直接和有效的方法。可用测氧枪连续测定堆体空隙中氧浓度的变化，得到堆层中微生物的耗氧速率，并反馈控制鼓风机的通断。④综合控制法：将温度传感器及氧气传感器测得的数据连续输入计算机，经过程序加工处理后来反馈控制鼓风机的通断，可保持最佳的堆温和氧含量，并实现堆肥通风系统的自动化控制。只是，此法要求在密闭式堆肥系统进行。强制通风静态垛系统宜采用通风速率变化的时间-温度反馈正压通风控制方式（控制堆体中心最高温度为60℃）；密闭式反应器堆肥系统宜采用氧气含量反馈的通风控制方式（保持堆料间氧气体积分数为15%～20%）。

5. 堆肥过程的pH控制 pH是一项能对细菌环境作出评价的参数。适宜的pH可使微生物有效地发挥其应有的作用，而过高或过低的pH都会对堆肥的效率产生影响。一般认为pH在7.5～8.5

时，可获得最大堆肥速率。

在堆肥过程中，尽管 pH 在不断变化，但能够通过自身得到调节。堆肥中如果没有特殊情况，一般不必调整 pH，因为微生物可在较大 pH 范围内繁殖。若 pH 降低，可通过逐步增强通风来补救。

六、堆肥的质量控制指标

堆肥化的目的是要达到无害化、稳定化和资源化的要求，生产出符合标准的堆肥产品，这就需要合理调控和正确评价。腐熟度在堆肥的质量控制中具有重要意义，是评价堆肥土地安全利用的重要指标。

（一）堆肥腐熟度和发酵周期的定义

堆肥产品的稳定化程度常用腐熟度来表达。腐熟度是国际上公认的衡量堆肥反应进行程度的一个概念性指标。它的基本含义是：①通过微生物的作用，堆肥的产品要达到稳定化、无害化，即致病菌、寄生虫卵和草籽等都被杀灭；使有机物经微生物降解而转化为较稳定的腐殖质等，不再具有腐败性；微量有毒污染物减少，不再对环境产生不良影响。②堆肥施用于农田，不影响作物的生长和土壤的耕作力。

发酵周期是指堆肥物料经好氧发酵过程使原料变成稳定无害的堆肥产品所需要的时间。堆肥发酵周期的长短是评价堆肥工艺好坏的一个重要指标。碳氮比、通风量、温度和水分等是否处于最佳条件均能使发酵周期受到直接影响。传统的静态堆肥法，依靠自然通风和翻堆来实现好氧堆肥的全过程，因此发酵周期需 2～3 个月，有时甚至长达半年。而目前一些高效快速动态堆肥技术，可使堆肥发酵周期控制在 7 天以内，有的一次发酵时间仅需 2～3 天。

（二）堆肥腐熟度的评价指标

在总结国内外有关的研究工作基础上，从物理指标、化学指标、生物学指标和卫生学指标四个方面对堆肥腐熟、稳定性及安全性的研究作进行概述。表 1-6 是一些评估堆肥腐熟度的指标及其参数或项目。

表 1-6 评估堆肥腐熟度的指标汇总

指标名称	参数或项目
物理指标	①温度；②颜色；③气味；④质地
化学指标	①碳氮比；②氮化合物（总氮、NH_4^+-N、NO_3^--N、NO_2^--N）；③阳离子交换量（CEC）；④有机化合物（水溶性有机碳、还原糖、脂类等化合物、纤维素、半纤维素、淀粉等）；⑤腐殖质（腐殖质指数、腐殖质总量和功能基团）
生物学指标	①耗氧速率；②植物生长实验；③微生物种群和数量；④酶学分析
卫生学指标	致病微生物指标等

以上列出的指标和参数在堆肥初始和腐熟后的含量或数值都有显著的变化，定性的变化趋势很明显，如碳氮化降低，NH_4^+-N 减少和 NO_3^--N 增加，阳离子交换量升高，可生物降解的有机物减少，腐殖质增加，呼吸作用减弱等。但这些指标和参数都不同程度地受到原材料和堆肥条件的影响，很难给出统一的普遍适用的定量关系。现仅就常用的方法、指标和参数的主要特点及在评估中所起的作用、存在的不足之处进行简要论述。具体论述请参考第五章相关内容。

主要参考文献

李承强，魏源送，樊耀波，等，1999. 堆肥腐熟度的研究进展［J］. 环境科学进展，7（6）：1-12.

Bernal M P，Alburquerque J A，Moral R，2009. Composting of animal manures and chemical criteria for compost maturity assessment. A review［J］. Bioresource Technology，100：5444-5453.

李洋，席北斗，赵越，等，2014. 不同物料堆肥腐熟度评价指标的变化特性［J］. 环境科学研究，27（6）：623-627.

黄绍文，唐继伟，李春花，2017. 我国商品有机肥和有机废弃物中重金属、养分和盐分状况［J］. 植物营养与肥料学报，23（1）：162-173.

第二章　清洁堆肥的原料来源与组成

我国是世界上的农业大国，随着城市现代化和农村城镇化步伐的加快，每年产生大量的秸秆、畜禽粪便和餐厨垃圾等有机废弃物。秸秆的大量焚烧以及畜禽粪便等有机废弃物的不合理处置，导致了严重的环境污染，危及人畜健康，已经成为我国环境污染的重要来源。由于畜禽粪便、秸秆和餐厨垃圾含有丰富的养分，是宝贵的、可再生的生物质资源，因此对这些有机废弃物的处理和资源化利用是治理农业面源污染、节约生物质资源、节能减排、生态环境保护和可持续发展的重要内容。

清洁堆肥是指利用自然界中广泛存在的微生物，通过人为调节和控制，促进可生物降解有机物向稳定的腐殖质转化并达到无污染或低污染的生物化学过程。畜禽粪便、秸秆、污泥和餐厨垃圾等废弃物含有丰富的有机质和植物所需养分，通过清洁堆肥技术处理这些有机废弃物，可以使其达到无害化、减量化和资源化的目的，有利于减轻我国由于经济快速发展所带来的环境压力，同时能较好地促进生态农业的发展。

一、畜禽粪便

1. 畜禽粪便产量　随着人民生活水平的不断提高，居民对奶类和肉制品的需求日益增加，促使全球畜禽养殖业迅猛发展，养殖方式也从传统的分散式和粗放式转化为规模化、集约化和专业化养殖。2011 年我国畜禽养殖场总数达 14 494 个，其中种猪场个数最多为 8 143 个，畜牧业总产值占农业总产值的 31.70%。以表 2 - 1 中的肉猪养殖业为例，1986—2016 年的 30 年中，全球的肉猪养殖量增长了 18.92%。与此同时，我国的肉猪出栏量也由 1996 年的

41 225 万头增长到了 2016 年的 68 502 万头，增长率达 66.17%。截至 2016 年，我国肉猪养殖量已占世界总养殖量的 69.77%（联合国粮食及农业组织，2017；国家统计局，2018）。这是由于自改革开放以来，我国经济快速增长，科技水平不断逐渐提高，农业和畜牧业高速发展，从而使我国畜禽养殖业的增速逐渐升高，养殖数量不断扩大。作为世界上最大的畜禽养殖国，我国规模化养殖场以养猪场、养鸡场、养牛场和养羊场等为主，且主要分布在我国的河南省、浙江省、湖南省、四川省、云南省、山东省和广西壮族自治区等地区（国家统计局，2018）。

表 2-1 世界部分地区肉猪养殖量

（联合国粮食及农业组织，2017）

单位：头

国家	1986 年	1996 年	2006 年	2016 年
美国	52 314 000	56 123 800	61 448 900	71 500 400
德国	37 227 600	23 736 564	26 521 300	27 376 056
法国	11 842 000	14 334 813	14 837 023	12 709 379
印度	10 500 000	13 200 000	11 686 000	9 084 612
荷兰	13 481 358	13 900 000	11 200 000	12 479 000
菲律宾	7 274 830	9 025 950	13 046 680	12 199 442
波兰	18 948 528	17 963 912	18 880 558	10 865 318
西班牙	15 780 000	18 731 000	26 218 706	29 231 595
巴西	32 539 344	29 202 182	35 173 824	39 950 320
丹麦	9 104 000	10 841 553	13 361 099	12 383 000
澳大利亚	2 553 494	2 526 412	2 733 000	2 294 245
加拿大	9 967 000	11 588 000	15 110 000	12 770 461
日本	11 061 000	9 900 000	9 620 000	9 313 000
全球	825 577 345	910 322 598	925 337 887	981 797 339

1998—2010 年，我国中、大规模的畜禽出栏数量逐年递增，所有养殖户畜禽出栏量中，规模化养殖场的出栏数量占较大比例。

畜禽养殖业集约化和规模化的高速发展，养殖场数量的逐渐增加，必然会产生大量的畜禽粪便。目前，畜禽粪便的产量主要有3种计算方式：①是根据国家环保总局在计算粪便量时的算法，将存栏量×日排泄系数（单个动物每天排出粪便的数量）×饲养周期，由此所得数据应该是畜禽一个饲养周期的粪便量，而不是一年的粪便量，故计算所得的粪便量偏小；②是以（畜禽出栏量＋年末存栏量）×日排泄系数×饲养周期来计算每年粪便量，该算法中年末存栏畜禽还未经历一个饲养周期，所以用此方法计算的粪便量偏大；③将猪、牛、羊和家禽的存栏量看作当年中一个相对稳定的饲养量，在未考虑饲养周期的前提下，采用公式：畜禽粪便量＝存栏量×排泄系数×365（天），该方法虽然克服了前两种方法的弊端，但忽视了畜禽饲养周期的巨大差异。综合分析，统计数据中对于畜禽的养殖数量，包括存栏量和出栏量数据，究竟是选择存栏量还是出栏量参与计算，应该根据畜禽的主要养殖用途来确定，肉用的畜禽应该选择其出栏量参与计算，而役用、蛋奶用和繁殖用途的畜禽，应该采用其存栏量进行计算。在仅有存栏量数据的情况下，结合畜禽的年或日排放系数，也可以估算出畜禽粪便产生量。

针对不同情况，采取不同的计算方式，得到近20年畜禽粪便的产量。1999年我国畜禽养殖场粪便产量约为19亿吨，为同期工业固体废弃物产量的2.4倍。2002年我国猪粪、牛粪、羊粪和禽类粪便的产量分别达到了12.9亿吨、11.4亿吨、2.0亿吨和1.2亿吨，总计27.5亿吨，约为同期工业废弃物总量的2.91倍。2011年，我国畜禽粪便产量略有降低，总产量为21.2亿吨，相当于当年工业废弃物产生量的2倍左右。近几年来，随着我国经济的稳步增长，工业、农业和商业持续健康发展，畜禽粪便产量持续增长，据农业部统计数据显示，2016年我国畜禽粪污的总排放量已增加至38亿吨。畜禽养殖业作为农业的重要组成部分，如何科学有效地处理与利用其产生的大量粪便不仅成为世界普遍关注的焦点，也是制约我国生态农业发展的重要因素之一。

2. 畜禽粪便成分及其存在的危害

（1）畜禽粪便中成分。畜禽养殖过程中所产生的污染是农业面源污染的主要来源，贡献率达到58.21%，其中畜禽养殖过程中总氮、总磷和化学需氧量（COD）排放分别占农业源的38%、96%和56%。畜禽养殖过程中产生的畜禽粪便除含有丰富的有机质、氮、磷和钾外，还含有金属元素、病原微生物、各种胶体和未被完全消化的植物残体，具有恶臭气味。畜禽粪便的集中产生，随意堆放将会导致一些环境问题，从而制约畜禽养殖业的发展。结合我国第一次全国污染源普查畜禽养殖业污染源排污系数和相关学者的调研数据，表2-2为我国畜禽类便排泄系数。

表2-2　我国畜禽粪便排泄系数

畜禽种类	粪尿量（千克/天）	总氮量（克/天）	总磷量（克/天）	化学需氧量（克/天）
猪	2.97～4.10	16.85～47.25	2.63～5.21	280.8～401.2
役用牛	17.00～27.63	108.0～139.8	9.54～24.06	2 833～3 325
肉牛	20.42～23.71	72.74～153.5	10.17～19.85	2 235～3 114
奶牛	31.39～50.99	185.9～353.4	17.92～62.46	3 600～6 793
蛋鸡	0.10～0.17	1.06～1.42	0.23～0.51	18.50～27.35
肉禽	0.06～0.22	0.71～1.85	0.06～0.50	0.06～0.22

由表2-2可知，畜禽粪便含有极其复杂的有机物和植物所需养分，其中猪和牛粪便中的化学需氧量普遍较高。据国家环境保护总局自然生态保护司数据显示，每年我国畜禽养殖业排放的化学需氧量超过7 000多万吨，已超过当年工业废水和生活污水所排放量中的化学需氧量之和（国家环境保护总局自然生态保护司，2002）。规模化畜禽养殖业的高速发展，畜禽粪便的大量产生和不合理处置，势必会直接或者间接地导致土壤、大气污染及水体富营养化。王方浩等（2006）研究表明我国畜禽粪便污染已成为环境污染的主要来源，畜禽养殖业的发展已对部分地区的环境构成了污染。2011

年，我国畜禽粪便的氮、磷产量和化学需氧量分别达到了1 419.76万吨、247.98万吨和2.33亿吨，较1978年分别增加了1.39倍，1.66倍和0.91倍；我国大多省份实际畜禽养殖量已经远远超过了50%环境容量，其中北京、天津、湖南、湖北、山东、广东、广西、辽宁、福建、河北和海南等东部沿海经济发达地区的氮、磷污染风险较高。2007—2013年我国平均耕地面积的畜禽氮污染负荷已经到达138.1千克/公顷，其中华南、西南和华北等地区的畜禽粪便污染相对较严重，氮污染负荷能够到达203.0千克/公顷。结果表明，畜禽粪便的大量产生对我国耕地的污染负荷承载的压力越来越大。

畜禽粪便中的氮、磷元素主要来自饲料中未被完全消化吸收的氨基酸。畜禽种类的不同和养殖方式的差异都会导致对应粪便中氮、磷含量的不同。刘晓永和李书田等（2018）基于统计数据和文献资料分析了主要畜禽（猪、牛、鸡和羊）粪便中氮、磷和钾养分含量（表2-3）。从表中可知，我国主要畜禽粪便的总养分含量为0.4%～8.0%，其中猪粪和家禽粪养分含量总体上要高于牛粪和羊粪。

表2-3　我国主要畜禽粪便的平均养分含量（鲜基）

单位：%

粪便	N	P_2O_5	K_2O
猪粪	0.24～2.96	0.09～1.76	0.17～2.08
牛粪	0.30～0.84	0.02～0.41	0.10～3.00
羊粪	0.60～2.35	0.15～0.50	0.20～2.13
马粪	0.40～1.05	0.08～0.32	0.24～2.07
家禽粪	0.42～3.00	0.22～1.54	0.25～2.90

畜禽粪便的大量产生，也使得畜舍的氨气、硫化氢、甲基硫醇和三甲基胺等有害气体的浓度升高，危害畜禽和人体健康。据报

道，即使只有10%的畜禽粪便未经有效的处理进入水体，对水体磷的富营养化贡献率能够达到10%～20%。畜禽粪便中的氮和磷经过雨水冲刷或者地表径流进入水体，不仅会加剧水体的富营养化污染，同时会引起藻类疯长，从而降低水体中的溶解氧含量，致使鱼类和水生生物的大面积死亡。此外，未经处理的畜禽粪便，直接施用到农田，不仅会引起土壤中氮和磷元素的富集，同时也会引发病原物的传播，威胁人畜健康。土壤中多余的氮、磷等元素会渗入到地下水中，从而导致地下水中的铵态氮、硝态氮和亚硝态氮含量升高。人类若长期饮用硝态氮超标的水，极有可能诱发癌症。

（2）畜禽粪便中的重金属含量。1954 年，英国 Braude 博士研究表明，在饲料中增加 Cu 元素的含量能够促进猪的生长以来，各种微量元素如 Cu、Zn、Pb、Se 和 As 被添加到畜禽饲料中以保证畜禽的生长、繁育和疾病防治。表 2-4 给出了不同动物饲料中重金属元素的含量范围。由表 2-4 中可知，我国大部分畜禽饲料中的重金属含量均有不同程度地超过我国《饲料卫生标准》（GB 13078—2017）和《中华人民共和国农业行业标准》（NY/T 65—2004）对饲料中 Cu（＜6 毫克/千克）、Zn（＜110 毫克/千克）、Cd（＜0.5 毫克/千克）和 Pb（＜5 毫克/千克）含量的限制。不同动物饲料的重金属含量存在差异，然而在所有饲料中重金属 Cu 和 Zn 的含量要远远高于其他重金属的含量。

表 2-4　不同动物饲料中重金属的含量

单位：毫克/千克

饲料种类	Cu	Zn	Pb	Cd	Ni
猪饲料	17.2～268	116～281	0.03～0.91	0.02～0.84	—
牛饲料	13.81～281.2	53.25～89.78	3.69～13.09	0.63～1.68	3.46～11.79
羊饲料	27.76～96.60	58.98～73.31	3.55～11.25	0.54～1.99	3.46～13.71
禽饲料	3.8～198.7	5.6～293	0.3～34.5	0.10～4.2	—

有研究表明，饲料中高 Zn 和高 Cu 均能促进肉猪的生长，尤其在仔猪阶段最为明显。畜禽对 Cu 和 Zn 的日需求量分别为 4～11 毫克/千克和 30～60 毫克/千克，其中猪对 Cu 和 Zn 的日需求量分别为 4～8 毫克/千克和 46～48 毫克/千克。然而，有些养殖企业为了追求经济利益最大化，常常在饲料中添加过量的 Cu 和 Zn，以达到快速促进肉猪生长的目的。但是饲料中的 Cu 和 Zn 在畜禽消化道中的吸收率低，仔猪和成年猪对 Cu 的吸收率仅为 5%～20%和 5%～10%；同时，仔猪对 Zn 的吸收率也仅为 5%～10%。饲料中 87.86%～96.13%的 Cu 和 87.18%～98.11%的 Zn 将会随着粪尿排出。另外，许多研究表明，畜禽粪便中重金属的含量与饲料添加剂中重金属的含量以及饲料使用的频率具有显著的正相关性，且重金属含量在动物的生长代谢过程中也会不断累积。饲料中重金属的大量添加以及过度使用，导致了畜禽粪便中重金属的累积。将我国畜禽粪便的重金属含量与德国腐熟堆肥中的重金属限值进行对比发现，我国鸡粪中重金属 Cu、Zn、Cd、Cr 和 Ni 的超标率为 21.3%～66.0%，而猪粪中 Cu、Zn 和 Cd 的超标率为 10.3%～69.0%。

我国每年约有 18 吨的畜禽饲料微量元素被投加到畜禽养殖过程中，其中有 55.56%～66.67%的重金属被畜禽排出体外。通过对我国不同地区养殖场猪粪样品中重金属含量的分析和总结发现（表 2－5），规模化养殖场猪粪中的重金属含量普遍较高，尤以 Cu 和 Zn 为主。畜禽饲料添加剂中 Cu 和 Zn 的大量使用，导致我国猪粪中重金属 Cu 和 Zn 的含量严重超标。

长期施用富含重金属的畜禽粪便，必然会导致土壤重金属污染。在我国，由于畜禽粪便的不合理施用，使得农田土壤中重金属含量显著增加，不同程度地超过了我国《土壤环境质量标准》中的二、三级标准限值，其中大多数土壤的污染程度甚至达到重度污染水平。畜禽粪便过量施用所引起的土壤重金属污染不仅会抑制作物根系的生长，降低农产品的产量和品质，而且还会通过食物链危害人类的健康。Cu 和 Zn 是作物生长的必需元素，微量的 Cu 和 Zn

表 2-5　不同地区养殖场猪粪样品中重金属含量

单位：毫克/千克

重金属	山东	浙江	陕西	广西	北京	江苏
Zn	151.1～14 680	112.2～10 057	68.72～3 012	370.4～20 780	281.0～12 950	113.6～1 506
Cu	46.1～1 311	96.58～17 884	78.99～1 543	123.3～13 62	92.1～1 082	35.7～1 726
Cd	0～203.40	0.02～4.87	0.08～50.19	0.7～1.7	0.126～5.77	1.13～4.35
Pb	0～5.08	0.37～7.78	0.05～35.81	—	0.68～21.8	4.22～82.91
Cr	0～43.25	0.43～86.58	1.99～115.53	10.8～40.6	1.06～688.0	23.21～64.67
Ni	—	2.14～23.18	0.66～28.36	—	3.5～17.9	3.62～22.10
As	0.61～33.48	2.45～76.43	0.04～117.01	—	0.55～65.4	4～78.0

施用有利于促进作物生长，然而高浓度的 Cu 和 Zn 污染则会对植物产生危害。过量的重金属如 Cu 会破坏植物生理结构，降低植物中叶绿素的含量，从而抑制植物的光合作用。同时，当土壤中的 Cu 含量为 100 毫克/千克时，将导致水稻减产 10%。对于 Zn 而言，过量的施用也会损害植物根系，阻碍植物生长。当土壤中 Zn 含量高于 15.9 毫克/千克时，将会抑制玉米的生长。

畜禽粪便引起土壤重金属含量的升高不仅会危害作物的生长和人体的健康，也会对土壤中的微生物种群结构、微生物活性和微生物生物量造成负面影响。有研究表明，蔬菜土壤中的重金属浓度与土壤的微生物量呈现了良好的负相关性。土壤重金属污染会改变微生物代谢活性，增加微生物的代谢熵。例如，重金属 Zn 含量超标时将显著降低农田土壤的微生物活性；重金属污染土壤中脱氢酶、过氧化氢酶、磷酸酶、脲酶和蔗糖酶的活性比对照土壤分别降低了 34.6%～92.3%、16.7%～69.1%、30.9%～83.1%、22.6%～74.2%和 25.5%～47.3%；污染土壤中的真菌、细菌和放线菌的数量也有不同程度的减少。

污染土壤中的重金属在雨水冲刷和地表径流的作用下，将会导致部分重金属进入水体中，从而污染地表水和低下水。高浓度的重金属会降低水体的自净能力，恶化水质，导致水生生物的死亡。当水体中的Cu浓度为0.5毫克/升时，就能使35%～100%淡水植物死亡；而高浓度的Zn也会影响水体的质量，导致鱼虾及其他生物的死亡。人体食用富含重金属的水产品，会导致体内重金属的不断积累，从而引发各种疾病。

（3）畜禽粪便中的病原微生物和抗生素。畜禽粪便中除含有丰富的有机质和植物养分外，还含有大量的微生物和病毒。通过对畜禽粪便中存在的微生物和病毒及其致病性的归纳总结发现，畜禽粪便中主要有大肠杆菌、芽孢杆菌、酵母菌和葡萄球菌等正常微生物和假单胞菌、奇异变形杆菌、青霉、黑曲霉、黄曲霉及病毒等病原性微生物。此外，畜禽粪便中还含有许多寄生虫如蛔虫、钩虫、球虫和血吸虫及其（卵）等。畜禽粪便是人畜（禽）共患传染病的主要传播载体，畜禽粪便中含有150多种的人畜共患病的致病源，以及一些烈性的传染病如炭疽病、结核病、布氏杆菌病和禽流感等。研究表明，畜禽养殖场排放的粪便废水中，大肠杆菌和大肠球菌的平均含量分别能够达到3.3×10^5个/毫升和6.9×10^5个/毫升；而每升沉淀池污水中线虫卵和蛔虫卵能够到达100～200个。规模化养殖场畜禽粪便的随意堆放，可使粪便中的病原微生物通过土壤、空气、水源和食物链等危害人畜（禽）的健康。表2-6为畜禽排泄物中部分病原微生物的总结。

表2-6 畜禽排泄物中的病原微生物

细菌		病毒	
名称	症状	名称	症状
空肠弯曲杆菌	出血性腹泻、腹疼	禽肠病毒	呼吸道感染
炭疽杆菌	皮肤病	轮状病毒	肠胃感染
大肠杆菌	肠胃病	腺病毒	眼睛和呼吸道感染
结核杆菌	肺结核	肠病毒	呼吸道感染
沙门氏菌	沙寒病	鼻病毒	副流感
钩端螺旋体	肾感染	牛细小病毒	呼吸道疾病

为了有效预防动物疾病，保证动物的健康生长，在饲料中添加抗生素（四环素、土霉素和磺胺类药物）和激素类药物（雌激素和孕激素）已成为畜禽养殖场的共识。然而，不科学的管理和药物的滥用，导致畜禽粪便中大量抗生素的残留。尤其猪粪和鸡粪中四环素、土霉素和金霉素的平均含量分别在 3.63～5.22 毫克/千克、5.97～9.09 毫克/千克和 1.39～3.57 毫克/千克。通过对我国部分地区畜禽粪便中四环素类抗生素含量的分析（表 2-7），我国畜禽粪便中抗生素残留量较高，且随着时间推移，粪便中的抗生素含量有升高的趋势。畜禽粪便中的抗生素如未经处理直接排放到环境中，不仅会污染土壤和水体，而且会导致耐药微生物和抗性基因的产生，从而威胁到人类和环境的安全。

表 2-7　畜禽粪便中的四环素类抗生素含量

单位：毫克/千克

地区	粪便类型	土霉素	四环素	金霉素
北京	猪粪	10.2～524.4	11.4～77.1	0.0～19.2
浙江	猪粪	0～29.60	0～16.75	0～11.63
山东	猪粪	1.81～5.97	0～1.79	0
江苏	猪粪	2.25～20.01	2.19～15.60	2.14～3.41
吉林	猪粪	2.97～13.40	2.54～43.20	1.28～11.49
陕西	猪粪	3.27～8.93	0～1.15	0
宁夏	猪粪	4.50	0	0
北京	鸡粪	3.96～23.43	0～14.56	0～19.03
山东	鸡粪	5.62	4.60	2.11
江苏	鸡粪	2.85～10.67	0～4.25	0～2.61
吉林	鸡粪	3.67～4.41	1.62～2.16	0
宁夏	鸡粪	3.66	0	0
浙江	鸡粪	0～17.64	0～8.36	0～3.34

二、污泥

1. 污泥产量 污泥通常是指污水处理厂在处理污水过程中产生的固液混合絮状物质，主要来源于初次沉淀池、二次沉淀池等工艺环节。污泥主要由各种微生物以及有机、无机颗粒组成，还含有重金属、有机污染物、病原微生物和寄生虫卵等有害物质，是一类危害性很大的固体废弃物。近年来，随着国民经济的快速发展和城镇现代化水平不断上升，我国废水排放量连年上升，城市污水处理量迅速增加，污泥作为污水处理过程的副产物也迅速增加。根据国家统计局发布的《中华人民共和国 2017 年国民经济和社会发展统计公报》相关数据，2016 年全国废水排放总量为 711.10 亿吨，比 2016 年废水总量减少 24.22 亿吨（图 2－1）；按照每万吨污水经处理后污泥产生量一般为 10～ 20 吨（按含水率 90％计），每年将会产生大量的固体废弃物。如此数量庞大的固体废弃物如果得不到合适的处理处置，将会对环境造成严重的二次污染。

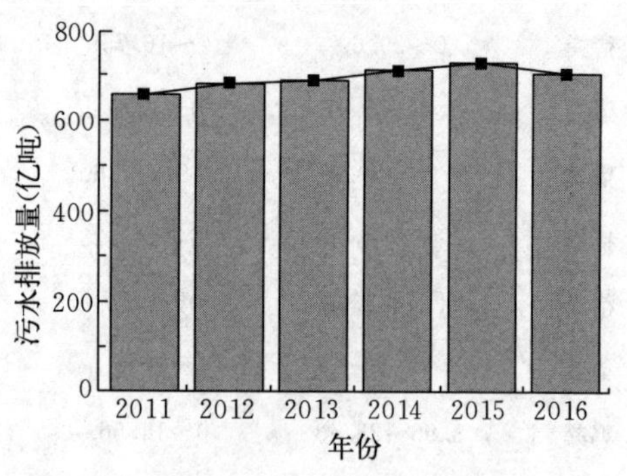

图 2－1　全国污水排放量统计数据

2. 污泥的分类 污泥由各种微生物和有机、无机颗粒组成，是一种固液混合的絮状物质。由于污泥是污水处理过程的副产物，不同来源污水产生的污泥性状差异较大，对污泥进行分类十分必要。

按污泥来源可以分为：

（1）给水厂污泥：来源于给水水源的净化过程。

（2）生活污水污泥：来源于城市污水处理厂处理生活污水过程。

（3）工业污泥：来源于污水处理厂处理工业废水过程。

（4）城市水体疏浚污泥：来源于河道、湖泊、池塘等自然或人工水体疏浚过程。

按污水处理厂处理污水工艺，污泥可以分为：

（1）初级沉淀池污泥：来源于废水初次沉淀池。

（2）活性污泥：来源于采用活性污泥法处理工艺的二次沉淀池。

（3）腐殖污泥：来源于采用生物膜法处理工艺的二次沉淀池。

（4）化学污泥：来源于采用混凝、化学沉淀等化学法处理废水工艺的一级处理（或二级处理）。

按污泥的产生阶段可以分为：

（1）生污泥：为沉淀池排出的沉淀物或悬浮物。

（2）消化污泥：为生污泥经过厌氧消化环节得到的污泥。

（3）浓缩污泥：为生污泥经过浓缩处理后得到的污泥。

（4）脱水污泥：为机械脱水处理后得到的污泥。

（5）干化污泥：为干化后得到的污泥。

3. 污泥的危害

（1）未经有效处理的污泥会污染地下水和地表水。污泥经过雨水的侵蚀和渗透作用，极易对地下水造成二次污染，其所含丰富的N、P等进入周边水体或土壤中，随着水循环系统进入地表水，造成地表水的富营养化。

（2）未经有效处理的污泥会造成土壤污染。由于污泥中含有大量病原物、寄生虫（卵），对环境和人类以及动物健康有可能造成危害。

（3）污泥中富含的Cu、Zn、Cr、Hg等重金属以及多种有毒有害物，使土地不再适宜耕作。

（4）污泥带来的食物链危害和臭气污染也不容忽视。部分污泥中的重金属渗入地下水后可能通过鱼、虾等进入食物链，重新回到餐桌上。同时，臭气污染是污泥处理处置过程中极易产生的一种污染。污泥隐患的长期存在，不仅污染了环境，威胁着人们身体健康，也消解了污水处理的环保效果。

4. 污泥的成分 由于污泥的来源不同，其成分也较为复杂。

（1）市政污泥。市政污泥的来源较为稳定，因此污泥所含成分也基本保持稳定。通常而言，污泥的成分主要包括水、有机物、重金属、营养物质和病原物等。市政污泥的含水率一般较高，初级沉淀池的含水率为95%～97%，而二级沉淀池的含水率高达99%以上，pH为6.5～7.0，氮含量较高，约为3%，碳氮比维持在（10～20）∶1，适合堆肥化处理。但是市政污泥初级沉淀池的有机物含量不高，挥发性有机物、碳水化合物的含量为50%，脂肪含量约为20%，有机物含量为50%～70%，但是二级沉淀池污泥的挥发性固体则比初级沉淀池污泥的高。此外，污泥中重金属如Zn、Cu、Pb、Cd、Cr、Ni、As等的含量因地区不同而有较大的差异。部分地区市政污泥中重金属含量平均值如表2-8所示，污泥中重金属的含量较高，未经处理，直接施用于土壤，将会引起环境污染。

表2-8 部分地区市政污泥中重金属含量平均值

（崔荣煜等，2016）

单位：毫克/千克

	Zn	Cu	Pb	Cd	Cr	Ni	As
昆明	177	211	72	5.68	129	—	—
天津	1 120	418	295	4.60	290	—	22.5
上海	1 323	456	76	2.28	578	—	—
全国平均	1 450	486	131	2.97	185	77.5	—

（2）工业污泥。随着生态文明建设的不断推进，工业污泥的污染问题越来越收到人们的重视。相较于市政污泥，工业污泥的成分

更为复杂，具有毒性物质含量高、来源广泛、产量较大等特点。

① 电镀污泥。电镀污泥的含水率较高，为75%～90%，灰分含量均值为86.76%，pH为7.99，不同来源的电镀污泥的重金属含量分布趋势基本一致，Cd和Pb的含量较低，但是Zn、Cu、Cr等含量远远超过国家标准。除此之外，电镀污泥的N、P、S、K等含量较低，因此农用价值很低，也不适合作为堆肥原料。

② 冶金钢铁污泥。冶金工业以有色金属和钢铁冶炼为主。钢铁污泥的产生主要来自于两部分：一部分是来源于钢铁冶炼的过程中产生的大量废料；另一部分是冶炼有色金属过程中产生的大量酸性废水污泥，这类污泥通常进行沉淀处理，形成混合污泥。由于其生产工艺的差别，产生的污泥性质也有很大差异。钢铁生产过程中产生的瓦斯泥具有比重轻、粒径小、腐蚀性高、化学毒性强等特点，并且含有C、S、Fe、Pb、Zn等元素，除此之外，含水率较高。而冶金过程中产生的酸性废水通过石灰石和沉淀处理后，重金属以氢氧化物的形式析出，产生含Cu、Sn、Pb、As等元素的污泥，且其具体的成分如表2-9所示（陈晓飞等，2005）。

表2-9　×××有色金属公司污泥成分测试

单位：%

成分	Pb	Cd	Zn	As	CaO	MgO	SiO_2
含量	1.58	1.04	5.08	7.76	24.64	3.20	12.17

③ 印染污泥。印染污泥主要来源于印染废水处理的各道工序，主要包括废水的预处理栏栅渣，物化污泥和生化污泥，含水率大部分集中在60%～80%，平均含水率为66.88%，不同印染污泥中重金属含量变化较大，6种主要重金属含量大小顺序为Zn > Cr > Pb > Cu > Ni > Cd。

④ 造纸污泥。造纸污泥的产量非常大，每生产1吨可再生纸，就能够产生含水率65%的污泥700千克，产量远超同等规模的市政污水处理厂。造纸污泥呈中性，含水率很高，而灰分含量较小，有机物以纤维素为主。具体数据如下：污泥含水率为97.69%，干

污泥有机物含量为62.0%，灰分含量为38.0%，pH为7.2，干污泥纤维含量为38.12%且其重金属含量均低于国家标准，具体情况如表2－10所示（郑云磊等，2013）。

表2－10　造纸污泥重金属含量测定结果

单位：毫克/千克

重金属	含量	标准
Cu	48	500
Zn	500	1 000
Ca	33 390	—
Ni	16	200
Cd	5	20
Cr	13	1 000
Pb	20	1 000

三、餐厨垃圾

1. 餐厨垃圾的产量　餐厨垃圾是城市生活垃圾中最主要的一种，其成分复杂，是油、水、果皮、蔬菜、米面、鱼、肉、骨头以及废餐具、塑料、纸巾等多种物质的混合物，以蛋白质、淀粉和动物脂肪等成分为主，且盐分和油脂含量高。我国餐厨垃圾产生量大、面广，主要是宾馆、饭店、企事业单位食堂等在经营过程中产生的残羹剩饭、下脚料等混合物。在国内，一些食堂、宾馆、饭店等饮食单位的有机垃圾产生量惊人。据测算，2016年全国餐厨垃圾产生量达到9 700万吨。这类垃圾资源数量庞大且集中，有利于资源化利用。

2. 餐厨垃圾的危害　餐厨垃圾造成的污染已经成为城市环境污染的主要问题，严重威胁人们的正常生活和身体健康。

（1）餐厨垃圾在储存、运输过程中大多会发生腐烂变质的现象，散发出难闻的异味。腐败变质的泔水中所含有的各种毒素会对饲养的动物造成污染，这些毒素会通过食物链逐渐在人体蓄积，危害人体健康。餐厨垃圾含有大量病原微生物，极易引起流行病。餐厨垃圾被加工成“泔水油”，掺入食用油中出售，这种油含有大量致癌物质，长期食用可致癌。

（2）餐厨垃圾中的泔水等流入地下管网，再进入污水处理厂，造成有机物增加，加重污水处理厂的负担，增加运行成本。

（3）目前，餐厨垃圾运输工具十分简易，没有密封，极易造成餐厨垃圾渗漏，而且餐厨垃圾被乱倒在下水道、路边的情况很多，严重影响了市容环境卫生，对环境造成污染。

（4）裸露存放的泔水引来并滋生了大量的蚊蝇、鼠虫，因此不可避免地成为传播疾病的媒介。

综上所述，餐厨垃圾已经成为城市环境污染的新污染源，严重威胁人们的正常生活和身体健康，与全面建设小康社会、构建和谐社会不相适应。然而，餐厨垃圾具有高有机质含量、易腐烂和营养丰富等特点，对其进行资源化回收利用有着深远的意义。利用不同化学组分的餐厨垃圾如油脂、糖类、蛋白质类、废液，通过不同的工艺分离消毒，进而通过微生物发酵转化，使其全部成为再生资源和各类产品，能够完全消除餐厨垃圾对环境的污染，并为工农业提供各类油脂原料、生物饲料和生物菌肥，促进相关产业发展，带来巨大的经济效益。

3. 餐厨垃圾的成分　由于食品的日益多样化及人们喜欢更换口味的习惯，不同饮食单位产生的有机垃圾成分不同。以人群较为密集的大学食堂餐厨垃圾为例（从××大学食堂3个餐厅共采集16个样品）（表2-11）。

表2-11　大学食堂餐厨垃圾的成分含量

（王梅，2008）

项目	平均数（克）	标准差	成分含量的范围（克）
粗蛋白质	20.73	2.81	16.58～27.85
粗脂肪	28.82	5.58	19.58～41.78
粗纤维	3.53	0.52	2.61～4.64
粗灰分	8.51	2.88	4.39～13.61

（续）

项目	平均数（克）	标准差	成分含量的范围（克）
钙	0.81	0.56	0.28～2.17
磷	0.77	0.25	0.44～1.38
水分	79	5.8	64～86.3
干物质	21	5.8	13.7～36.0

餐厨垃圾中水分约占79%，干物质约占21%，粗蛋白质约占20%，粗脂肪约占28.8%。粗脂肪消化率约为88.26%，粗蛋白质消化率约为89.63%，其消化率与常规饲料相近，表明餐厨垃圾通过处理，有作为饲料原料的可行性。此外，随着人们生活水平的提高，其中有机营养成分含量呈递增趋势，可见此类垃圾具有很高的开发利用价值。

四、沼渣

据统计，截至2009年底，我国已建成户用沼气3 507万户，年产沼气总量约1.4×10^{10}米^3，折合标准煤约1.87×10^7吨，农民增收节支178亿元，使近1亿农民直接受益；小型沼气工程1.8万处，总池容7×10^5米^3；大中型沼气工程8 576处，其中大型沼气工程（单体容积大于300米^3）4 000余处。同时，无论在政策上还是资金方面，国家各有关部门也给予大力支持，因此我国沼气的发展仍具有广阔的前景。

随着我国沼气事业的快速发展，沼渣沼液资源也将丰富起来。尤其随着大中型沼气工程的建设，沼渣沼液存在连续、量大、集中的特点，其无害化消纳问题已到了迫切需要解决的境地，在某些沼气工程的运行中，沼渣沼液的处置已成为制约沼气工程正常运行的瓶颈。沼渣沼液中含有植物生长所需的营养元素，病原微生物的存活量少，并富含利于土壤改良的有机物质和易于被植物吸收的小分子腐殖质，因此肥用是沼渣沼液目前最主要的利用方式。利用好氧堆肥处理沼渣，不仅可以生产有机肥料，还能减轻土地的负荷，减少环境污染，增加一定的经济效益。而且随着“减肥减药”政策的实施，有机肥的市场比重逐年增加，因此利用沼渣生产有机肥在未来有一定的发展空间。

1. 沼渣特性 沼渣是指厌氧消化后残留在发酵罐底部的半固体物质以及沼液脱水后形成的固形物质，主要由未分解的原料固形物、新产生的微生物菌体组成。沼渣营养成分丰富，除含有大量的有机质和腐殖酸外，还含有丰富的N、P、K及微量元素，是生产有机肥的优质原料。但是，不同原料沼渣的性质存在很大的差异。需根据沼渣特性，对其进行科学合理的利用。具体情况如表2－12和表2－13所示。

表2－12 沼渣中有机质和常量元素的测定

（徐延熙等，2012）

发酵原料	有机质（%）	全氮（克/千克）	全磷（克/千克）	全钾（克/千克）	有效氮（克/千克）	有效磷（克/千克）	速效钾（克/千克）
牛粪	9.05	16.78	10.50	8.46	0.49	0.63	0.88
猪粪	16.50	17.41	15.22	9.07	0.32	1.31	0.82
鸡粪	17.40	13.12	8.83	12.75	0.45	0.88	1.23
玉米秸秆	42.90	20.98	2.37	16.04	0.72	0.23	1.55
麦秸	35.67	19.16	2.09	14.53	0.53	0.20	1.41
人粪尿	—	1.52	0.26	0.64	0.34	0.021	0.28

表2－13 沼渣中微量元素的含量

（徐延熙等，2012）

单位：毫克/千克

发酵原料	钠	镁	铝	钙	锰	锌	钼	硒	钴	镍	铜	钒
牛粪	427.3	2 715	1 691	7 902	86.88	30.47	3.56	0.00	1.01	2.49	21.13	3.96
猪粪	389.5	2 927	1 915	9 345	89.44	31.93	3.42	0.00	1.17	3.26	26.52	4.63
鸡粪	456.0	6 881	4 553	29 551	233.0	102.6	4.50	0.47	2.95	7.45	36.62	11.11
玉米秸秆	331.1	2 192	2 267	11 215	90.13	70.60	5.56	0.00	1.37	4.30	74.06	6.38
麦秸	269.0	1 887	2 137	11 035	87.96	70.43	4.91	0.00	1.14	3.76	67.93	5.91

2. 沼渣的资源化途径　根据沼渣终端用户不同，对其处置要求方式也不同。过去我国主要以小型户用沼气池为主，在对厌氧消化残留物综合利用探索的过程中，形成了南方的“猪沼果”或“猪沼菜”、北方的“四位一体”、西北的“五配套”等生态模式，而对于大中型沼气工程来说，厌氧消化残留物的综合利用需进一步考虑其安全使用方式。因此，沼渣资源化途径大致可分为两类，分别为养殖业和土地利用，其中沼渣的养殖业利用因食品安全的考虑而愈来愈受到限制。

（1）养殖业利用。近 20 年，沼渣已在养殖业各个方面不同程度上得到应用，效果显著。沼渣在养殖业上的利用主要是作为饲料或饲料添加剂，应用在水产和畜禽养殖等方面。由于饲料的不安全因素会通过食物链最终影响食品安全和人类健康，沼渣过量使用或因饲料添加剂的滥用，也可能带来一些负面的影响，因此沼渣作为饲料原料的安全性显得尤为重要。考虑到不同地区、工艺、原料对沼渣营养成分影响较大，并基于食品安全性的考虑，沼渣作为饲料原料时应慎重，需检测重金属含量、病原微生物及其他有毒有害物质。

（2）土地利用。沼渣由于其营养成分较丰富，养分含量较为全面，被认为是一种优质高效的土壤改良剂和有机肥料。然而，未经处理的沼渣中可能存在植物毒性、高黏度和刺激性气体等特点，并且其施用操作复杂、成本较高，这些因素都影响它的直接土地利用。因此，沼渣在施用于种植业之前，有必要通过相应的处理以提高其可适用性，较为常见的处理方法为脱水和好氧堆肥。沼渣脱水后可有效提高运输距离，其缺点是氮素易以氨气挥发的形式流失。据统计，德国约 1%的农业沼气工程采用脱水方式处理产生的厌氧消化残留物。此外，脱水后的沼渣也可以采用烘干造粒的方式进行土地利用。李占文等（2012）考察了沼渣颗粒肥的营养元素组成、有效成分以及施用后对枣树生长发育和果实品质的影响，试验结果表明沼渣颗粒肥不仅能改良土壤，而且能够提高果实品质和产率。

采用好氧堆肥方式处理沼渣，可以弥补传统沼渣消纳方式的缺陷，提高有机肥品质。

3. 经济分析　由于沼气工程一次性投资较大，仅依靠生产沼气取得的经济效益不明显，开发利用沼渣沼液有机肥，有利于促进沼气工程的可持续发展，环保和经济效益显著。前人研究表明，开发利用厌氧消化残留物制作有机肥，能扩大沼气工程的盈利创收之路，大大缩减工程的投资回收期。部分学者通过对养殖场沼气工程项目进行敏感性分析发现，沼气、沼渣等附加产品的利用率变化对沼气工程的净现值变动有较大影响，它们的综合利用程度可能是影响沼气工程投资决策的重要因素。同时，对大、中型沼气工程沼渣沼液利用意愿调研发现，沼渣有机肥的价格影响农户使用的积极性。因此，在考虑投资回报时，必须切合实际，不能单方面期望能将沼渣沼液高价出售给附近农户以作为既能解决沼渣沼液的出路又可以回收部分投资的便捷方法。此外，随着我国大中型沼气工程的发展建设，沼渣制取有机肥这一产业正逐步发展，农业部已颁布《沼气工程沼液沼渣后处理技术规范》（NY/T 2374—2013），但仅适用于以畜禽粪便、农作物秸秆等农业有机废弃物为主要发酵原料的沼气工程，目前还没有相应的沼渣沼液有机肥技术标准，一定程度上制约了沼渣有机肥产业的发展。

五、农业废弃物

1. 背景　作为世界上的农业大国，我国自改革开放以来粮食产量总体上呈现出不断增长的趋势，从1978年的30 476.5万吨增长到1998年的51 229.5万吨，虽然1999—2003年逐年减产，但是自2004年起产量又逐年增加，2014年全国粮食产量达到60 710万吨。我国农作物秸秆资源丰富，其数量与粮食产量走势大体上一致，呈现出逐年增长趋势，秸秆资源拥有量居世界首位。据估计，我国每年有20%的秸秆资源被焚烧或随意丢弃，剩余的80%被用于生活能源、直接还田和饲料等粗放处理，用作工业原料、发展生物质能等精细处理方式的秸秆不足15%。秸秆的不当处理方式既浪费了丰富的有机质和营养元素，又破坏了农业生态和农村生活环境。

为合理利用自然资源及保护生态环境，中央和地方政府出台了一系列政策法规推动秸秆资源化利用的发展。2005 年 2 月我国颁布了《中华人民共和国可再生能源法》，2007 国家发展改革委员会制定了《可再生能源中长期发展规划》，把秸秆综合利用纳入政府的重点工作、重大规划之中，并建立长期有效的秸秆处理机制。2009 年 1 月《中华人民共和国循环经济促进法》正式生效，合理利用秸秆资源、实行农业清洁生产的政策在法律上得到确定。政府已连续在 4 个“五年规划”中将生物质能利用技术的研究与应用列为重点科技攻关项目，积极开展秸秆作为生物质能利用技术的研究与应用。

2. 秸秆产量及特性

（1）秸秆产量。理论资源量是指某一区域秸秆的年总产量，表明理论上该地区每年最大可能生产的秸秆资源量。理论资源量一般根据农作物产量和草谷比，来大致估算，即：

$$P=\sum_{i=l}^{n}\lambda_i \cdot p_i$$

式中：

P——某一地区秸秆的理论资源量，万吨；

p_i——某一地区某种农作物的年产量，万吨；

i——农作物的编号，$i=1，2，3\cdots，n$；

λ_i——某一地区第 i 种农作物秸秆的草谷比，需注明含水率。

表 2－14 总结了我国 2016 年主要农作物秸秆产生总量，约为 9.84×10^8 吨。玉米秸秆、稻草、麦秆、棉花秆、油菜秆、花生秧、豆秸、薯藤及其他作物秸秆产生量分别占秸秆总量的 41.92%、23.23%、18.36%、2.44%、3.10%、2.04%、2.84%、3.74%、2.33%，其中玉米、水稻和小麦三大类作物秸秆产量达到 8.22×10^8 吨，共计占秸秆总量的 83.51%。

表 2-14　我国 2016 年主要农作物秸秆产生总量

（石祖梁等，2018）

单位：万吨

秸秆种类	华北区	东北区	华东区	中南区	西南区	西北区	全国
玉米秸秆	8 066	15 647	6 132	4 532	2 344	4 531	41 252
稻草	97.30	3 898	7 759	8 322	2 485	301.6	22 862.9
麦秆	2 536	27.15	7 217	5 306	620.1	2 357	18 063.25
棉花秆	240.0	0.03	371.2	312.0	5.72	1 471	2 399.95
油菜秆	71.86	0.01	604.9	1 085	845.0	447.4	3 054.17
花生秧	190.1	231.7	469.6	1 026	75.34	15.73	2 008.47
豆秸	426.7	1 011	503.0	450.1	232.6	168.4	2 791.8
薯藤	277.1	58.20	567.1	1 079	1 143	552.2	3 676.6
其他作物秸秆	186.1	414.8	299.8	346.7	801.9	241.6	2 290.9
总计	12 091.16	21 287.89	23 923.6	22 458.8	8 552.66	10 085.93	98 400.04

从秸秆种类来看，玉米秸秆主要分布在东北区、华北区；稻草和麦秆主要分布在中南区和华东区；棉花秆主要产自西北区；油菜秆主要分布在中南和西南区；花生秧主要产于中南区、华东区；豆秸以东北区分布最广，华东、中南、华北区也有少量分布；薯藤以西南区和中南区较高；其他作物秸秆以西南区分布较多。

从不同区域来看，秸秆产量由大到小依次为华东区、中南区、东北区、华北区、西北区、西南区，分别占全国秸秆总量的 24.31%、22.82%、21.63%、12.29%、10.25%、8.69%。其中，华北区主要以玉米秸秆和麦秆为主，分别占区域秸秆量的 66.72%和 20.97%；东北区主要以玉米秸秆和稻草为主，分别占区域秸秆量的 73.50%和 18.31%；华东区以稻草、麦秆、玉米秸秆为主，分别占区域秸秆量的 32.43%、30.17%、25.63%；中南区与华东区相似，稻草、麦秆、玉米秸分别占区域秸秆量的 37.06%、23.63%、20.18%；西南区以稻草、玉米秸秆、薯藤为主，分别占区域秸秆量的 29.06%、27.41%、13.36%；西北区以玉米秸秆、麦秆、棉花秆为主，分别占区域秸秆量的 44.92%、23.37%、14.58%。

（2）秸秆特性。在2000年全国农业技术推广服务中心出版的《中国有机肥料养分志》和《中国有机肥料资源》的基础上，综合其他文献的秸秆养分含量结果，用加权均值确定各种作物的秸秆养分含量（表2-15）。

表2-15　不同作物秸秆氮、磷、钾养分含量

（刘晓永等，2017）

单位：%

作物	N	P_2O_5	K_2O	作物	N	P_2O_5	K_2O
水稻	0.82（43）	0.13（34）	1.90（34）	芝麻	1.07（2）	0.48（2）	0.50（1）
小麦	0.54（37）	0.09（37）	1.16（34）	胡麻籽	1.13（1）	0.07（1）	1.20（1）
玉米	0.89（32）	0.11（35）	0.99（29）	向日葵	0.81（2）	0.34（2）	4.25（2）
高粱	1.20（1）	0.15（2）	1.37（1）	其他油料作物均值	0.87（22）	0.16（22）	2.16（20）
谷子	0.58（2）	0.10（4）	1.59（2）	棉花	0.85（3）	0.22（5）	1.63（3）
大麦	0.51（4）	0.13（4）	2.35（4）	麻类	1.25（1）	0.06（1）	0.48（1）
其他谷类均值	0.56（39）	0.12（45）	2.25（36）	甘蔗	1.00（1）	0.13（1）	1.01（1）
大豆	0.89（14）	0.09（21）	0.64（14）	甜菜	1.00（1）	0.13（1）	1.01（1）
绿豆	1.41（1）	0.22（1）	0.96（1）	烟叶	1.30（2）	0.15（3）	1.66（2）
豌豆	2.17（2）	0.17（2）	1.02（2）	叶菜类蔬菜	3.97（6）	0.51（8）	4.37（5）
蚕豆	1.25（2）	0.09（2）	1.52（2）	根茎类蔬菜	4.37（2）	0.31（2）	2.23（2）
胡豆	2.13（1）	0.20（1）	1.47（1）	果蔬	2.49（4）	0.30（5）	2.39（4）
其他豆类均值	2.07（20）	0.20（27）	1.36（20）	蔬菜均值	3.06（12）	0.38（15）	2.99（11）
甘薯	1.97（6）	0.43（8）	1.93（6）	香蕉叶	2.89（6）	0.23（6）	3.54（6）
马铃薯	2.35（2）	0.49（3）	2.76（2）	香蕉假茎	1.17（3）	0.15（3）	5.23（3）
花生	1.64（8）	0.15（9）	1.56（8）	菠萝叶	0.91（6）	0.09（5）	1.86（5）
油菜	0.64（17）	0.13（17）	2.01（16）	菠萝茎	0.64（2）	0.06（3）	1.14（3）

注：括弧内的数字代表获得数据的样本数。

（3）秸秆资源利用状况。我国作物秸秆利用中，主要以秸秆还田、饲料和燃烧为主，由表2-16可以看出，2006年我国秸秆利用中，三者分别占到24.3%、29.9%和35.3%。各种秸秆利用方式下氮、磷、钾养分的还田率分别为39.3%、70.5%、72.0%，养分还田量分别达到304.6万吨、175.6万吨、966.7万吨。三大作物秸秆中，作肥料比例大小依次为小麦、水稻、玉米，小麦秸秆还田率达到43.8%，氮、磷、钾养分还田率分别为52.2%、73.3%、74.1%。经济作物中，豆类秸秆主要作肥料，薯类秸秆主要作饲料，油料秸秆主要用来燃烧，三者分别占各自利用比例的45.9%、55.9%、47.7%。由于棉花秸秆木质化程度较高，主要用来燃烧，比例较高达到73.7%

从不同地区来看（表2-17），各地区的秸秆利用情况差异较大。其中，东北和华东地区秸秆主要用作燃料，利用比例接近50%；华北和中南地区秸秆主要用作肥料，利用比例分别为46.9%、47.9%；西北地区秸秆主要用作饲料，占到该地区秸秆利用比例的44.4%；西南地区秸秆还田、肥料和燃烧利用方式的利用比例都在24%～35%，其中以燃料居多。

3. 秸秆处理存在的问题

（1）秸秆还田好处多但使用不当可导致减产。农作物秸秆中含有大量有机质及氮、磷、钾和微量元素，是农业生产中重要的有机肥源之一。根据专家分析，水稻秸秆中的养分含量，有机质为78.6%、氮为0.63%、磷为0.11%、钾为0.85%，按每100千克鲜秸秆中以实物量折算，相当于尿素3.5千克，钙、镁、磷肥1.2千克，氯化钾肥3.6千克，平均增产5%～12%。秸秆还田增加了土壤有机质和养分含量，不但降低了相关肥的使用量，也提高了化肥利用效率，对于土壤与环境的污染会降低，也会大大提高产品质量。

（2）秸秆还田的好处很多，减少焚烧的污染和还田后改良土壤应该是最大的好处。近几年来，虽然秸秆还田逐步被人们接受，但在接受过程中也发现很多秸秆还田的弊端，有不少农民认为，最近的草地螟暴发跟秸秆还田关系很大。

表 2-16　2006 年我国不同作物秸秆利用及其养分资源还田情况

（高利伟等，2009）

作物	秸秆利用					养分还田					
						N		P_2O_5		K_2O	
	还田（%）	饲料（%）	燃烧（%）	其他（%）	总计（%）	还田量（万吨）	还田率（%）	还田量（万吨）	还田率（%）	还田量（万吨）	还田率（%）
水稻	29.9	23.8	39.1	7.2	100	69.4	41.8	40.6	74.4	313.0	75.6
小麦	43.8	16.8	24.8	14.6	100	39.0	52.2	15.5	73.3	107.3	74.1
玉米	26.4	27.6	36.8	9.2	100	107.6	40.2	72.3	72.0	302.5	73.4
豆类	45.9	13.3	26.8	14.1	100	33.7	52.6	12.0	74.2	36.3	74.9
薯类	18.7	55.9	6.6	18.7	100	31.9	46.7	11.1	63.6	76.2	66.4
油料	18	22.8	47.7	11.4	100	23.4	29.4	14.6	67.8	87.1	68.9
棉花	12.5	2.7	73.7	11.1	100	3.5	13.9	4.6	66.0	16.4	66.2
烟叶	5.1	7.0	85	2.8	100	0.4	8.6	0.8	69.6	4.5	70.0
甘蔗	0	15.0	50	35	100	0.8	7.5	1.5	45.8	6.1	46.6
加权平均	24.3	29.9	35.3	10.5	100	304.6	39.3	175.6	70.5	966.7	72.0

表 2-17 2006 年我国不同地区作物秸秆利用及其养分资源还田情况

（高利伟等，2009）

地区	秸秆利用					养分还田					
						N		P_2O_5		K_2O	
	还田（%）	饲料（%）	燃烧（%）	其他（%）	总计（%）	还田量（万吨）	还田率（%）	还田量（万吨）	还田率（%）	还田量（万吨）	还田率（%）
华北	46.9	32	12.3	8.8	100	62.1	62.9	24.7	78.6	121.7	80.2
东北	20.3	26.8	46.6	6.3	100	45.8	33.7	31.9	72.2	154.6	73.6
华东	15.8	24.3	49.7	10.2	100	51.6	28.0	37.2	68.1	230.1	69.3
中南	47.9	12.3	28.9	11.0	100	99.0	54.1	43.9	77.0	276.8	77.6
西南	24.5	32.0	29.6	13.9	100	41.6	40.5	21.4	68.3	130.0	69.9
西北	12.0	44.4	28.2	15.4	100	20.0	34.2	11.3	63.7	59.4	65.9

秸秆处理或使用不当，易引发以下问题：

① 粉尘污染。秸秆在粉碎过程中会产生大量粉尘，飘浮在空气中，随着风力传播。如果在晴朗干燥的天气，这种情况更为严重，会造成另外一种污染。因此，如何减少粉碎过程中的粉尘，对粉碎设备和环境提出了要求。

② 引发病虫害。秸秆中，尤其是玉米秆中含有大量的幼虫卵和带菌体，粉碎过程中很难清除，被埋入土壤后能很快成长，成为病虫害的一种隐患，这些年病虫害的加重可能也有这方面的因素。

③ 无法达到粉碎标准。秸秆还田后，会被翻到土壤下面，虽然专家们说的秸秆粉碎程度都是3.5 cm（长度）以下，但现实操作中根本无法达到这个粉碎标准，被埋入土壤后会有很大的空隙存在，就使得下一茬的种子出现空置、接触不到土壤等情况，必须立即灌溉，使种子和土壤尽快接触，否则一旦出现干旱天气，就会出现“死种”现象。

4. 秸秆堆肥化处理必须满足的条件 秸秆堆肥必须满足的条件主要为水分、空气、温度、碳氮比和酸碱度5个方面。

（1）水分。水分是影响微生物活动和堆肥腐熟快慢的重要因素。堆制材料吸水膨胀软化后易被微生物分解，水分含量一般以占堆制材料最大持水量的60%～75%为宜，用手紧握堆肥原料，挤出水滴时最合适。

（2）空气。堆肥中空气的多少，直接影响微生物的活动和有机物质的分解。因此，调节空气，可采用先松后紧堆积法，在堆肥中设置通气塔和通气沟，堆肥表面加覆盖物等。

（3）温度。堆肥中各类微生物对温度有不同的要求，一般厌氧型微生物的适宜温度为25～35 ℃，好氧型微生物的适宜温度为40～50 ℃，中温型微生物最适温度为25～37 ℃，高温型微生物适宜温度为60～65 ℃，超过65 ℃其活动则受抑制。堆温可根据季节进行调节，冬季堆制时，加入牛、羊、马粪，提高堆温或堆面封泥保温；夏季堆制时，堆温上升快，可翻堆和加水，降低堆温。

（4）碳氮比。适合的碳氮比是加速堆肥腐熟，避免含碳物质过度消耗和促进腐殖质合成的重要条件之一。高温堆肥主要以禾谷类作物的秸秆为原料，其碳氮比一般为（80～100）：1，而微生物生命活动所需碳氮比约为25：1，也就是说，微生物分解有机物时每同化1份氮，需同化25份碳。碳氮比大于25：1时，因微生物活动受到限制，有机物质分解慢，并且分解出来的氮素全部为微生物本身利用，不能在堆肥中释放有效态氮；碳氮比小于25：1时，微生物繁殖快，材料易于分解，并能释放有效氮，也有利于腐殖质的形成。因此，禾本科秸秆碳氮比范围较大，堆制时应将碳氮比调节到（30～50）：1为宜。一般加入相当于堆肥材料20%的人粪尿或1%～2%的氮素化肥，以满足微生物对氮素的需要，加速堆肥的腐熟。

（5）酸碱度（pH）。微生物只能在一定的酸碱范围内进行活动。堆肥内大多数微生物要求中性至微碱性的碱环境（pH 6.4～8.1），最适pH为7.5。堆腐过程中常产生各种有机酸，造成酸性环境，影响微生物的繁殖活动。所以，堆制时要加入适量（秸秆质量的2%～3%）石灰或草木灰，以调节酸碱度。使用一定量的过磷酸钙可以促进堆肥腐熟。

六、展望

清洁堆肥的原料主要包括畜禽粪便、市政污泥、餐厨垃圾、沼渣和农业废弃物，电镀污泥和造纸污泥等工业污泥的农用价值较低，不适合作为堆肥的原料。而其他固体有机废弃物在进行堆肥化处理的过程中，仍需要注意重金属含量、抗生素、抗性基因、温室气体等问题，否则会造成二次污染。

七、堆肥标准及测定方法

1. 有机肥标准［参照《有机肥料》（NY 525—2012）］

（1）外观。外观颜色为褐色或灰褐色，粒状或粉状，均匀，无恶臭，无机械杂质。

（2）技术指标。有机肥料的技术指标应符合表2-18的要求。

表 2-18　有机肥的技术指标

项　目	指　标
有机质的质量分数（以烘干基计）（%）	≥45
总养分（N+P_2O_5+K_2O）的质量分数（以烘干基计）（%）	≥5.0
水分（鲜样）的质量分数（%）	≤30
酸碱度（pH）	5.5～8.5

（3）重金属限量指标。有机肥料中重金属的限量指标应符合表 2-19 的要求。

表 2-19　有机肥料中重金属的限量指标

单位：毫克/千克

项　目	限量指标
总砷（As）（以烘干基计）	≤15
总汞（Hg）（以烘干基计）	≤2
总铅（Pb）（以烘干基计）	≤50
总镉（Cd）（以烘干基计）	≤3
总铬（Cr）（以烘干基计）	≤150

（4）蛔虫卵死亡数和粪大肠菌群数指标。蛔虫卵死亡数和粪大肠菌群数指标应符合表 2-20 的要求。

表 2-20　蛔虫卵死亡数和粪大肠菌群指标

项　目	技术指标
有效活菌数（CFU）（亿个/克）	≥0.20
有机质（以干基计）（%）	≥40.0
水分（%）	≤30.0
pH	5.5～8.5
粪大肠菌群数（个/克）	≤100
蛔虫卵死亡率（%）	≥95
有效期（月）	≥6

(5) 测定方法。土壤指标测定方法见表 2-21。

表 2-21 土壤指标测定方法

项 目	方 法
含水率测定	高温恒重法
有机质含量测定	重铬酸钾氧化法
总氮含量测定	硫酸消解-凯氏定氮仪
磷含量测定	硫酸消解-钼锑钪比色法
钾含量测定	硫酸消解-火焰分光光度法
重金属（Cu，Zn，Pb，Cd，Ni）含量测定	王水-高氯酸消解，原子吸收

2. 生物有机肥标准［参照《生物有机肥》（NY884—2012）］

(1) 外观。粉剂产品应松散，无恶臭；颗粒产品应无明显机械杂质，大小均匀，无腐败味。

(2) 技术指标。生物有机肥产品技术指标应符合表 2-22 的要求。

表 2-22 生物有机肥产品技术指标

项 目	技术指标
有效活菌数（CFU）（亿个/克）	≥0.20
有机质（以干基计）含量（%）	≥40.0
水分（%）	≤30.0
pH	5.5～8.5
粪大肠菌群数（个/克）	≤100
蛔虫卵死亡率（%）	≥95
有效期（月）	≥6

(3) 重金属限量指标。生物有机肥产品中重金属限量指标应符合表 2-23 的要求。

表 2-23　生物有机肥产品中重金属的限量指标

单位：毫克/千克

项　目	限量指标
总砷（As）（以烘干基计）	≤15
总汞（Hg）（以烘干基计）	≤2
总铅（Pb）（以烘干基计）	≤50
总镉（Cd）（以烘干基计）	≤3
总铬（Cr）（以烘干基计）	≤150

3. 复合微生物肥料标准［参照《复合微生物肥料》（NY/T 798—2015)］

（1）技术指标。复合微生物肥料各项技术指标应符合表 2-24 的要求。

表 2-24　复合微生物肥料各项技术指标

项　目	剂　型	
	液　体	固　体
有效活菌数（CFU）[a]（亿个/克）	≥0.50	≥0.20
总养分（$N+P_2O_5+K_2O$）[b] 含量（%）	6.0～20.0	8.0～25.0
有机质（以干基计）含量（%）	—	≥20.0
杂菌率（%）	≤15.0	≤30.0
水分（%）	—	≤30.0
pH	5.5～8.5	5.5～8.5
有效期[c]（月）	≥3	≥6

注：[a]含两种以上有效菌的复合微生物肥料，每一种有效菌的数量不得少于 0.01 亿个/克。

[b] 总养分应为规定范围内的某一确定值，其测定值与标明值正负偏差的绝对值不应大于 2.0%；各单一养分值应不少于总养分含量的 15.0%。

[c] 此项仅在监督部门或仲裁双方认为有必要时才检测。

（2）无害化标准。复合微生物肥料产品无害化指标应符合表 2

-25 的要求。

表 2-25　复合微生物肥料产品无害化指标要求

项　目	限量指标
粪大肠菌群数（个/克）	≤100
蛔虫卵死亡率（%）	≥95
总砷（As）（以烘干基计）（毫克/千克）	≤15
总汞（Hg）（以烘干基计）（毫克/千克）	≤2
总铅（Pb）（以烘干基计）（毫克/千克）	≤50
总镉（Cd）（以烘干基计）（毫克/千克）	≤3
总铬（Cr）（以烘干基计）（毫克/千克）	≤150

主要参考文献

陈晓飞，2005. 冶金污泥稳定化/固化处理工艺研究［J］. 北方环境，30（1）：67-69，74.

高利伟，马林，张卫峰，等，2009. 中国作物秸秆养分资源数量估算及其利用状况［J］. 农业工程学报，25（7）：173-179.

国家环境保护总局自然生态保护司，2002. 全国规模化畜禽养殖业污染情况调查及防治对策［M］. 北京：中国环境科学出版社.

李书田，刘荣乐，陕红，2009. 我国主要畜禽粪便养分含量及变化分析［J］. 农业环境科学学报，28（1）：179-184.

李占文，刘银安，李攀，等，2012. 沼渣有机肥在灵武长枣生产中的应用研究［J］. 宁夏农林科技，53（11）：74-75.

刘晓永，李书田，2017. 中国秸秆养分资源及还田的时空分布特征［J］. 农业工程学报，33（21）：1-19.

全国农业技术推广服务中心，1999. 中国有机肥料养分志［M］. 北京：中国农业出版社.

石梁祖，李想，王久臣，等，2018. 中国秸秆资源空间分布特征及利用模式［J］. 中国人口·资源与环境，28（7）.

王方浩，马文奇，窦争霞，等，2006. 中国畜禽粪便产生量估算及环境效应［J］. 中国环境科学，26（5）：614-617.

王梅，2008. 餐厨垃圾的综合处理工艺及应用研究［D]. 西安：西北大学.

徐延熙，田相旭，李斗争，等，2012. 不同原料沼气池发酵残留物养分含量比较［J]. 农业科技通讯（5）：100-102.

郑云磊，2013. 造纸污泥理化性质和木塑复合材料制备研究［D]. 南宁：广西大学.

第三章　清洁堆肥的污染控制

畜禽粪便、农业秸秆和城市污泥等易降解有机废弃物的处理处置是当前全球各国广受关注的环境问题之一，一方面是由于这些废弃物的年产生量非常巨大，另一方面是其自然堆放过程中会产生严重的环境污染。据估计，美国和欧洲每年的污泥产生量约 80 亿吨和 20 亿吨。我国的污泥产生量在过去 30 以年均 13%的速度持续增加，到 2016 年的污泥产生量已达 3 500 万吨，并且还会持续增加。同时，随着对粮食需求量的增加，我国农作物秸秆的产量也自 1978 年以来持续增加，至 2017 年中国的农作物秸秆的年产量已超过了 8 亿吨，并以主要粮食作物水稻、玉米和小麦的秸秆为主。此外，自改革开放以来，我国的规模化畜禽养殖业也获得了空前的发展，截至 2017 年，我国每年畜禽粪污产生量已高达 38 亿吨，其中畜禽直接排泄的粪便约 18 亿吨，养殖过程产生的污水量约 20 亿吨，但其综合利用率不足 60%。畜禽粪便中氮、磷产生量分别高达 1 420 万吨和 248 万吨，几乎所有地区的畜禽粪便产生量均超过环境负荷的 50%以上。由此可见，对产生量巨大的有机固体废弃物（污泥、作物秸秆和畜禽粪便等）进行合理的处理处置及资源化利用以减少其造成的环境污染，已成为当前我国面临的主要环境问题之一。

我国是世界上最大的农业国，农业作为主要的支柱产业之一，其发展对国家具有重要的战略意义。同时，我国作为古文明大国之一，自古以来就有资源化利用农作物秸秆和畜禽粪便等生物资源制作有机肥的传统习惯和先进技术。因而，进一步加强对这些生物资源的综合利用，不但能变废为宝，而且也是缓解环境压力的有效方式。另外，随着我国人口的持续增加和生活水平的日益提高，人们对粮食和肉、蛋、乳等高蛋白食物的数量需求和品质要求日益增加，这必将会对农业生产提出更高的要求。但是，在大力实施农业增产增收的粮食作物种植过程中，为快速补给作物生长所需的大量养分，导致化肥使用量激增而有机肥使用量严重减少，长期的化肥和有机肥配比不平衡的肥料供给模式，导致土壤质量下降，带来了土壤板结、土壤酸化及土壤持水量下降等诸多问题。并且，化肥过量施用也导致过剩的氮、磷等元素随着地表径流进入水体，从而导致地表水体（小溪、河流、水塘、水库及湖泊等）的氮、磷含量增加，并引起了水体富营养化问题，造成藻类大量繁殖、水体变臭、水质恶化，成为“死水”，甚至引起水体退化。为此，我国在“十三五”发展规划中指出，推进农业绿色发展，增加农业有机肥投入，实现化肥施用量零增长，是新时代“三农”工作的根本要求，也是实现我国农业可持续发展的重要举措。这也为污泥、作物秸秆和畜禽粪便等生物资源的堆肥化利用（肥料化）指明了方向。但是，畜禽粪便和污泥中的病原微生物、抗生素和重金属等问题仍需高度重视。

一、清洁堆肥过程中病原微生物的控制

（一）病原微生物的种类及危害

1. 堆肥中病原微生物来源　病原微生物（或称病原体）主要是指可以侵犯人体，能够对人类或其他生物健康产生危害或引起疾病的一类有害微生物的总称。病原微生物包括朊毒体、寄生虫（原虫、蠕虫、医学昆虫）、真菌、细菌、螺旋体、支原体、立克次氏体、衣原体、病毒等，其中细菌和病毒的危害性最大。

堆肥中的病原微生物主要来源于堆肥原料，常见的堆肥原料主要有畜禽粪便、餐厨垃圾、作物秸秆、园林垃圾、食品加工废弃物、沼渣沼液等，此外还有染疫动物尸体、城市污泥、城市垃圾、工业废弃物等。其中，畜禽粪便、农业废弃物等经过堆肥后常被制成有机肥进入市场销售并施入农田，而城市污泥、工业废弃物等原料的堆肥产品不能用作有机肥施入农田。除了考虑营养物质含量和堆肥

肥效以外，堆肥的生物安全性是限制不同原料堆肥使用途径的一大原因。由于畜禽粪便、城市污泥等原料中含有大量的病原微生物，所以在其堆肥过程中必须严格控制工艺条件，确保堆肥达到无害化要求。

随着我国经济的持续快速发展和人民生活水平的不断提高，人们对环境质量的要求也越来越高。改革开放以来，我国环境质量标准、污水处理率和处理程度不断提高，各大城市污水处理厂污水污泥（以下简称污泥）的产量在迅速增加。污泥中含有大量的病原菌和寄生虫（卵），污水处理过程中，大约有90%的致病微生物集中到污泥中，其中常见的细菌、病毒、原生动物和寄生虫等均能在生活污水中被检测到。美国环境保护署和一些组织学者将污泥中的病原微生物进行统计后发现，在污泥中确认的病原微生物至少有24种细菌、7种病毒、5种原生动物和6种寄生虫。污泥中常见的病原微生物包括：①肠道病毒。一群体积较小经消化道入侵体内，在肠道上皮细胞内增殖并从肠道排出的小型核糖核酸病毒，其耐高温和高pH，传染性极强，可引起多种临床表现，如腺病毒、甲型和戊型肝炎病毒、星状病毒和轮状病毒。②细菌。细菌是引起肠胃炎的主要原因，污泥中主要的细菌有沙门氏菌、志贺氏菌、耶尔森菌、弯曲杆菌等。③原生动物。污泥中经确认的原生动物有至少5种，其与人类的关系密切，包括隐孢子虫、贾第虫和微孢子虫等。④寄生虫。寄生虫（卵）进入人体后会导致人类感染蛔虫、绦虫等寄生虫，蛔虫的感染率高达70%以上，蛔虫卵在近地面10厘米内的土壤中的存活期可长达17个月。

近年来，动物疫病引发的公共安全问题日益凸显，禽流感、甲型H1N1流感、口蹄疫、炭疽病等疫病严重威胁人类的健康生活。人们在抗争疫病的过程中逐渐认识到，大多数疫病都来源于动物，因此病原微生物是引起疫病流行的主要源头。堆肥法无害化处理染疫动物尸体可以灭活大部分病菌，但对抗逆性比较强的病原微生物如极端条件下也可以生存的芽孢类细菌等只起到部分灭活作用。出于安全考虑，我国尚没有在大规模突发性动物疫病发生时采用堆肥法处理染疫动物尸体的案例。未来进行更深层次的研究需要阐明堆肥对这类病原微生物的灭活效果，评价其生物安全性，通过优化堆肥条件等方法从而达到无害化处理。

2. 堆肥中常见病原微生物

（1）沙门氏菌。属肠杆菌科，革兰氏阴性肠道杆菌，已发现的近1 000种（或菌株）。据统计，在世界各国的各类细菌性食物中毒中，沙门氏菌引起的食物中毒常列榜首，我国内陆地区食物中毒的主要病原物也以沙门氏菌为首。沙门氏菌存在于各种动物体内，包括牛、家禽、猪和人，一般都是随粪便出。它们的传染性剂量很强，在某些情况下，仅仅只有10个细胞便会引起感染，并且可能通过农业从土壤转移到动物和人类或水果和蔬菜中。沙门氏菌可以引起胃肠炎、肠热和败血症，并且能够在宿主细胞外存活。目前，已经在堆肥的各个时期发现了沙门氏菌的存在。沙门氏菌最适宜繁殖的温度为37℃，在20℃以上就能够大量繁殖。一般沙门氏菌不耐高温，菌体在70℃ 5分钟就可以死亡，如果提高到90℃只需要2分钟就可以被杀死，若温度保持在50℃以上1小时同样可以被杀死。沙门氏菌在自然环境的粪便中可以存活1～2个月，在水中不易繁殖，但仍可以生存2～3周。

（2）大肠杆菌。为埃希氏菌属代表菌，属革兰氏阴性短杆菌。大小为0.5微米×（1～3）微米，周生鞭毛，能运动，无芽孢。大肠杆菌能发酵多种糖类，产酸、产气，是人和动物肠道中的正常栖居菌，婴儿出生后即随哺乳进入肠道，与人终身相伴。大肠杆菌对热的抵抗力较其他肠道杆菌强，55℃ 60分钟或60℃ 15分钟仍有部分细菌存活。大肠杆菌在自然界的水中可存活数周至数月，在温度较低的粪便中存活更久。致病性大肠杆菌拥有着十分重要的卫生学意义，它会随着畜禽粪便排出体外污染土壤、饮水等。30℃是杀灭大肠杆菌较理想的温度，大肠杆菌是条件性指示菌，当堆肥中有大肠杆菌存在时，表明其他种类的病原菌也同样存在，但是它对温度变化比较敏感，堆肥高温阶段可以致使大肠杆菌死亡，其他相关的病原菌也就相应的死亡。

（3）蛔虫卵。分为受精卵和未受精卵，受精卵呈宽椭圆形，大小为（45～75）微米×（35～50）微米，卵壳自外向内分为3层，分别为受精膜、壳质层和蛔苷层。壳质层较厚，另外两层较薄，在普通显微镜下难以分清。蛔虫的感染主要是通过宿主细胞，通过排出的粪便从而能进入外部环境的由虫卵来实现的。在卫生条件有限的发展中国家的贫困社区，基本都是通过这种传播途径进行的。接触粪便中存在的蛔虫卵不会立即感染，但必须阻止它们在环境中进一步发育而变得具有感染性。因此，该发展阶段受到如温度，湿度水平和阳光等的环境因素影响，这些因素在蛔虫卵整个生命周期的循环过程中是不稳定的。

（4）艰难梭菌。艰难梭菌是革兰氏阳性孢子形成的厌氧细菌，会引起抗生素相关的腹泻和假性膜性结肠炎。在过去10年中，艰难梭菌感染的发病率在发达国家变得更加普遍和更加严重。艰难梭菌不仅可以从患者身上分离出来，还可以从几种动物物种（如猪和牛）中分离出来，这些物种被认为是艰难梭菌的储存库。堆肥过程可以通过粪便中微生物产生的代谢释放出的热实现高温环境（>60℃），能有效地破坏病原体。但是，艰难梭菌孢子对极端温度、干燥和各种化学品和消毒剂具有高度抗性。

（5）李氏杆菌。革兰氏染色阳性，无荚膜，不形成芽孢，大小为（0.4～0.5）微米×（0.5～2）微米，呈规则的短杆状，两端钝圆。李氏杆菌在1～45℃的温度范围内可以生长，但以30～37℃生长最佳，其对热的耐受性较强，常规巴氏消毒法不能杀灭它，65℃经30～40分钟才能被杀灭。李氏杆菌在自然界中分布广泛，在土壤、污水污泥和青贮饲料里常可发现，还能够在50多种动物体内发现，包括反刍动物、猪、马、犬等。此外，患病和带菌动物是本病的传染源，在其粪、尿、乳汁、精液以及眼、鼻孔和生殖道的分泌液都可分离到李氏杆菌。李氏杆菌自然感染的传播途径包括消化道、呼吸道、眼结膜和损伤的皮肤，污染的土壤、饲料、水和垫料都可成为本菌的传播媒介。

存在于有机固体废弃物中常见的几种致病菌的形态如图3-1所示，高温对几种常见病原微生物的杀灭作用如表3-1所示。

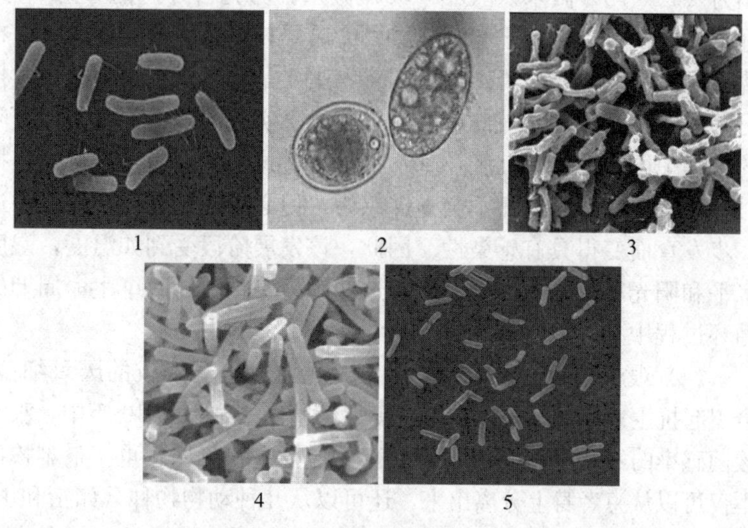

图 3-1　几种常见致病菌的形态

1. 沙门氏菌　2. 大肠杆菌　3. 蛔虫卵　4. 李氏杆菌　5. 艰难梭菌

表 3-1　高温对病原微生物的杀灭作用

名称	致死温度（℃）	所用时间（分钟）	名称	致死温度（℃）	所用时间（分钟）
蝇蛆	51	1	猪丹毒杆菌	50	15
蛔虫卵	50～55	5～10	猪瘟病毒	50～60	迅速
钩虫卵	50	3	口蹄疫病菌	60	30
痉疾杆菌	60	10～20	虫卵和幼虫	50～60	1
伤寒杆菌	60	10	二化螟	60	1
大肠杆菌	55	60	谷象	50	5
结核杆菌	60	30	豆象虫	60	4
炭疽杆菌	50～55	60	禾谷镰孢和稻黑色菌核秆腐病	54	10
霍乱弧菌	55	60	水稻稻瘟病菌	51～54	10

3. 堆肥中病原微生物的危害 目前使用的生物处理方法中，堆肥被认为是最具有发展潜力的，因为其处理成本低，可以更好地使有机固体废弃物转化为稳定的有机肥。由于好氧堆肥的技术成本低于厌氧发酵，并且可以产出有机物含量高、营养成分高的有机肥，如果工艺控制适当，比填埋或焚烧对环境的影响更小。因此，好氧堆肥近年来受到了持续的关注。通过堆肥对有机固体废弃物进行处理后，不但获得了有价值的有机产物（有机肥），而且也减轻了环境污染压力。但应该注意的是，大量的人畜共患病原体（真菌、病毒、寄生虫和细菌）可能存在于堆肥原料中，并且一些病原微生物可以在堆肥过程中存活下来，如果在农田里施用未经无害化处理或处理不当的堆肥产品，有可能诱导病原菌的繁殖和分散，如引起大肠杆菌的暴发和单核细胞李斯特菌病的流行等。当这些含有致病微生物的粪便释放于土壤后，会引起蔬菜的污染，通过食物链威胁人类的身体健康，情况严重时，会引起疫病。这些有害病原微生物如果得不到妥善处理，不仅会直接威胁畜禽自身的健康，降低畜禽的养殖经济效益，还会威胁人类的健康，引发重大的卫生事件。例如，美国曾发生番茄和鸡蛋中含有沙门氏菌而引起的大规模食物中毒事件；德国、荷兰、瑞典等国家发生的肠出血性大肠杆菌引起的大规模疫病。

人类对一些病原微生物比较敏感，这些菌类的存在对人及其他生物的健康构成了严重的影响。人和其他生物体可通过摄取、吸入、皮肤接触等方式感染病原微生物。污泥中含有的大量病原微生物限制了污泥的进一步利用，如李氏杆菌能造成牛、羊流产及死胎，还能感染婴儿、孕妇、老年人及免疫功能不健全的人，造成败血症、脑膜炎等疾病的发作。几种主要的病原微生物对人类的危害如表 3-2 所示。

被污染的土壤含有大量的细菌、放线菌、真菌以及寄生虫(卵)，当环境条件比较适宜时，又可以通过不同的途径使人畜感染发病，如人或动物与污染的土壤直接接触或未经处理就直接食用被污染土壤上种植的瓜果、蔬菜等农产品。处理不到位的堆肥产品，由于其本身就含有某些病原微生物，若施用于农田，可破坏土壤环境，传染性细菌和病毒污染土壤后对人体健康的危害更为严重。土壤中的病原微生物不仅会危害人体健康，还会引起植物的病害。病原微生物会造成农作物的减产。一些植物致病菌污染土壤后可能会引起如茄子、马铃薯和烟草等许多植物的青枯病，会造成果树细菌性溃疡和根癌病。某些真菌会造成大白菜、油菜和萝卜等蔬菜烂根，还可以导致玉米、小麦和谷子等粮食作物的黑穗病。

表 3-2　常见病原微生物引起疾病类型

类别	病原微生物	对人类健康的影响
细菌	沙门氏菌属	伤寒，副伤寒，肠炎，食物中毒
	弧菌属	霍乱，肠炎，食物中毒
	埃希氏菌属	肠炎
	梭状芽孢杆菌属	破伤风，肉毒中毒
	钩端螺旋体	钩端螺旋体病
病毒	脊髓灰质炎病毒	脊髓灰质炎，头痛，肌肉疼痛，呕吐
	致肠细胞病变人孤儿病毒	腹泻，肝炎
	腺病毒	呼吸道感染，肠炎，结膜炎
	呼吸道肠道病毒	感冒，呼吸道感染，腹泻，肝炎
	甲肝病毒	传染性肝炎（高烧，呕吐，黄疸）

（二）国内外堆肥病原微生物标准和法规

为减少、去除或杀灭粪便中的肠道致病菌、寄生虫（卵）等病原微生物，使其处理产物达到土地处理与农业资源化利用的处理要求，我国《粪便无害化卫生要求》（GB 7959—2012）规定了粪便无害化的卫生要求限值，其中对好氧堆肥的规定为温度达到 50 ℃以上并能维持一定的时间，其具体的要求如表 3-3 所示。

表 3-3　好氧发酵（高温堆肥）的卫生要求

项　目		卫生要求
温度与持续时间	人工	堆温≥50 ℃，至少持续 10 天
		堆温≥60 ℃，至少持续 5 天
	机械	堆温≥50 ℃，至少持续 2 天
蛔虫卵死亡率		≥95%
粪大肠杆菌值		$\geq 10^{-2}$
沙门氏菌		不得检出

我国《有机肥料》（NY 525—2012）中规定，蛔虫卵死亡率和粪大肠菌群数指标应符合《生物有机肥》（NY 884—2012）的要求，其对于微生物的标准要求如表 3-4 所示。

表 3-4　《生物有机肥》（NY 884—2012）标准对微生物的要求

编号	项　目	技术指标
1	有效活菌数（CFU）（亿个/克）	≥ 0.20
2	粪大肠菌群数（个/克）	≥ 100
3	蛔虫死亡率（%）	≥ 95

国外鉴于堆肥安全化考虑，美国环境保护署规定堆肥中的沙门氏菌含量不得检出，大肠杆菌群含量不高于 1 000 MPN*/克，寄生虫卵含量不可高于 0.25 个/g。欧盟（欧洲联盟）规定生物废弃物堆肥中不得检出沙门氏菌，其中法国规定废水污泥作为原料的堆肥，沙门氏菌不得检出，大肠杆菌不能高于 1 000 MPN/克。澳大利亚与新西兰更为严格，规定大肠杆菌（群）需少于 1 00 MPN/克。

（三）堆肥过程中对微生物的杀灭作用

堆肥过程杀灭病原微生物的主要因素是高温，而堆肥的温度又

* MPN 是指固体样品中所含大肠杆菌的最大可能数量。——编者注

与物料的水分含量、碳氮比等因素密切相关。此外，堆肥的外部因素也有可能影响到堆肥对病原微生物的灭活。

1. 温度控制 堆肥过程是一种将有机物质转化为稳定的腐殖质的生物转化过程，国内外的学者在堆肥消减畜禽粪便中病原微生物方面进行了许多的研究。堆肥无害化要求堆肥温度超过 50 ℃并保持 10 天以上，或温度超过 60 ℃并保持 5 天以上，因为高温是杀死大多数病原微生物的必要条件，高温能使构成细菌的蛋白质受热变性，失去生物活性，从而杀灭病原菌。堆肥过程中存在的许多嗜热微生物和耐热微生物所产生的有害生物环境有助于破坏病原体组织结构。堆肥中的病原微生物在适温范围内具有最佳生长温度。堆肥中致病微生物的存活将取决于堆肥系统的过程控制和长时间维持嗜热环境，堆肥中的大多数致病菌在达到致死温度和湿度条件是可在几小时内完全破坏。在 60 ℃条件下，1 小时内堆肥中的伤寒沙门氏菌和大肠杆菌即可被破坏杀灭。其他细菌如流产布鲁氏菌、白喉棒状杆菌、痢疾志贺氏菌、化脓性微球菌和结核分枝杆菌可在 60～65 ℃的条件下在 1 小时内被灭活。除致病性细菌外，现已证实堆肥温度为 47 ℃时可在 5 分钟内除去 99.9％以上的脊髓灰质炎病毒。大多数寄生虫及其卵和囊肿也能够在堆肥过程中被破坏，堆肥中的恩塔莫巴溶菌及蛔虫卵囊可在 2 小时内被破坏。堆肥过程中温度越高，灭活病原微生物需要的时间就越短，牛粪堆肥过程中，37 ℃时灭活 90％以上的沙门氏菌只需要 1.7～8.4 天。且随着温度的升高沙门氏菌灭活的时间逐渐缩短，在 55 ℃时，仅仅需要 2～3 天。

因此，在堆肥过程中必须严格控制物料的温度，使堆肥在高温期的温度达到 55 ℃以上，并维持 7 天以上，在合理范围内使堆肥的温度尽可能达到较高水平能够更好得实现堆肥中病原微生物的控制。

2. 水分和 pH 控制 除温度以外，堆肥中的水分条件也会影响病原微生物的灭活效果。在牛粪堆肥研究中发现，90％以上的大肠杆菌 O157：H7 和沙门氏菌可以在 10 天以内灭活，李氏杆菌在堆肥 14 天后也能达到检测不到的水平。在牛粪堆肥对病原微生物的消减作用研究中，同样发现随着堆肥温度的逐渐升高，对各种病原菌的消减作用越快。在相同的温度情况下，堆肥过程中大肠杆菌在高湿度情况下比低湿度时对温度更敏感，大肠杆菌 O517：H7 在水分含量分别为 40%和 70%的堆肥中（温度为 60 ℃）致死时间分别为 10 分钟和 28.8 分钟。

在堆肥体系中，温度、水分、氨释放和 pH 之间密切相关，所以堆肥的 pH 水平一定程度上也与病原微生物的灭活有关。例如，大肠杆菌生长的 pH 为 5.35～9.72，最适宜的生长 pH 为 7.79 左右，当堆肥的 pH 水平不适宜大肠杆菌生长时就会对其产生抑制作用。pH 的变化也会影响堆肥对沙门氏菌的灭活效果，有研究发现低水平的 pH 能够有效杀灭沙门氏菌。另外，当堆肥高温期 pH 在较高水平时，氨化作用较为强烈，堆肥体系积聚了较多的氨气，导致堆肥中的游离氨浓度较高，此外随着 pH 变化也会产生一些小分子有机酸，这些因素也会影响病原微生物的生存。

因此在堆肥过程中，堆肥物料的水分含量不宜过高或过低，一般认为水分保持在 60%左右时有利于堆温的升高和堆肥过程的进行，所以堆肥水分保持在这一水平时有利于病原微生物的去除。

3. 添加剂控制 堆肥中一些添加剂的使用，可以提高病原微生物的消除效果。使用牛粪堆肥时添加一定浓度的石灰氮可以有效杀灭堆肥中的病原微生物，在较低温度时，石灰氮就展现出了很好的抑菌效果，50 ℃以上的高温就可以使大肠杆菌灭活，但石灰氮效果不明显。另外，在使用牛的粪尿以及锯末堆肥时，向堆肥中加入不同浓度梯度的尿素，可以在酶的作用下分解产生氨气，可以使堆肥的 pH 升高，发挥了除菌效果，在较低的温度下，沙门氏菌和大肠杆菌的 D 值（decimal reduction time）就能达到 0.7 以下，肠球菌的 D 值在 5 以下。堆肥进行时，当堆肥表面的温度相对较低时，此时对病原微生物的去除效果比较差，石灰氮及尿素的加入，可以增强除菌效果。除此之外，一些外源菌剂的添加，如 EM 菌剂、Hsp 菌剂、VT 菌剂，它们不但可以提高堆肥温度，还可以延长堆肥高温时间，可以更好地促进堆肥中致病微生物及寄生虫（卵）的杀灭。有研究表明，用石灰钙和灰分对堆肥进行碱性消毒，以大肠杆菌噬菌体 MS2 作为肠道病原体的替代物进行石灰钙和灰分对肠道病原体的杀灭研究表明，用氧化钙或灰分等碱性物质对堆肥进行处理，可以提高堆肥 pH，进而可以导致大肠杆菌的外膜损伤和酶活性降低，从而使碱处理堆肥中大肠杆菌的感染性丧失，且大肠杆菌外膜损伤和酶活性降低程度与添加的碱性物质的量相关。研究结果表明，使用氧化钙和灰分对堆肥进行碱处理是有效的消毒措施。

在堆肥过程中，也可以加入一些外源添加剂，比如碱性矿物、腐熟菌剂、抑菌物质等，帮助加快堆肥中病原微生物的去除过程。

4. 堆肥方式控制 美国环境保护署规定，静态堆肥（被动通风）必须在温度达到 55 ℃以上持续 3 天，翻堆堆肥的温度必须达到 55 ℃以上持续 15 天，并且翻堆至少 5 次。这是因为堆肥过程中，堆肥内部的物料温度可以迅速上升，达到消除病原微生物的要求，而在外部与空气接触的物料温度较低，难以对其中的病原微生物全部灭活，所以需要通过进行必要的翻堆将堆肥物料混匀，让外部温度较低的部分也能在堆肥内部达到杀菌要求的温度，使堆肥体系的灭菌程度统一。

此外，堆肥过程在破坏这些病原体方面的效果将受到翻堆频率、高温持续时间以及水分和氧气水平的影响。已经发酵腐熟的堆肥也要妥善保存，虽然腐熟堆肥产品不含病原体和寄生虫，但可能会被再次污染，特别是啮齿动物、鸟类和其他生物对其造成的污染。堆肥结束后，堆肥产品必须覆盖，以防止外源病原体和寄生虫的传播。

5. 其他控制方式 堆肥过程中微生物的生长代谢与堆肥温度紧密结合。整个堆肥过程堆体的温度经历了上升、维持而后下降的过程。随着高温期的持续和有机物的消耗，微生物的代谢活动也减弱，产生的热量也逐渐减少，当度过高温期后，大多数病原微生物被杀死，基本可以实现无害化。污泥堆肥是目前污泥处理中广泛采用并且比较成熟的一种处理方式。该方法主要是通过高温以及微生物的拮抗作用达到使致病微生物快速死亡的目的。在对脱水污泥进行好氧堆肥研究时，控制物料刚开始的含水率在（60 ± 2)%，温度大于 55 ℃条件下进行 4 天，100%杀灭了病原微生物；经过 14 天的堆肥后，堆料松散且无臭味，堆肥产品卫生学指标达到了我国的现行标准和美国环境保护署的污泥产品 A 类标准。

蚯蚓堆肥是使用蚯蚓降解堆肥物料中的有害物质，包括病原生物的灭活，这是一种有效且经济的方法，蚯蚓堆肥系统是一个蚯蚓和微生物协同作用的有机物降解体系。有研究表明，蚯蚓是有机物降解的主要贡献者。一方面蚯蚓通过自身的营养行为如肠道消化，对有机物起到直接降解的作用；另外一方面蚯蚓的非营养性行为如黏液分泌、排粪、做穴等将会影响微生物的生长繁殖，间接刺激有机物的降解。一般而言，微生物的特征包括微生物数量、活性和种群结构。蚯蚓堆肥中具有较高丰度的根瘤菌目、疣微菌目、肠杆菌目等菌群。但同时，蚯蚓通过非营养性行为（做穴、分泌黏液、排粪）对基质环境的改造，也会影响微生物种群的结构。

堆肥时有可能造成厌氧环境，从而产生挥发性有机酸，可能会对不同的微生物有害。堆肥中猪蛔虫卵的存活率较低，是因为其处于低 pH 环境中的时间较长。细菌在开始阶段就迅速死亡，在开始阶段的低 pH 和加入的指标生物体的数量减少之间有相关性。应该注意的是，在中温条件下，比较常见的指标性细菌仅仅几天就死亡。

（四）堆肥中病原微生物的安全性

2011 年德国发生芽菜中毒事件，起因是芽菜里含有 O104：H4 型大肠杆菌；2011 年美国也发生了因哈密瓜含有李斯特菌而导致的人员死亡事件。根据我国台湾研究，在调查市售农业废弃物堆肥产品时，检测了堆肥中大肠杆菌群、粪大肠杆菌群、沙门氏菌群含量及寄生虫（卵）的数量，若参考美国环境保护署的标准（未检测出沙门氏菌，粪大肠杆菌群数目低于 1 000 CFU/克），所收集的

170 个堆肥样品中，仅有 31%不存在安全性问题，可以直接施用，另外 55%的样品中大肠菌群数为 1×10^{3}～2×10^{6} CFU/克，其施用于农田时要考虑环境安全问题，根据美国环境保护署的建议，施用该类有机肥的农田，作物不能在堆肥施用后的 14～38 个月内收获，即要确保堆肥中可能存在的病原微生物进入土壤环境后达到稳定化状态，不存在致使作物染病或携带病原菌的时候方可收获。此外，还有 14%的样品粪大肠菌群数超过 2×10^{6} CFU/克或检测出沙门氏菌，参考美国环境保护署规定，此类有机肥料禁止施用在可食用作物中。

发酵不完全或没有达到腐熟的堆肥中含有病原微生物的现象是非常普遍的，有些病原微生物不仅可以在堆肥和土壤中存活，甚至在作物体内也可以继续存活和繁殖。将含有大肠杆菌的畜禽粪便堆肥施入土壤，病菌可以在土壤里生存 154～217 天。而该土地生产的莴苣和香菜中也含有相应病菌，大肠杆菌在莴苣中可存活 77 天，在香菜中可存活 177 天，并且致病菌是从作物根部进入植株，并逐渐转移到植株的可食部分。

大规模条垛式堆肥和槽式堆肥能够达到堆肥的无害化温度要求，使大多数病原微生物数量降低到检测限以下。但是，如果堆肥产品长时间存放，堆肥物料里原有的微生物群落拮抗作用减弱甚至消失，会使幸存下来的病原菌有再生的机会。另外，长期存放的堆肥产品一旦受潮或接触到外源微生物，则有可能改变堆肥体系的水分含量和营养物质状况，扰乱微生物群落的稳定化状态，使某些病原微生物有机会再生繁殖。

目前，我国的有机肥市场还没有形成标准化生产流程和监管体系，所以市售的有机肥产品品质良莠不齐，但商品有机肥一般都经过了粉碎、烘干或造粒的加工，烘干机内的温度一般高达 300～400 ℃，烘干过程持续 20 分钟左右，所以这一阶段能够对有机肥中的病原微生物全部灭活，在致病微生物方面达到国家有机肥相关标准和要求，一般不存在安全性问题。对于没有再加工的堆肥产品，其品质只能依靠堆肥过程的控制来保证堆肥安全性，因此在使用堆肥产品时，一定要确保堆肥过程的工艺合理、参数达标，堆肥产品不宜长时间存放，存放时要覆盖表面，防止其他病原微生物污染堆肥，施用堆肥时要按照说明要求合理施用，食用农产品时应洗净煮熟，尽量避免生食而感染病菌。

（五）堆肥过程病原微生物控制的建议

(1) 严格控制堆肥过程的工艺参数，调节原料最佳含水率、碳氮比、氧气含量和基础参数，使堆肥在高温期温度达到无害化标准要求，确保能够在高温阶段杀灭堆肥中的大多数病原微生物。

(2) 针对性选择在堆肥过程中添加有利于病原微生物灭活的添加剂，根据不同的堆肥原料、自然环境选择合适的堆肥方式，对于特殊堆肥原料，可以选择蚯蚓堆肥等生物处理法消减其中的病原微生物。

(3) 在堆肥过程中合理翻堆、通风供氧、补充水分，保证高温达标、物料温度均衡。此外，建议堆肥产品经过粉碎、烘干等加工程序后再施用或进入市场，烘干机的高温有利于堆肥产品中病原微生物的再次灭活。

(4) 堆肥产品不宜长期存放，为了防止病原微生物再生和外源感染，建议堆肥产品包装存放。

(5) 尽快建立堆肥过程病原微生物控制的标准体系，完善标准中的病原微生物检测项目，建立堆肥过程和有机肥生产的病原微生物监管体系，定时追踪施用堆肥产品的农作物品质。

二、堆肥过程中抗生素的控制

在集约化养殖过程中，为了提高经济效益，加速动物的生长发育，增强其对营养物质的吸收效率和抗病性，有些养殖场在饲料中添加某些抗生素和一些微量元素。我国是抗生素生产和使用大国，而其中一个重要的应用方向是畜禽养殖业。据统计，每年用于动物加速生长和疾病预防及治疗的抗生素约为 8 000 吨。抗生素进入动物体内的主要途径为饲料喂养和注射两类，过量摄入的抗生素添加剂（如喹诺酮类、多肽类、四环素类、大环内酯类、磺胺类、氨基糖苷类等）不能在动物体内得到充分的吸收利用，大部分都以原药形式被畜禽排出，随着养殖废弃物大量集中排放到环境中，这些有毒有害的污染物不仅会严重威胁我国畜禽产品的安全食用，同时随着畜禽粪便进入环境中后会对土壤、水体及动植物产生严重的潜在危害。环境中残留的抗生素具有诱导抗生素抗性基因的环境风险，大量的抗生素会对动物肠道微生物构成选择性压力，诱导其成为能够编码抗生素抗性基因（antibiotic resistance genes，ARGs）的菌株，这些携带 ARGs 的抗性细菌会随动物尿液、粪便直接进入环境并大量繁殖，进而在环境中通过水平转移等机制会导致具有耐药性的“超级细菌”的出现，引发严重的环境污染和生态毒性。因此，畜禽粪便等有机废弃物在处理过程中和最后排放到环境中需要对抗生素及抗性基因进行管控，削减其对环境的危害。

（一）抗生素的性质及环境行为

1. 抗生素的分类 抗生素是较为常见的新型污染物，是由放线菌、细菌和真菌等微生物在其生长过程中的特定阶段产生的一种小分子天然有机化合物或者是由人工化学合成或半合成所制备的功效相近的物质，因为其具有抑制或干扰致病微生物的代谢活性的特性而被广泛应用到预防和治疗动物疾病及促进生长之中。根据抗生素的化学结构，一般将抗生素分为以下几类：

(1) 四环素类（tetracyclines）。四环素类抗生素是由放线菌产生的一类广谱抗生素，包括金霉素、土霉素、四环素及半合成衍生物美他环素、多西环素、二甲氨基四环素等，其结构均含并四苯基本骨架，并多含羟基、烯醇羟基和羰基，因此在酸碱条件下均不稳定，同时易与金属离子反应，形成不溶性螯合物而失活。四环素类抗生素的抗菌范围非常广泛，对革兰氏阴性菌、螺旋体、衣原体、支原体、立克次氏体及某些原虫等均有很好的抗菌效果。四环素类抗生素在市场中占比很大，因其较低的市场价格而在畜禽养殖业得到较高的使用率和使用量，同时也相应造成畜禽粪便中残留的四环素类抗生素含量相对较高。

（2）大环内酯类（macrolides）。大环内酯类抗生素是由链霉素产生，分子结构中具有 12～16 碳内酯环，其作用机理主要是通过阻断 50S 核糖体中肽酰转移酶的活性来抑制细菌蛋白质合成，属于快速抑菌剂。大环内酯类抗生素对需氧革兰氏阳性球菌、革兰阴性球菌、某些厌氧菌、军团菌、支原体、衣原体等均有很好的抗菌效果。目前市场上常用的大环内酯类抗生素为红霉素类（红霉素、琥乙红霉素、依托红霉素、罗红霉素、克拉霉素、地红霉素和氟红霉素等）、麦迪霉素类和螺旋霉素类等，其抗菌作用可以在一定程度上替代青霉素。

（3）β-内酰胺类（β-lactam antibiotics）。β-内酰胺类抗生素是结构上具有 β-内酰胺环的一类抗生素，也是应用最广泛的一类抗生素。β-内酰胺类抗生素的抑菌机制主要是通过抑制细胞壁粘肽合成酶，也就是抑制细菌细胞壁的合成，进而破坏细菌细胞结构。此类抗生素具有杀菌活性强、毒性低、适应症状广及临床疗效好的优点，主要包括青霉素及其衍生物、头孢菌素以及新发展的头孢霉素类、甲砜霉素类、单环 β-内酰胺类等其他非典型 β-内酰胺类抗生素。

（4）氨基糖苷类（aminoglycosides）。氨基糖苷类抗生素以其结构上具有的氨基环醇类和一个或多个氨基糖分子，并由配糖键连接成苷而得名，多为极性化合物，易溶于水。氨基糖苷类抗生素的作用目标为细菌的核糖体，与 β-内酰胺类抗生素抑制细胞壁的合成不同的是，氨基糖苷类抗生素主要通过抑制蛋白质的合成，进而影响细菌细胞膜的合成，对需氧革兰氏阴性杆菌类具有很好的抑制作用。该类抗生素主要包括链霉素和新霉素等。

（5）磺胺类（sulfonamides）。磺胺类抗生素是人工合成的抗菌药物，其具有抗菌谱较广、性质稳定、便于使用和生产等优点。其结构上是以对氨基苯磺酰胺（简称磺胺）为基本结构的衍生物，磺酰胺与不同官能团结合后形成不同类别的磺胺类药物。磺胺类抗生素是畜禽养殖业常用抗生素之一，外表性状多为白色或微黄色粉末，性质稳定，在有机试剂如甲醇或乙醇中溶解度高。常见磺胺类抗生素有磺胺嘧啶、磺胺甲恶唑、柳氮磺吡啶、磺胺米隆、磺胺嘧啶银、联磺甲氧苄啶、磺胺二甲嘧啶、磺胺二甲异嘧啶和磺胺异恶唑等。

（6）喹诺酮类（quinolone）。喹诺酮类（又称吡酮酸类或吡啶酮酸类）是人工合成的抗菌药，结构上含有 4-甲基喹诺酮基本结构。其抗菌机理为定向抑制细菌 DNA 中 DNA 回旋酶从而破坏细菌的遗传物质，达到抑菌的效果。目前喹诺酮的发展经历了 4 代，其中以第二代（对绿脓杆菌和肠杆菌等具有一定抗菌作用，如吡哌酸和噁喹酸等）和第三代（对革兰氏阳性菌和革兰氏阴性菌具有良好的抑制作用，如诺氟沙星、氧氟沙星、洛美沙星、恩诺沙星和环丙沙星等）喹诺酮类抗生素的应用最广。

（7）其他类别。除了上述几类抗生素以外，目前应用的还有几种常见的抗生素，如氯霉素类（chloramphenicol antibiotics）、林可酰胺类（lincosamide antibiotics）和糖肽类（glycopeptide antibiotics）等。抗生素在畜禽养殖业得到了大量的应用与推广，不同种类抗生素的应用功效有所不同，例如，四环素类抗生素价格低廉，并且在抗炎和调节免疫能力方面功效显著；磺胺类抗生素是一种广谱抑菌剂，可以大大降低动物感染各类细菌疾病的概率，且对大多数革兰氏阳性菌和革兰氏阴性菌具有很好的抑制作用；大环内酯类药物是由链霉菌产生的，是一类化学结构与抗菌作用类似的抗生素，是当前畜禽兽医临床四大主体抗生素之一，与β-内酰胺类、氟喹诺酮类和酰胺醇类一起占据了畜禽养殖用药的近乎70%的兽药市场份额。

2. 抗生素的性质 辛醇水分配系数（octanol - water partition coefficient）是讨论有机污染物在环境介质（水、土壤或沉积物）中分配平衡的重要因素。抗生素的辛醇水分配系数在－8.1～3.1，其中β-内酰胺类、大环内酯类和磺胺类抗生素易溶于水，且易发生水解。大环内酯类抗生素易水解而失活，磺胺类抗生素活性较低，在 pH 为中性的水环境中水解速度较慢，而β-内酰胺类抗生素在弱酸性的环境下水解较快。此外，四环素类抗生素的疏水性较强，水溶解性差，因此四环素类抗生素常富集于土壤、底泥和水生生物中。氨基糖苷类抗生素因为其结构上含有两个以上的糖基或氨基糖基团，所以其具有较强的极性，可与土壤中存在的阴离子结合。抗生素的结构和物理化学性质决定了不同种类抗生素在环境介质中的赋存形式以及其与环境的相互作用关。研究抗生素的性质，有助于更好地了解抗生素的环境行为及其在环境介质中的迁移转化。

3. 抗生素的作用机理　抗生素类药物具有抑菌或杀菌作用，作用对象为细菌，其作用机理概括为以下4类。

（1）阻碍细菌的合成，致使细菌在内外渗透压差下细胞膜破裂而死亡，代表性的抗生素为β-内酰胺类抗生素，阻碍细菌细胞壁的合成。哺乳动物细胞没有细胞壁，因此可以有很好的选择性，这也是青霉素等抗生素得以有效治疗疾病的前提之一。

（2）作用于细菌的细胞膜，改变细胞膜的通透性，增强细胞膜的被动运输，使得细菌细胞膜内的物质流出至膜外，细胞膜内外渗透压变化，最终导致细菌死亡。代表性的抗生素为多黏菌素和短杆菌肽等。

（3）与细菌的遗传物质核糖体和其转录等底物（tRNA、mRNA）等相互作用，阻断蛋白质的形成，直接影响细菌生命活动所需的酶类，进而影响结构蛋白和功能蛋白等合成。代表性的抗生素有四环素类抗生素、大环内酯类抗生素、氨基糖苷类抗生素和氯霉素等。

（4）影响细菌遗传物质的传递过程。阻碍DNA双螺旋的复制与转录，导致细菌的DNA无法传递到子代细胞中，mRNA无法正常从细菌DNA中有效传递遗传信息，进而无法合成相应的功能蛋白。代表性的抗生素有人工合成的喹诺酮类抗生素。

4. 抗生素的环境行为　抗生素具有选择性高、吸收率低的特点，这就导致了畜禽养殖过程中大量使用的抗生素，最终以原药或者代谢产物的形式随畜禽的食品产物、粪便和尿液等进入环境中。

其中，以粪便的排放量和抗生素残留量最为明显，畜禽粪便直接土地利用或者经过肥料化利用，进入土壤和水体环境，最终汇入生态系统食物网中（表 3-5）。在此过程中，研究抗生素的环境行为可以有效预测抗生素在环境介质中的归趋，有助于制定相关政策法规和控制措施。抗生素的环境行为可以分为抗生素的吸附、迁移和降解。

（1）抗生素的吸附。抗生素进入土壤环境中后，容易被土壤颗粒吸附，进而随着土壤颗粒在环境介质中进行迁移转化。土壤对抗生素的吸附作用关系着抗生素在土壤环境中的生物活性与最终归宿。此外，土壤的不同组分对抗生素的吸附能力也不同，土壤有机质和土壤黏土对抗生素的吸附能力较强，而土壤矿物则较差。与此同时，由于抗生素的结构与疏水性等特性，土壤对不同种类抗生素的吸附能力亦不同。研究表明，磺胺嘧啶可与土壤有机质产生强烈的吸附作用，且抗生素的吸附量与土壤有机质中脂类和木质素的含量显著相关。土壤黏土含量较低时，土壤对抗生素的吸附能力降低，抗生素更容易在环境中进行迁移，进而扩大了抗生素的环境污染。其次，大量随畜禽粪便排出体外的抗生素进入水体环境后，在抗生素的传播运输中，抗生素最终会累积到富含有机质的水体底泥中。同样，污水处理厂利用活性污泥法进行污水处理时，污水中所含抗生素等也会通过吸附作用被富集在污泥里。总之，抗生素在土壤和底泥中的吸附特性，抗生素的吸附受到土壤有机质、土壤黏粒、吸附表面积、抗生素浓度、pH、CEC（阳离子交换量）和环境温度等因素有关。抗生素的吸附作用强弱依次为四环素类 > 大环内酯类 > 氟喹诺酮类 > 磺胺类 > 氨基糖苷类 > 青霉素类。

（2）抗生素的迁移。抗生素随畜禽粪便进入土壤后，部分抗生素会被吸附于土壤颗粒上，另外一部分则不被吸附；同时，被吸附抗生素也会发生解吸而重新被释放进入环境。因此，未被吸附的抗生素以及解吸的抗生素会随着降雨、农田灌溉或地表径流等途径进入水环境，造成水环境污染。除此之外，抗生素可以通过其他多种途径进入环境中。

表 3-5　植物吸收抗生素的研究

（杨晓静等，2018）

目标抗生素	植　物	培养、暴露方式及浓度	暴露周期(天)	吸收浓度	富集系数
四环素，土霉素，金霉素，磺胺二甲嘧啶，磺胺甲恶唑，磺胺二甲氧嘧啶	生菜，樱桃番茄，黄瓜	抗生素添加土壤培养；抗生素在土壤中的浓度为 5、10、20 毫克/千克	45	2.2～3 300 微克/千克(可食部分，干重)	0～0.33（叶，果实）
磺胺甲恶唑，磺胺多辛，氯霉素，土霉素，金霉素，四环素，林可霉素，氧氟沙星，环丙沙星，培氟沙星	萝卜，油菜，芹菜	粪便添加土壤培养；抗生素在土壤中的浓度：未检出浓度至 2.683 毫克/千克		未检出浓度至 481 微克/千克(根) 未检出浓度至 532 微克/千克(茎、叶)	0～4.75（整株）
四环素，阿莫西林	胡萝卜，生菜	土壤灌溉培养；灌溉水中抗生素浓度为 0.1～15 毫克/升	30	—	0.3～0.5（整株）
四环素，磺胺二甲嘧啶，诺氟沙星，红霉素，氯霉素	白菜，无心菜，萝卜，玉米，水稻	土壤灌溉培养；灌溉水中抗生素浓度为 4.0～234 纳克/升		未检出浓度至 23.6 微克/千克(整株)	0.03～1.36（整株）
诺氟沙星，环丙沙星，洛美沙星，恩诺沙星，强力霉素，土霉素，四环素，金霉素，磺胺嘧啶，磺胺吡啶，磺胺甲基嘧啶，磺胺二甲基嘧啶，磺胺-5-甲氧基嘧啶，磺胺甲恶唑，磺胺二甲氧嘧啶，螺旋霉素，泰乐菌素，红霉素，罗红霉素	苋菜，甘薯，丝瓜，葱，豆角，茄子，空心菜，小白菜，上海青，苦麦菜，苦瓜，韭菜，菜心，芥蓝，香麦菜，芥菜，辣椒，奶白菜，生菜	—		未检出浓度至 85.53 微克/千克	—

注：富集系数为植物组织中抗生素浓度与土壤中抗生素浓度比值。

由图 3－2 可以看出，其传播途径主要包括：抗生素生产过程中抗生素发酵废渣、母液以及随意丢弃的药物中排放；水产养殖业中抗生素的直接使用；畜禽养殖业中饲用抗生素、药用注射抗生素等随动物粪便、尿液排出，进入土壤后随雨水冲刷、淋洗进入河流湖泊等水体环境并最终在人体内富集。进入环境中的抗生素在全球范围内造成了大面积污染。据报道，美国有 139 条河流存在抗生素污染的环境问题，意大利河流中每秒流水量中土霉素含量最高可达 4 毫克/升，德国地下井水中磺胺甲嘧啶的浓度可以达到 0.41 毫克/升。在我国某地区，养殖废水绝大部分都直接排放到鱼塘、农田和河流中，具有严重的环境风险。通过人工模拟降雨发现，不同种类抗生素随雨水的径流流失程度不同，四环素类抗生素在径流水中检出浓度较低，证明其与土壤颗粒有较强的吸附作用。

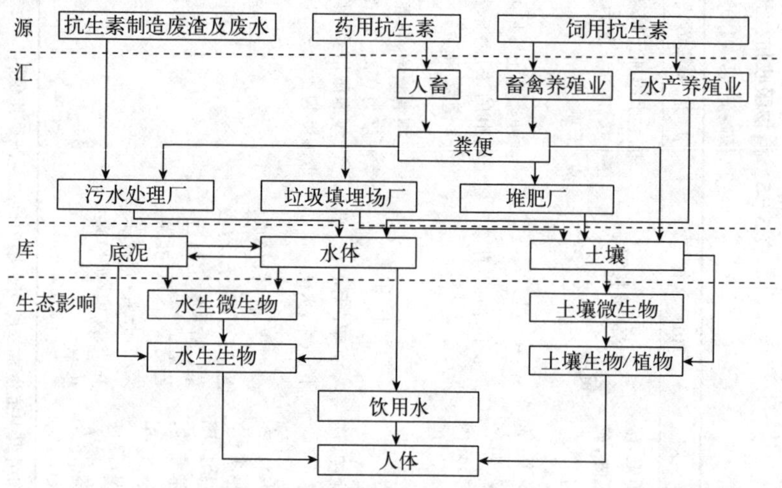

图 3－2　抗生素进入环境中的途径、迁移及生态影响

（3）抗生素的降解。抗生素的降解是指抗生素在生物和非生物作用下，抗生素的结构发生改变，从大分子化合物转化为小分子化合物，抗生素的最终降解产物为水和二氧化碳。然而抗生素在环境中很难实现完全降解，而一些抗生素降解过程中更容易产生一些代

谢产物和降解产物，这些往往具有更大环境风险。环境中抗生素的降解与抗生素自身的化学性质和所处环境条件及残留状况有关，非生物降解主要有水解、光降解和氧化降解，生物降解主要有微生物降解和植物降解，其中微生物在抗生素降解中充当着重要的角色。

① 水解。水解是抗生素在环境中的一种重要的降解途径，其中主要影响因素为 pH，不同种类抗生素在不同 pH 条件下的水解速率不尽相同。β-内酰胺类、大环内酯类和磺胺类最易发生水解。大环内酯类和磺胺类抗生素在 pH 为中性条件下的水环境中水解较慢，且活性受到影响，β-内酰胺类抗生素溶于水后水解速率较快，且受 pH 变化的影响较小，弱酸至碱性条件下均能很好地降解，而头孢菌素类更是在酸碱及中性条件下均能水解。与此同时，不同 pH 条件下抗生素的水解产物也可能受到影响。也有研究表明泰乐菌素 A 在酸性条件下的水解产物为泰乐菌素 B，而在中性和碱性条件下的水解产物为丁间醇醛泰乐菌素 A 和一些极性降解产物。青霉素类抗生素容易水解，金属盐离子、氧化剂和加热条件下能够促进青霉素类药物的分解。青霉素类抗生素在碱性条件下时其 β-内酰胺环首先被破坏，分解产物为青霉酸，如果有金属离子的参与则分解过程会进一步进行，分解产物为青霉醛酸和青霉胺。抗生素在不同水体及水环境下的水解机制也不尽相同。

② 光降解。光降解是抗生素在光照条件下发生的光化学降解反应。其反应机理主要是分子吸收光能后转化为激发态进而发生反应。光降解可分为直接光解和间接光解。直接光解常发生于具有能直接吸收光能的分子基团，如阿维菌素的光化学降解过程；间接光解是指当环境介质中的某些物质如光敏剂等在吸收光能后进入激发态，进而对抗生素等药物产生影响，诱发抗生素参与一系列的反应。光降解的主要反应类型有光氧化、光还原、光水解和光重排等。环境中影响抗生素光解的主要因素有光敏剂、水分、pH 以及其他因素（如抗生素的初始浓度、光照时间、氧化剂的存在）等。

③ 生物降解。抗生素的另一重要降解途径为生物降解，主要有植物降解和微生物降解两种方式，经过生物降解后，抗生素转化

为生物体的构成组分或没有生物毒性的小分子物质，使得抗生素原有的物理化学性质发生改变。其中，微生物降解的重要部分是具有抗生素降解功能的菌种筛选，目前已经发现的具有类似功能的菌种有光合细菌、乳酸菌、放线菌、酵母菌、丝状菌、芽孢杆菌、枯草杆菌、硝化细菌和酵母菌等。这些耐受能力强的抗生素降解菌主要通过水解、基团转移和氧化还原 3 种方式对抗生素进行破坏和修饰，以达到降解的效果。也有一些抗生素降解菌是通过消除抗生素结构上带有的易水解化学键上的酶，进而使其失活。环境中酸碱度、水分、温度、氧气含量、环境介质（土壤等）以及其他抗生素的存在等都会影响抗生素的微生物降解。总体来讲，微生物主要通过羟基化、去羟基化、氧化、基团取代、水解和基团转移作用等进行微生物降解。抗生素生物降解的另外一种方式是植物降解，植物在生态系统中的物质流动和能量循环中占有重要的地位。植物一方面可以通过吸收作用直接吸收有机污染物，进而将土壤中抗生素转移并分解，同时植物的一些根际微生物对有机污染物同样具有吸收作用。此外，植物体释放的分泌物或一些酶类到土壤中同样对有机污染物有一定的分解作用。植物可以通过吸收作用直接吸收抗生素，进而储存在体内或降解。

（二）抗生素抗性基因

近年来，抗生素的大量使用诱导并加速了细菌间的传播，在环境中已有多种 ARGs 被检测到。世界卫生组织（WHO）已经把 ARGs 看成是 21 世纪对人类健康有巨大威胁的污染物，并且在 2000 年宣布了于全球范围内开展实施 ARGs 的污染调查。近年来，我国对于环境中 ARGs 的调查甄别、来源分析及其在自然环境的丰度判定等方面的研究开始增加。由于 ARGs 在环境中具有持久性和复制性特点，而被称为一种新型污染物。如今，已经有多种 ARGs 在环境中被检测到，包括医院废水、抗生素生产厂废水、畜禽养殖废水中，而且还在污水处理厂、自来水管网、河流湖泊等地表水、地下水甚至是饮用水中、农田土壤中均有检出。环境中广泛存在的 ARGs，在日益增加的抗生素、有机污染物和重金属等各种环境污染物共同作用下必将加速 ARGs 的增殖，甚至会加剧 ARGs 在环境中传播，还可能将 ARGs 转移到致病菌体内增加致病菌耐药性的概率。ARGs 的存在和传播会给生态环境、养殖业和人体健康都造成难以估计巨大的威胁。

1. ARGs 的抗性机制 ARGs 的抗性机制主要有下几个。

(1) 抗生素的纯化或失活。ARGs 编码的一些水解酶或纯化酶使抗生素降解或取代活性基团，使抗生素失活。例如，四环素类抗性基因化可编码四环素修饰蛋白，从而使蛋白质纯化或失活；大环内酯类抗性基因也有一些可以编码水解酶或乙酰基转移酶，通过水解抗生素或者转乙酰基作用使得大环内酯类抗生素失活。

(2) 抗生素靶位的修饰或突变。细菌发生突变或者产生某种酶改变了抗生素作用的靶点，使抗生素无法与之结合而表现出抗性。喹诺酮类抗性基因可通过改变药物作用的靶点使得抗生素无法发挥功效；细菌的 *STR* 基因发生突变后，导致 30S 亚基的结构发生变化，链霉素就不能通过抑制蛋白质的表达而失去杀菌活性。

(3) 抗生素外排机制。有些抗性细菌可以将进入细胞内的抗生素通过细胞膜上的通道排出细胞外，降低胞内抗生素浓度而表现出抗性。例如，*tet A*、*tet G*、*tet K* 等编码的蛋白使抗生素外排，使细菌能躲过抗生素的杀灭。

(4) 细胞膜多糖类屏障作用。在抗性素的选择性压力下，细菌可能会改变细胞膜的结构及通透性减少抗生素进入细胞内。这种膜的通透性主要包括膜孔蛋白的缺失、磷脂双分子层的改变、特异性膜通道的突变等。例如，铜绿假单胞菌对于 β-内酰胺类抗生素耐药性就是通过改变细胞膜的通透性而阻止药物进入菌体内，表现出对药物的抗性。

(5) 其他。如增加对抗菌药物拮抗物的产量从而产生耐药性，这可能是细菌获得耐药性的另一种途径。

2. 环境中 ARGs 的来源、传播和归宿 自然界中也一直存在一些原形、准抗性基因或未表达抗性形式的抗性基因的形式存在于细菌DNA上的内在抗性，这些细菌通过自然突变或表达潜在抗性基因获得抗性。例如，对北极上万年的冻土样品的基因组DNA进行检测发现，样品中存在多样性很高的抗性基因，其中包括四环素类、糖肽类和万古霉素类抗性基因；在阿拉斯加冻土中也发现了新的氯霉素类抗性基因。这些研究表明，许多抗性基因一直存在于自然界中，并非是由于现代临床使用的抗生素使用而造成的。因此，环境中细菌的内在抗性是最初ARGs的来源。起初，环境中ARGs的种类、数量和丰度都维持在较低水平。但随着抗生素在医疗健康、养殖等方面的大量使用，在生物胃肠道等诱导产生抗性菌株。这些携带ARGs的抗性菌株随动物粪便、尿液等排泄物被排出体外，是ARGs进入自然环境的主要外源输入方式。近些年，抗生素在医疗及养殖业中的广泛应用，大大增加了ARGs的环境丰度和多样性，极大促进了ARGs在环境中的传播。

① 抗生素抗性基因在水环境中的传播扩散。水环境中的抗生素抗性基因主要来源于污水处理厂，一是来源于人和动物的尿液或粪便，二是来源于抗生素生产企业的污水，这些最终都会进入污水处理厂。人和动物通过长期服用各种各样的抗生素，使得体内产生了多种抗生素耐药菌，并携带各种各样的抗性基因，这些基因被排放到污水系统后会通过水平转移方式进入水体固有微生物从而使其获得耐药性；抗生素制药企业的抗生素残留进入水体后也能够改变水体的微生物系统，通过选择性压力诱导水体中的微生物产生耐药性进而产生耐药基因并进行传播扩散。

② 抗生素抗性基因在土壤环境中的传播扩散。土壤也被认为是抗生素抗性基因的一个重要的储存库。土壤中抗性基因的暴发主要有两个来源，一是含有抗性基因的畜禽粪便的施入，二是地表径流等含抗性基因的水体的渗入，这两种方式都会改变土壤原有微生物菌落组成，使其获得耐药性。粪便（含有β-内酰胺类抗生素）被作为肥料施入后，土壤中的β-内酰胺酶抗性菌比无机肥料施入后土壤中的β-内酰胺酶抗性菌多，且增加了土壤中β-内酰胺酶基因的丰度。除此之外，含有抗生素残留的畜禽粪便施入土壤后会导

致土壤耐药菌等微生物增加，而随着抗生素的降解，土壤微生物功能会得到一定的恢复和提高。因此，粪便是否能作为有机肥用于农业生态系统需要严格的安全性评价。

③ 畜禽粪便中抗性基因的多样性。近年来，抗生素常被用作促生长剂来促进动物的生长，大部分的抗生素是不能被机体吸收的，因此会通过尿液或粪便被排出体外。畜禽粪便中的抗生素残留会通过选择性压力诱导耐药菌的产生，进而产生耐药基因。促进动物生长的抗生素如阿伏霉素，动物长期食用后体内未被吸收的残留能够诱导肠道微生物产生该抗生素抗性基因。据相关文献报道，抗生素残留有时并不能诱导耐药菌的产生，如第三代头孢菌素（头孢噻呋）并不能诱导动物消化道内头孢菌素抗性菌的产生，而约 2/3 头孢噻呋的代谢产物通过尿液排入土壤后会产生选择性压力而导致耐药菌的暴发。

（三）抗生素及抗性基因的潜在环境风险

1. 抗生素及抗性基因的危害 自从 1929 年青霉素被发现并进行临床应用以来，抗生素在人类和动物生长发育和疾病防治方面得到了广泛的应用，抗生素的作用也越来越大。然而，随着人们对抗生素的依赖性越来越高，人们渐渐发现过去“无所不能”的抗生素的功效正在逐渐减弱甚至消失，也就是说越来越多的微生物具有了抗药性。通过研究发现，导致微生物抗药性增强和传播的主要原因是抗生素抗性基因，抗生素抗性基因可以通过水平转移机制在不同物种之间迁移，改变个体的遗传基因，使其具有抗药性，诱导具有遗传机制的耐药细菌的传播，导致抗生素的失效，最终致病微生物无法被消灭，因此具有很强的公共健康风险（图 3-3）。在欧盟，每年因耐药细菌感染而致死的患者人数达 2.5 万人，造成的经济损失达 15 亿美元。在美国，每年约有 200 万人因抗生素药效降低而患病，且导致约 2.3 万人死亡。基于抗生素抗性基因严重的环境危害，世界卫生组织将抗生素抗性基因列为 21 世纪人类面临的最大挑战之一，并将在全球范围内部署防控抗生素抗性基因。

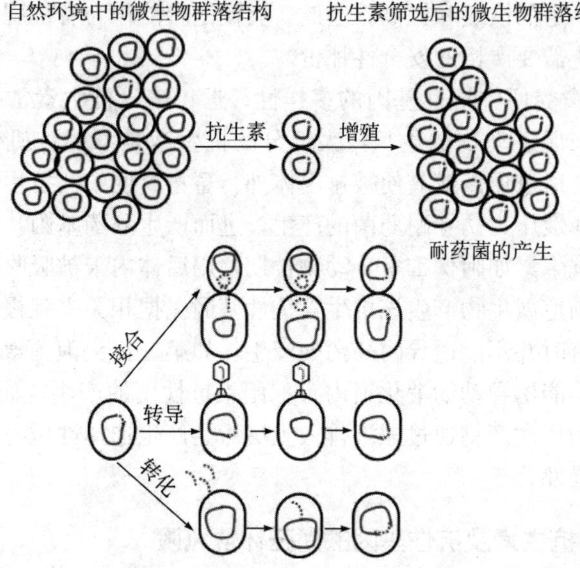

图 3-3　抗生素耐药菌的产生及抗生素抗性基因的水平转移机制

随着养殖业对抗生素依赖性的增加，加之目前缺乏相关法规的政策引导，导致抗生素的滥用现象十分严重。畜禽养殖业中抗生素作为生长促进剂和治疗药剂的大量使用，已经导致畜禽粪便成为了抗性基因的重要来源。大量使用的抗生素正是造成畜禽粪便中抗生素抗性基因高丰度和广泛传播的重要原因。抗生素可以在畜禽肠道中诱导肠道菌群产生抗生素抗性基因，进而随畜禽粪便排泄到环境中，并随着畜禽粪便的进一步农业应用而在环境中扩大传播，最终影响人类健康（图 3-4）。

2. 对土壤环境的影响　抗生素随畜禽粪便的土地利用进入土壤环境后，这些未经过妥善处理的残留抗生素会被土壤颗粒吸附，并且长期累积到土壤环境中。当抗生素在土壤中累积到一定水平时，其就会对土壤中的栖居的各类微生物如细菌、真菌和放线菌等产生一定的影响，影响微生物群落结构，诱导耐药菌群的产生，或者表现为抑制或是促进微生物的代谢作用。研究表明，土壤中四环

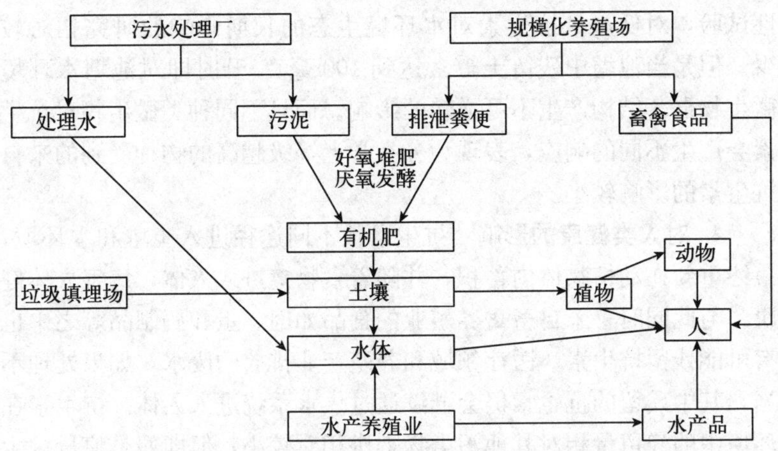

图3-4　抗生素抗性基因在环境中的主要传播途径

素含量超过1毫克/千克时就可以显著抑制脱氢酶和磷酸酶的活性。泰乐菌素在实验室模拟环境下对土壤中微生物群落结构和代谢功能有显著影响。抗生素对土壤环境的影响主要集中表现在抗生素对土壤中微生物群落结构和生物活性的影响，进而影响土壤中的微生态结构，降低土壤环境的生态功能，如影响土壤中有机质分解、养分循环、病虫害控制和土壤肥力等功能。

土壤环境是植物生长所必需的生存环境，土壤中的抗生素可以随部分植物的吸收而在植物体内蓄积，进而在食物链中流动，最终可能会影响人类健康。研究发现，不同植物种类与其不同部位对抗生素的累积效力和吸收速率有所不同。例如，菜豆、萝卜和香瓜对恩诺沙星表现出很强的富集能力，并且随着培养基质中恩诺沙星的含量升高其吸收量也随之升高。另外，植物根部蓄积磺胺甲嘧啶的能力显著高于茎部。

3. 对水生态环境的影响　由图3-3中可以看出，来自抗生素制造产业以及养殖过程中产生的废水最终进入水环境，此外土壤中的抗生素通过淋溶、渗滤等途径迁移到地表水、地下水和饮用水，污染水环境，破坏水体生态系统，并且随着食物链流动最后危害人体健康。当前，抗生素对水环境的影响研究主要集中在短期急性毒性试验，对低剂量抗生素对水环境生态的长期影响的研究相对较少。但是当池塘中残留土霉素达到 100 毫克/升时即对池塘水环境微生物群落结构产生不可逆转的影响。而且不同种类微生物对抗生素会产生不同的响应，表现为分类学上等级越高的物种受到的来自抗生素的影响较小。

4. 对人类健康的影响 抗生素从不同途径进入土壤和水环境，最终重新在动植物体内蓄积，并随着食物链进入人体，危害人体健康。与此同时，来自畜禽养殖业的食品如肉、蛋和奶制品等之中也有可能残留抗生素。医疗领域和养殖产业排放的废水，如果处理不当，其中残留的抗生素仍会继续通过供水系统进入人体。抗生素在环境中的残留量相对其他污染物来讲相对较小，但即便是痕量抗生素，长此以往仍会对人体健康产生严重影响。人体长期摄入抗生素会诱导部分人群体内产生抗体，导致在患病时降低抗生素等药物的治疗效果，同时抗生素也可能干扰人体免疫系统和内分泌系统，甚至会导致癌症或胎儿畸形等。

（四）堆肥中抗生素及抗性基因的来源与应对措施

1. 堆肥中抗生素及抗性基因的来源 目前，全球有一半以上生产消费的抗生素来自于畜牧业与水产养殖业，这也对畜禽粪便的无害化处理带来了更大的挑战。在经济利益的驱动下，抗生素类兽药及其作为饲料添加剂在畜禽养殖过程中的大量使用，使得畜禽粪便中抗生素的残留量也急剧增加。据统计，2010 年全球畜禽养殖业总计消耗的抗生素类药物约有 6.3 万吨，据估计到 2030 年抗生素的使用量可能会增加到 10.6 万吨左右，增幅达 68%。在韩国，2001—2005 年兽用抗生素的消耗量为 1 500～1 600 吨。我国作为世界上最大的抗生素生产与消费国，每年生产的抗生素在 21 万吨左右，其中仅在我国消耗的抗生素就达 18.9 万吨左右，而用于畜禽养殖业的抗生素又占到国内抗生素使用量的 50%以上。早在 2003 年，我国青霉素、土霉素的产量就已达 2.8 万吨和 1.0 万吨，占据了全球抗生素输出的 60%和 65%。2013 年我国兽用抗生素使用量占全年抗生素使用总量的52%左右，同时常见的抗生素使用量所占比例较大，约为总量的84.3%左右。

表3-6和表3-7分别列出了几种常见的兽用抗生素的功效和2013年抗生素的使用情况。畜禽养殖业添加抗生素主要是促进动物生长，用于疾病的预防与治疗。四环素类、磺胺类和大环内酯类抗生素是目前使用最多的兽用抗生素类药物，兽用抗生素的使用占英国全部抗生素使用量的90%，而这一比例在韩国为50%以上。抗生素被动物摄入体内后，其中仅有少部分经过羟基化、裂解和葡萄糖苷酸化等代谢反应生成无活性产物，而60%～90%的抗生素不能被在动物体内分解吸收利用而随着动物的排泄而流出体外。同时，也有研究指出抗生素代谢产物在环境中有可能重新转化为具有活性的初始抗生素药物，这也就造成了大量的具有严重环境风险的抗生素残留于畜禽粪便，并且对生态平衡及环境质量带来了较大的威胁。畜禽粪便中常见残留抗生素为金霉素、四环素、土霉素、红霉素、泰乐菌素、磺胺二甲嘧啶、青霉素和杆菌肽锌等。虽然抗生素分为兽用抗生素和人药用抗生素，无论哪种抗生素，经过人和动物吞食后仅有极少一部分被吸收，大多数残留抗生素会通过汗液、尿液和粪便等排出体外，最终进入自然环境将严重危害生态环境直至影响人体健康（表3-8）。因此，堆肥厂运用好氧堆肥处理过程中需要对抗生素残留进行有效的管控。

表3-6 畜禽养殖业中常见兽用抗生素及其功效

兽用抗生素	分 类	功 效
土霉素	四环素类抗生素	促进牛生长，疾病治疗
金霉素	四环素类抗生素	促进牛生长，疾病治疗
青霉素	β-内酰胺类抗生素	促进动物生长发育，疾病的预防与治疗
磺胺甲嘧啶	磺胺类抗生素	疾病治疗
新霉素	氨基糖苷类抗生素	治疗细菌性肠炎
莫能菌素	聚醚类离子载体抗生素	改善营养物质利用率和加快牛、羊体重增长
泰乐菌素	大环内酯类抗生素	疾病治疗，促进动物的生长发育
杆菌肽锌	多肽类抗生素	促进畜禽生长，提高饲料转换率

表 3-7 2013 年我国 36 种抗生素使用情况

（郑宁国，2016）

类 型	名 称	用量（吨）				
		人	猪	鸡	其他	总计
磺胺类	磺胺嘧啶	23.8	648	221	148	1 040.8
	磺胺甲嘧啶	68.4	388	132	88.7	677.1
	磺胺甲噁唑	2	198	67.6	45.3	31.29
	磺胺噻唑	0.66	40.2	13.7	9.18	63.74
	磺胺氯哒嗪	a	329	111	77.5	517.8
	磺胺对甲氧基嘧啶	12.6	315	107	72	506.6
	磺胺间甲氧基嘧啶	9.93	1 400	477	320	2 207
	磺胺喹噁啉	a	0	1 250	190	1 440
	磺胺胍	73.6	46.9	16	10.7	147.2
	甲氧苄啶	500	157	53.5	35.8	746.3
	奥美普林	a	0	1.01	6.91	7.92
	总量	905	3 522	2 450	1 004	7 890
四环素类	土霉素	192	740	253	170	1 355
	四环素	1 265	119	40.7	27.3	1 452
	金霉素	48.3	136	46.5	31.2	262
	多西环素	199	2 300	786	527	3 812
	美他环素	64.2	5.45	1.92	0.85	72.4
	总量	1 768.5	3 300.45	1 128.12	756.35	6 953.42
氟喹诺酮类	诺氟沙星	1 013	2 820	961	644	5 438
	环丙沙星	455	3 310	1 060	712	5 537
	氧氟沙星	1 286	2 440	832	557	5 115
	洛美沙星	228	650	222	149	1 249
	恩诺沙星	a	3 090	1 150	940	5 180
	氟罗沙星	119	60.6	21.6	15.1	216.3
	培氟沙星	200	1 320	451	302	2 273
	双氟沙星	a	378	172	117	667
	总量	3 301	14 068.6	4 869.6	3 436.1	25 675.3

（续）

类　型	名　称	用量（吨）				
		人	猪	鸡	其他	总计
大环内酯类	柱晶白霉素	205	941	321	215	1 682
	克拉霉素	65.9	114	71.5	41.4	293
	罗红霉素	184	112	67.3	22.5	386
	泰乐菌素	a	3 090	1 050	706	4 846
	红霉素	1 244	1 580	565	377	3 770
	总量	1 698.9	5 837	2 074.8	1 369.1	10 972.6
β-内酰胺类	头孢氨苄	2 542	83.4	28.3	19.2	2 672.9
	阿莫西林	2 129	6 860	2 340	1 570	12 899
	青霉素	917	3700	1 260	846	6 723
	头孢唑啉	6.14	0.15	0.05	0.04	6.38
	总量	5 594.14	10 643.55	3 628.35	2 435.24	22 300
其他	氟苯尼考	a	6 370	2 150	1 510	10 000
	氯霉素	215	552	342	119	1 230
	林可霉素	999	4 340	18 100	11 600	92 700

注：a 为兽用抗生素，非人用抗生素。

表 3-8　抗生素的危害

（吴龙仁等，2007）

抗生素种类	危　害
氯霉素、林可霉素、四环素、红霉素等	损伤肝脏
青霉素、链霉素	引起变态反应，如过敏性休克、轻微皮疹、发热或造血系统抑制等，甚至也会损害神经系统，如中枢神经系统、听力、视力、周围神经系统病变以及神经肌肉传导阻滞作用等
泰乐菌素	在土培条件下，对土壤微生物群落结构和功能有影响
四环素	显著抑制土壤脱氢酶和磷酸酶的活力

（续）

抗生素种类	危　害
氯霉素	头孢哌酮及拉氧头孢等可导致维生素 K 缺乏，引起凝血功能障碍
氨基苷类抗生素	中枢神经系统损伤、听力障碍、视力减退、周围神经病变以及神经肌肉传导阻滞等
金霉素、多西环素、二甲四环素、红霉素类药物	食欲缺乏、胃部不适、恶心、呕吐、腹痛及腹泻

几种常见抗生素在畜禽粪便中的浓度范围如下所示：金霉素残留水平为 0～121.8 毫克/千克，土霉素残留水平为 1.05～134.8 毫克/千克，四环素残留水平为 0～78.57 毫克/千克，泰乐菌素残留水平为 0.22～4.9 毫克/千克，而一般抗生素残留量在环境中为微克/千克级。同时，抗生素的残留因地区和畜禽饲养方式的不同而不同。通过对我国北京、浙江萧山、江苏南京、山东济南、吉林四平、陕西杨凌、宁夏吴忠等 7 个地区的畜禽养殖场的调查表明，猪粪中四环素平均含量为 5.2 毫克/千克，最高达 78.6 毫克/千克，土霉素平均含量为 9.1 毫克/千克，最高达 134.8 毫克/千克，金霉素平均含量为 3.6 毫克/千克，最高达 122.0 毫克/千克；规模化养殖场畜禽粪便中四环素、土霉素和金霉素的残留量为 3.36～6.48 毫克/千克，而家庭散养畜禽粪便中四环素、土霉素和金霉素残留量为 0.28～0.65 毫克/千克，前者为后者的 10～12 倍。同时，按畜禽粪便种类进行划分，以猪粪中残留抗生素最高，鸡粪次之，牛粪、羊粪等含量相对较少。而动物的品种、养殖方式、生长发育阶段以及使用的饲料种类同样对畜禽粪便在抗生素残留具有较大影响。

2. 畜禽养殖业抗生素及抗性基因残留危害的应对措施　畜禽粪便中残留抗生素的应对措施主要从源头控制、阻碍途径以及末端治理政策引导等。总体上可以分为以下 5 类。

（1）源头控制。控制畜禽养殖业中抗生素的使用量，从源头进行控制。推行“绿色养殖”的新型养殖方式。对抗生素类药品的使用以及含抗生素饲料添加剂的饲料进行严格管控，从源头上减少抗生素的摄入，进而显著减少抗生素在畜禽粪便中的残留，这是减少畜禽粪便抗生素残留危害最经济有效的措施。一方面减少抗生素的使用量，另一方面开发抗生素的替代品，目前已经发现纯天然兽药对畜禽疾病的治疗有一定的帮助，同时也开发了一些益生素、酶制剂、糖萜素等抗生素替代品。

（2）末端治理。积极研发并推广应用畜禽粪便无害化与资源化处理技术以降低抗生素对环境危害。借助并改进工艺技术措施，解决畜禽粪便中抗生素类残留的污染问题，也是十分重要的环节。畜禽粪便的各种处理技术按处理机制划分，主要包括物理法、化学法和生物法三大类，具体包括如自然干燥法、臭氧氧化法、堆肥法等，目前多采用好氧堆肥处理。所以，研究并提高常规粪便处理方法（如堆肥法）对粪便中抗生素的去除十分必要。同时，针对抗生素所带来的严重的次生危害（如抗生素抗性基因等）同样应当认真考虑，在抗生素的处理过程中应当研究并提高其对抗生素抗性基因的去除效果。

（3）政府部门加大监管力度和相关法规的管制，加强对养殖企业的政策扶持和宣传教育。政府部门通过加强对抗生素使用的最终归属处的检查认证，努力建立以保护环境可持续发展，提供优质安全的畜产品和减少污染物排放为最终目标的微生态生产系统。加强对养殖企业的内部管理和宣传教育，通过对养殖企业周边包括环境水体、大气质量和土壤等的控制，为畜禽提供适宜且卫生的生存空间，从而降低畜禽疾病并提高其生产性能，最终达到减少抗生素等兽药的使用。同时，对粪、尿和污水等污染物的集中处理进行监管，达到无害化和资源化处理，避免直接暴露在环境中而造成环境污染。

（4）完善政策法规，明确发展方向。2000 年，国际上开始推行有机畜牧业的标准，我国也在 1999 年出台了《饲料及饲料添加剂管理条例》，从立法角度加强国内饲料添加剂的生产许可和进口饲料添加剂的管理，尽可能和国际水平接轨。2001 年，国家环保总局与国家质量监督检验检疫总局联合发布了《畜禽养殖业污染物排放标准》（GB 18596—2001），从法制层面上指明了健康养殖模式的方向，以实现经济效益、社会效益和生态效益的高度统一。

（5）加强宣传教育，提高公众参与积极性和社会关注度。通过组织并宣传教育，使广大养殖户认识到抗生素的危害性，自觉控制在畜禽养殖过程中抗生素的使用量，同时给予一定的技术指导，帮助养殖企业主动使用抗生素替代品。养殖户是畜禽养殖过程中的直接参与者，只有他们积极践行相关的技术和政策，才能收到切实的效果。

3. 有机固体废弃物残留抗生素及抗性基因的处理技术 有机固体废弃物如畜禽粪便、污泥和制药废渣等由于其产生过程中难以避免地引入抗生素的污染，且自身生产过程难以有效地对其进行降解，抗生素污染问题一直以来是一个制约其安全处置的技术难题。例如，畜禽粪便主动或被动摄入的抗生素绝大部分都未能被动物体内代谢吸收，大多以原药或者其代谢产物形式通过粪尿排出。污水处理厂等生产过程产生的污泥同样蓄积了来自各方各面的抗生素残留。制药废渣更是几种有机固体废弃中抗生素残留浓度最高的。这些集中大量堆放到环境中的有机固体废弃物若不进行适当的处理，不仅严重浪费资源，更是会给环境带来严重的环境风险。畜禽养殖业抗生素残留危害的应对措施中除了源头控制和政策及制度的引导外，对环境中残留的抗生素的去除主要凭借一些技术措施。目前，残留抗生素的主要常见处理技术为自然干燥法、臭氧氧化法、堆肥法和厌氧发酵法。其中，厌氧发酵法和堆肥法是畜禽粪便无害化和资源化处理的主要方式。

（1）厌氧发酵法。厌氧发酵法是指在厌氧条件下，微生物将有机物质分解与转化为二氧化碳和甲烷等物质的过程，在原理上可分为 3 个阶段，分别为水解酸化阶段、产氢产乙酸阶段和产甲烷阶段。厌氧消化可以根据温度分为 3 类，分别是低温（小于 25 ℃）、中温（30～45 ℃）和高温（50～65 ℃）厌氧消化。厌氧消化具有能有效处理高浓度有机废水、操作管理简单和产物中甲烷可以作为清洁能源而达到资源化利用等优点，因此得到了广泛的应用。早在20世纪50年代，英国、德国、美国、日本和苏联等国就已经开始利用厌氧消化技术处理畜禽粪便。厌氧消化技术因其可以产生清洁能源而在当下成为畜禽粪便主要处理方式之一，同时处理过程中抗生素的去除也备受关注。研究发现，厌氧消化过程中抗生素能在一定程度上得到有效降解，且残留抗生素对厌氧发酵产气量有不同程度的影响。

(2) 堆肥法。除了厌氧发酵，还可以利用好氧堆肥的方式来处理含有抗生素的有机废弃物。经过好氧堆肥，微生物生命活动产生的热量累积成高温，即堆肥发酵过程中的高温期阶段，可以很好地杀死致病微生物，同时在微生物的协同作用下抗生素也得到了很好的降解。堆肥法具有生产周期短、处理效率高、操作管理简单和产品可以达到无害化和商品化的特点，也在当前农业和环境保护领域得到了大面积的推广。堆肥作为一种广泛的畜禽粪便等有机固体废弃物处理技术，其中抗生素的去除效率同样备受关注。一般而言，好氧堆肥对抗生素具有优良的去除效率，其腐熟堆肥残留抗生素处于较低水平，但对抗生素抗性基因的去除则表现不一（表3-9），有试验研究发现，进行为期56天的好氧堆肥处理后，对猪粪中金霉素、磺胺嘧啶和环丙沙星等抗生素的去除具有显著效率，其中金霉素和磺胺嘧啶分别在21天和3天后近乎全部降解，环丙沙星的去除效率为69%～83%。除此之外，好氧堆肥处理可使兽用抗生素和激素都得到显著的降解，并有效降解畜禽粪便种抗生素的残留，对有些抗生素（如青霉素、金霉素、土霉素、磺胺嘧啶等）降解率可达99%以上且半衰期可达1.3～3.8天，这也说明了堆肥处理对抗生素去除的高效性。堆肥处理抗生素的来源不仅仅局限于畜禽粪便，抗生素生产过程中发酵废渣同样是一种利用价值极高的残留抗生素的有机废弃物，环境保护部南京环境科学研究所在探索资源化利用青霉素发酵菌渣的过程中发现，通过堆肥处理含有高浓度青霉素残留的抗生素菌渣，能使青霉素的去除率在99%以上，菌渣中残留的高浓度抗生素并没有影响堆肥进程，甚至抗生素菌渣中残留养分还可以促进微生物活性，使得腐熟堆肥品质更高。

表 3-9　不同原料堆肥对抗性基因的去除效果

（钱勋，2016）

基因	基因去除情况	处理方式
sul1、*sul2*、*dfr A1*、*dfr A7*、*tet Q*、*tet W*、*tet C*、*tet G*、*tet Z*、*gyr A*、*par C*	42 天后低于检测限	猪粪堆肥
tetA、*tet C*	降低近 4 logs	猪粪堆肥
tet G	无变化	猪粪堆肥
erm A、*erm B*、*erm C*、*erm F*、*erm T*、*erm X*	降低 2.3～7.3 logs	猪粪堆肥
bla CTX-M、*bla TEM*、*erm B*、*ere A*、*tet W*	降低 0.3～2.0 logs	污泥堆肥
erm F、*sul1*、*sul2*、*tet G*、*tet X*、*mef A*、*aac*（6'）-*Ib-cr*	增加 0.3～1.3 logs	污泥堆肥
tet A、*tet X*	增加 0.2～0.5 logs	污泥堆肥
tet C、*tet M*、*tet O*	降低 0.3～0.9 logs	猪粪堆肥
erm A、*erm B*、*bla TEM*、*bla CTX*、*bla SHV*、*qnr A*、*qnr S*	降低 0.3～2.0 logs	猪粪堆肥
erm C	无变化	猪粪堆肥
erm F	升高	猪粪堆肥

注：logs 为抗性基因拷贝数减少量，以 10 为底的对数值。

（五）堆肥中抗生素及抗性基因的检测

1. 堆肥中抗生素的检测　堆肥中抗生素的主要来源是堆肥原料中的畜禽粪便。畜禽粪是抗生素进入环境的一个重要来源，而快速准确的检测方法是对畜禽粪便抗生素管控与研究的重要前提。只有准确把握抗生素在畜禽粪便及其排放到环境中的残留状况，才能有针对性地对抗生素进行有效控制，消除环境影响。目前，我国出台的相关标准有《蜂蜜中土霉素、四环素、金霉素、强力霉素残留量的测定方法（液相色谱法）》（GB/T 18932.4—2002）和《畜、禽肉中土霉素、四环素、金霉素残留量的测定（高效液相色谱法）》（GB/T 5009.116—2003）。

由于抗生素在环境中的残留浓度较低，且具有热不稳定性和部分抗生素的光降解性，检测过程中环境介质对检测影响很大，因此对检测方法的精确度要求很高。应用较广的检测方法有以下5种。

（1）高效液相色谱法。色谱法是利用不同物质在不同相态之间的选择性分配，通过流动相对固定相中的混合物进行洗脱，混合物中的不同组分在流动相中因配系数不同而以不同速度沿着固定相流动，进而达到分离的目的。高效液相色谱法是色谱法的重要分支，以液体为流动相，通过高压输液系统，将含有多组分的混合物、缓冲溶液等流动相泵入填有固定相的色谱柱中，在柱内不同组分分离后依次进入检测器进行检测，抗生素的检测器常见为紫外检测器，也有用荧光仪、质谱仪和电化学检测器等。高效液相色谱法具有高效、高速、高精确度、应用范围广和分离性好等特点，可以精确地从复杂地混合物组分中无损的分离出抗生素并进行检测，且检出限很低，适合痕量污染物的测定。

通过液相色谱法进行测定通常需要进行样品前处理，其中畜禽粪便等固体样品涉及样品的提取，得到的提取液进而需要进行纯化等步骤。纯化过程通常采用的是固相萃取技术，也可用固相微萃取技术、基质固相分散技术和衍生化技术，纯化后的样品有些因为抗生素含量太低所以需要再次经过富集浓缩，通常用到的是氮吹装置或旋转蒸发仪，定容后的样品才可以进行液相色谱检测。畜禽粪便及有机肥等样品因为自身的组分十分复杂，对抗生素的测定带来了很大的困难，且回收率较低，因此畜禽粪便等样品的前处理过程是十分必要的。

通过固相萃取-高效液相色谱法对畜禽粪便中抗生素进行测定，以EDTA-Mcllvaine缓冲液作为提取剂，利用LC-18 SPE固相萃取柱进行纯化与富集。测定的抗生素为土霉素、四环素和金霉素，液相色谱流动相为0.01摩/升草酸-乙腈-甲醇（草酸、乙腈、甲醇的体积比为76∶16∶8，pH=5），检测波长为355纳米，加标回收率为51.3%～93.7%。在此基础上，通过优化固相萃取-液相色谱法并分析畜禽粪便中14种兽药抗生素，发现1%乙酸（pH为2.6）作为流动相，检测波长在270纳米下，四环素类、磺胺类、氟喹诺酮类和大环内酯类14种抗生素均可以达到基线分离，其回收率分别达到了58%～75%和66%～83%、74%～93%和91%～101%、74%～80%和80%～88%、85%和68%，对应的标准偏差分别为6.2%～10.7%和7.8%～13.6%、2.6%～10.2%和4.4%～13.2%、6.1%～12.5%和8.3%～14.6%、10.6%和12.3%。

（2）液相色谱-串联质谱（liquid chromatography - tandem mass spectrometer，LC - MS）。液相色谱-串联质谱即是常说的液质联用，其测定方法结合了色谱和质谱的优点，一方面实现了对多组分混合的复杂样品的有效分离，同时与质谱的高灵敏度和高选择性的优点相结合，在抗生素的测定等领域得到了广泛的应用。

此方法以乙二胺四乙酸-乙腈-磷酸钠缓冲液为浸提剂，经过HLB固相萃取装置纯化后通过液相色谱-电喷雾串联质谱法来测定土壤、畜禽粪便和污泥中四环素类、磺胺类、氟喹诺酮类和大环内酯类抗生素。校准曲线$R^2>0.997$，样品回收率为60%～140%。

（3）微生物法（microbiological method）。抗生素的微生物检测法是抗生素残留检测的传统方法，主要原理是利用抗生素在低微浓度下有选择性抑制或杀死微生物的特点，以抗生素的抗菌活性为指标，来衡量抗生素中有效成分效力的方法，通常用效价单位来表示（单位/毫克），其中效价单位是指抗生素中所含特定抗菌（抗肿瘤细胞、抗病毒等）活性部分的质量。微生物法可以直观、特异性地反映出抗生素药品的抗菌活性，即抗生素抑制或杀死病原微生物的能力，但其测定同样具有灵敏度低、耗时较长、操作复杂、精确度不高等局限性。抗生素微生物检定法可以分为稀释法、比浊法和琼脂扩散法。

（4）酶联免疫法（enzyme linked immunosorbent assays,

ELISA）。酶联免疫法起源于20世纪70年代，它将酶促反应与免疫反应的优点结合起来，让抗体与酶复合物结合，然后通过显色来检测，可以对各种微量有机物进行高效率且专一性的测定，该方法具有测定灵敏度高、特异性强、检测方便快捷以及对检测装置要求不高等优点。酶联免疫法测定地表水和地下水体中四环素和泰乐菌素的残留情况时，测定方法的检出限为0.05微克/升和0.10微克/升，通过酶联免疫法（ELISA试剂盒）检测水体四环素、金霉素和泰乐菌素等抗生素具有成本低廉、检测快的优点，可以胜任抗生素的初步筛选与检测。

（5）分光光度法（spectrophotometry）。分光光度法测定抗生素是利用不同的抗生素药品在190～800纳米波长范围内的吸光度不同来定量测定的方法。当光穿过被测物质溶液时，物质对光的吸收程度会随光的波长不同而变化。用于定量的时候，在最大吸收波长处测量一定浓度的样品溶液的吸光度，并与一定浓度的对照溶液的吸光度进行比较或者采用吸光系数法求算出样品溶液的浓度。在2015版《中华人民共和国药典》中共有8种抗生素药品采用紫外-可见分光光度法进行含量的测定，包括放线菌素D和注射用放线菌素D、酰胺醇类抗生素的琥珀氯霉素和棕榈氯霉素以及它们的制剂。但近年来的畜禽粪便中抗生素的检测方法大多采用上述的高效液相色谱法或液质联用法。

2. 堆肥中抗性基因的检测

（1）细菌培养法。微生物培养方法是ARGs研究的传统方法，主要是通过平板培养基或试纸上微生物对抗生素的反应来评价菌株的抗性，最先开始来源于最小抑制浓度药敏试验（美国国家临床实验室标准委员会，2006）。主要用最大可能计数法得到抗性微生物和可培养微生物的数目，然后计算抗性微生物占总微生物的比例的途径来判断微生物对抗生素的抗性水平。

（2）实时定量PCR技术。实时定量PCR（real-time quantitative PCR）技术是将荧光标记物与扩增产物结合，进一步通过精准检测扩增过程中的荧光信号的强度实现精确定量。实时定量

PCR 技术的发展和完善，为研究环境中 ARGs 提供了非依赖于培养方法的可能。在分子水平上运用该技术对环境中 ARGs 的 DNA 或 RNA 进行定量分析，不仅更灵敏更准确，还能客观全面地反映环境中的 ARGs 丰度。该技术是目前研究 ARGs 的主要方法，其成本较低且使用简便，已被用于多种环境样品 ARGs 的定量分析，如畜禽养粪便、土壤、地表水、污水处理厂等。普通荧光定量 PCR 方法一般每次只能对一种或几种 ARGs 进行定量分析，不能实现环境中 ARGs 的广谱分析。近几年出现的高通量定量 PCR 技术（high - throughput quantitative PCR，HT - q PCR）突破了上述局限性，可同时对上百种 ARGs 进行定量分析，大大提高了工作效率。

（3）高通量测序技术。16S rDNA 高通量测序技术以 454 技术和 Illumina 平台为代表，其最大特点是数据通量高、信息量大，而且测定的基因序列准确率高。16S rDNA 高通量测序技术的测序广度和深度较传统分子生物学微生物群落分析方法均有很大提升，一般一个样品中可检测到几百到几千种微生物，不仅能将样品中的微生物种类注释到属，还能揭示各类微生物丰度的变化。微生物是 ARGs 的宿主，因此通过分析微生物与 ARGs 种类和丰度的关系可以更好地理解 ARGs 在环境中的转移和传播机制。

宏基因组测序是指直接对从环境样品中提取总 DNA 构建宏基因组文库进行测序，因此可以获得样品中所包含的全部微生物的群落功能及其遗传组成。利用宏基因组测序法可以检测环境微生物中所有 ARGs 的集合，包括存在于细菌染色体、质粒和基因遗传元件上不表达或低表达的 ARGs。根据可靠的研究结果表明，中温和高温厌氧发酵系统中总 ARGs 丰度和多样性无显著差异，原料中主要的 35 种 ARGs 亚型中，中温和高温厌氧发酵削减效果较好的分别为 8 种和 13 种。此外，通过利用宏基因组测序技术的结果与一些公共数据库如 ARDB、INTEGRALL、Resqu、BacMet 等进行比对，还可以分析样本中的抗生素抗性组、移动基因组和重金属抗性基因等丰富的信息。

3. 堆肥化处理控制抗生素及抗性基因的关键技术参数　堆肥过程抗生素的降解效率与抗生素种类和堆肥体系中的物理、化学及生物条件有关，堆肥的基本理化性质如总有机碳、总氮、总钾、pH、温度和重金属含量及其生物有效性等，以及堆肥原料差异都会影响堆肥过程中抗生素的降解。一些研究结果表明，在堆肥中金霉素的降解率除了马粪堆肥处理外均超过90%，半衰期为4.39～12.2天，同时皮尔逊相关性系数显示金霉素的生物降解与总有机碳、总氮、总磷、碳氮比、氮磷比和重金属含量有很好的相关性；盐霉素在为期38天的堆肥过程中约99%的抗生素得到有效去除，通过分析得出堆肥的理化和生物学性质如pH、温度、微生物酶等的作用对盐霉素的降解过程有显著影响。大量研究证明，抗生素的去除受到堆肥体系内多种内在参数的影响，其中以温度、曝气速率、碳氮比、抗生素的类型和微生物等影响最为显著。

(1) 堆肥温度。堆肥是一个自发产热的过程，微生物初期消耗大量的营养物质进行自我生长繁殖，此阶段生命活动十分剧烈，也因此产生了大量的热能，最终累积成高温，杀死一些病原细菌，此为高温期。易降解有机物消耗殆尽后一些微生物则受到抑制，堆肥温度下降。目前已有研究结果显示，抗生素的去除主要发生在升温及高温阶段，且去除效率与堆体最高温度成正比。因为，抗生素同属于有机污染物，较高的堆肥温度会破坏抗生素的化学结构，从而导致抗生素的分解。同时，因为堆肥体系中水分的存在，温度升高还会促进抗生素的水解。堆肥温度的升高是嗜热微生物大量生长繁殖的结果，微生物的呼吸作用消耗了大量易降解有机物，同时产生大量的热，高温期过后堆肥温度下降，堆肥体系微生物群落结构进而发生变化，因此通过调节堆肥温度可以一定程度上影响微生物的活性，从而提高抗生素的降解效率。虽然提高堆肥温度可以有效降解抗生素，达到快速无害化的要求，但是堆肥腐殖化的最适温度在40℃左右，过高的温度不利于堆肥的腐殖化进程，同时消耗过量的有机物质，降低了堆肥品质。另外，过度的提高堆肥温度同样对堆肥设备和操作管理成本带来了新的负担。虽然当前的技术手段可以通过外部辅助设备或者接种耐高温微生物菌剂来达到这一目的，但这一措施目前尚处于相关的研究阶段，即对于实际工程的报道尚缺乏，目前使用成本高昂且操作和维护较为繁琐的外部辅助设备及价格高昂的微生物菌剂等，仍是限制这一措施工程推广应用的主要瓶颈。但此类技术手段可以用以完成特殊生产处理要求，常规畜禽粪便等有机废弃物中抗生素残留通过传统的堆肥放热同样可以有效地去除。一些研究比较了不同温度对厌氧发酵过程中 ARGs 去除效果的影响，发现高温发酵系统比中温和低温发酵更有利于 ARGs 的削减。因此，堆肥温度可以显著影响抗生素的去除，微生物的生长发育产热促进了抗生素的降解。

(2) 曝气速率。曝气是为了向堆肥物料中微生物提供生命活动所必需的氧气，维持好氧微生物的正常生长繁殖，防止厌氧环境的生成，有利于堆肥进程的顺利进行，常见的有静态自然通风、强制曝气和工业化生产中的机械翻堆等。当曝气速率过高时，过量的气流会将微生物产生的热量带出堆体，堆肥温度随之下降，这也是堆肥厂管理发酵进程常用的技术手段。同时也有很多研究指出，物料中的有机成分如蛋白质等，在好氧细菌的作用下代谢生成氨气，过高的曝气速率会增加氨气的释放，加重氮素损失，降低堆肥产品肥效。但如果曝气不足则会造成堆体局部缺氧，形成厌氧环境，在此种环境下有机物被分解为不彻底氧化产物，如胺类、酰胺类和含硫化合物（硫化氢、二氧化硫、硫醇类）等有害物质，会对微生物产生毒害作用，抑制微生物的活性，造成堆体温度迅速下降，进而影响抗生素的降解。曝气时产生甲烷和氧化亚氮等温室气体，加重了环境污染。适当的曝气不仅为微生物提供了充足的氧气，同时带走了其生命活动中排放的有害物质，为其创造了更加适宜的生存环境，降低它们对微生物的危害，从而维持堆体中较高的微生物数量与活性，有利于抗生素的降解。曝气还可以通过气流带走多余的水分，调节堆体含水率，而微生物的新陈代谢与含水率息息相关。因此，曝气速率同样可以通过调节适宜的含水率来维持堆肥体系中微生物的活性，进而有效降解抗生素。在维持最适温度的前提下，加大通气量可以除去多余的水分，一般认为含水率应控制在50%～60%。

（3）碳氮比。碳氮比代表了供给微生物生长发育所需的能量配比，堆肥中最适宜的碳氮比的范围在25～35，微生物正常情况下消耗同等单位下碳氮的比值在30左右。过高的碳氮比会导致微生物所需要的有效氮源相对不足，影响堆体升温速率，延长发酵周期，而较低的碳氮比会增加氮素损失，降低堆肥品质，同时微生物可利用的碳源不足，微生物的活性受到影响，堆肥温度上升缓慢。适当的碳氮比保证了堆肥进程的顺利进行，也有利于堆肥粪便中残留抗生素的去除。但不同的堆肥体系中最适碳氮比也不尽相同，2007年在*Bioresource Technology*上发表的一篇报道中介绍到，通过稻草调节的堆肥其初始碳氮比分别为20和25，其中碳氮比为20比碳氮比为25的堆肥处理中对猪粪的处理量更大，更有效地利用了调理剂，且延长了堆肥的高温期，氮素的损失更少，对稻草混合猪粪堆肥更加有利。适宜的碳氮比有助于堆肥体系中抗生素的降解。

（4）重金属。畜禽养殖过程中会在饲料中添加微量元素（含重金属）以降低某些畜禽疾病的发病率，提高动物的生长速率。而动物对这些金属元素的吸收利用率很低，大部分金属元素会随着粪便排出。一些污水处理厂产生的污泥同样含有大量的抗生素和重金属。制药厂生产过程中也会加入一些金属盐类絮凝剂等。这些有机固体废弃物在其产生过程中都难免会引入一些重金属，其中畜禽粪便中以Cu、Zn含量最为显著，污泥中重金属来源广泛，含量较高。堆肥温度的升高与微生物的活性有关，重金属Zn的存在对堆肥体系中微生物的活性产生了影响，从而导致堆体温度未能达到无害化处理的要求。由此可见，堆肥体系中高浓度的重金属的存在可能会影响微生物的活性，从而抑制堆肥温度的上升，降低抗生素的降解效率。

（5）抗生素类型。目前堆肥中抗生素的主要来源有四环素类抗生素、喹诺酮类抗生素、大环内酯类抗生素、磺胺类抗生素和

β-内酰胺类抗生素等。这些抗生素的化学结构各有不同，其化学性质、环境行为、降解方式和残留水平同样存在差异，由于在堆肥过程中对环境因素的响应方式不同，导致其降解效率的差异。降解效率不同的原因也可能是堆肥过程中多种类型抗生素的共同存在会出现抗生素抑制作用。例如，一种抗生素可能会对能降解另一种抗生素的菌种产生抑制，从而导致另一种抗生素的降解效率下降。

（6）微生物作用。抗生素在适宜的条件下，可以通过生物降解，被微生物降解为小分子化合物，最后释放出 H_2O 和 CO_2，达到无害化处理。因此，堆肥中微生物的作用会直接影响抗生素的降解或转化。堆肥中微生物群落结构的变化也会直接影响堆肥进程，进而影响堆肥体系中温度的上升和有机物质腐殖化。堆肥好氧发酵过程中以嗜温微生物和嗜热微生物两大类为主要负责降解有机物的微生物。堆肥温度进入高温期后，嗜温微生物活性受到抑制甚至死亡，嗜热微生物逐渐代替嗜温微生物成为优势种。当堆体温度上升到 50 ℃时，堆体中优势种微生物主要为嗜热真菌和放线菌。堆体温度达到 60 ℃时因温度过高真菌的活性受到抑制，仅有嗜热放线菌在活动。

总体而言，影响堆肥过程中不同因素对抗生素的降解效果，其本质主要是通过影响堆肥中微生物的群落结构和活性来实现。温度决定了堆体进程中不同阶段发挥主要作用的微生物群落类型，曝气供氧保证了微生物的呼吸作用所需的氧气，适宜的碳氮比为微生物提供了生长所需的营养物质，重金属决定了微生物中发挥重要作用的蛋白质酶的活性。所以，可以通过调节各种理化因素的水平，得到一个最佳的条件组合，进而筛选特定微生物种类，使堆肥中抗生素降解的效率最大化。

三、堆肥过程中重金属的控制

重金属其本身难以降解，具有隐蔽性、生物富集性和生物毒性，会对生态环境造成长远的影响。一般造成土壤重金属污染的原因，除了重金属土壤背景值高和大气沉降等自然因素外，有色金属采冶、化肥使用、污水灌溉、污泥和畜禽粪便农用等人为因素，也是重要的农田土壤重金属输入源。不可否认的是，污泥中的重金属来源与当地的污水处理厂的自然环境和污水污染状况有关，污泥中广泛存在Cd、Hg、As、Pb、Cr、Cu和Zn等重金属元素，并以Cu和Zn含量最高。进一步进行的污染源解析发现，35.7%的重金属污染物来源于交通运输、焦化和冶炼行业，29.0%的重金属污染物来自供水污染，16.2%的重金属污染物来自皮革鞣制、纺织印染和化学品制造业等。同时，人和动物粪便、饮用水供给和大气沉降也对污泥重金属具有重要的贡献，有超过50%的Cu、Zn和Pb来自于污泥的土地利用。而畜禽粪便中的重金属来源，则主要与饲料和相应的饲料添加剂有关。朱建春等人（2013）在陕西省境内进行的调查研究表明，在猪粪和猪饲料中普遍检测到重金属Cu、Zn、Cr、Ni、As、Pb和Cd的存在，这一研究结果与前人的研究结果相印证，即猪粪中的重金属主要来源于饲料。表3-10为对近年来一些有关污泥和畜禽粪便中的重金属含量的研究报告汇总，其研究结果也清晰地表明了污泥和畜禽粪便等有机固体废弃物是重要的重金属库。虽然污泥和畜禽粪便中的重金属含量差异很大，但长期对这些含重金属污泥和畜禽粪便进行土地利用，必将导致重金属在土壤中积累，并引起可迁移部分的重金属通过食物链富集进而带来一定的环境风险。为了促进污泥和畜禽粪便的安全土地利用，必须采取一些有效的措施来减小所含重金属的生物有效性和环境迁移性。

（一）含重金属有机固体废弃物的处理技术——堆肥化

堆肥处理是一种对可降解有机固体废弃物实施的好氧生物处理技术，以好氧生化过程为主，是依靠专性和兼性好氧细菌的作用降解有机物的生化过程，将要堆腐的有机物料（如污泥、农作物秸秆和畜禽粪便等）在合适的水分、通气条件下，使微生物繁殖并降解有机质，从而产生高温，杀死其中的病原菌、蛔虫卵及杂草种子，使有机物达到稳定化。在好氧堆肥的过程中，有机废弃物中的可溶性

表 3-10　一些文献报道中污泥和畜禽粪便中的重金属含量

单位:毫克/千克

样品	来源国家或地区	Cu	Pb	Zn	Cd	Ni	Cr	As
污泥	中国	62.75～796.6	86.25～136.8	290.4～831.0	9.63～15.13	98.63～2 180	50.00～212.5	—
	欧盟	27.3～578.1	4.0～429.8	0～0.1	0.3～5.1	8.6～310	10.8～1 542	5.6～56.1
	德国	292	34	762	1	25	33	—
	爱尔兰	520	252	0.08	12	18	25	—
	意大利	90～206	80～126	0.02～0.09	0.3～0.9	11～15	18～65	—
	俄罗斯	200～300	34.7	0.07～0.08	—	75～77	305～310	—
	加拿大	180～2 300	26～465	354～640	2.3～10	37～179	66～2 021	—
	中国香港	112～255	52.5～57	1 009～2 823	2.3～10	—	663	—
	美国	616	170	1 285	25	71	178	—
猪粪	中国东北	77.62～1 521	0～5.08	63.37～1 623	0～203.4	—	0～43.45	0.61～33.48
	中国山东	46.1～1 311	1.9～5.5	151.1～14 680	0.6～1.5	—	0.6～258.8	0.5～373.8
	中国浙江	96.58～1 788	0.37～7.78	112.17～10 056	0.02～4.87	2.14～23.18	0.43～86.58	2.45～76.43
	中国陕西	78.99～1 543	0.05～35.81	68.72～3 012	0.08～50.19	0.66～28.36	1.99～115.5	0.04～117.01
	中国广西	123.3～1 362	—	370.4～2 078	0.7～1.7	—	10.8～40.6	—
	中国北京	92.1～1 082	0.68～21.8	281.0～1 295	0.13～5.77	3.5～17.9	1.06～688.0	0.55～65.4
	中国江苏	35.7～1 726	4.22～82.91	113.6～1 506	1.13～4.35	3.62～22.10	23.21～64.67	4.00～78.00
	威尔士	17.5～780	1.01～9.79	68～716	0.10～0.84	1.00～49.8	0.67～15.7	0.10～6.7
奶牛粪	威尔士	1～352	0.10～16.9	5～727	0.10～1.74	0.1～11.40	0.20～21.40	0.10～4.83
肉牛粪	威尔士	10.5～48.7	1.00～18.0	41～274	0.10～0.53	0.2～20.4	0.79～15.70	0.39～10.8

小分子有机物质透过微生物的细胞壁和细胞膜而为微生物所吸收和利用。其中不溶性大分子有机物则先附着在微生物的体外，由微生物分泌的胞外酶分解成可溶性小分子物质，再输入其细胞内为微生物所利用。通过微生物的生命活动（合成及分解过程），把一部分被吸收的有机物氧化成简单的无机物，并提供微生物活动所需要的能量，而把另一部分有机物转化成新的细胞物质，供微生物增殖所需。可以简单地认为，堆肥技术就是利用各种植物残体（作物秸秆、杂草、树叶、泥炭、垃圾以及其他废弃物等）为主要原料，混合人畜粪尿或污泥经堆制，利用好氧过程，微生物的繁衍代谢将易降解有机物矿化分解并生成稳定腐殖质的过程。该过程一方面可以将有机废弃物料进行矿质化、腐殖化和无害化，使各种复杂的有机态的养分，转化为可溶性养分和腐殖质（有机肥料），另一方面可以利用堆积时所产生的高温（60～70 ℃）杀死原材料中所带来的病菌、虫卵和杂草种子，达到无害化的目的。由于有机肥所含营养物质比较丰富且肥效长而稳定，同时有利于促进土壤团粒结构的形成，能增加土壤保水、保温、透气、保肥的能力，而且与化肥混合使用又可弥补化肥所含养分单一，长期单一使用化肥使土壤板结，保水、保肥性能减退的缺陷。因此，对有机固体废弃物进行堆肥化处理已成为全球各国普遍推广的经济有效的工程技术之一，该技术不但可以有效地对污泥和畜禽粪便等有机固体废弃物实施无害化处理，而且可以将其变为有机肥实施资源化利用。

如图 3-5 所示，好氧堆肥作为一个生化反应过程，常受包括堆肥原料基本理化性质和外接环境条件在内的诸多因素限制。因此，在实际的好氧堆肥过程中，为了进一步提高堆肥效率，同时获得高品质有机肥，需要更加注重对堆肥过程的控制和调节，也可以在堆肥过程中添加一些添加剂以辅助堆肥过程的进行。诸多研究证明，在堆肥过程中运用添加剂，不但可以提高堆肥效率，而且可以有效降低堆肥物料中的重金属污染物的生物有效性（钝化重金属），提升堆肥产品的质量并促进其产品农用价值。另外，由于在堆肥工程实践中，堆肥添加剂的使用操作非常简便，因此现代堆肥技术对堆肥添加剂的运用非常重视。堆肥过程中常用的对重金属具有钝化作用的添加剂主要可以分为两类，分别为有机添加剂和无机添加剂。

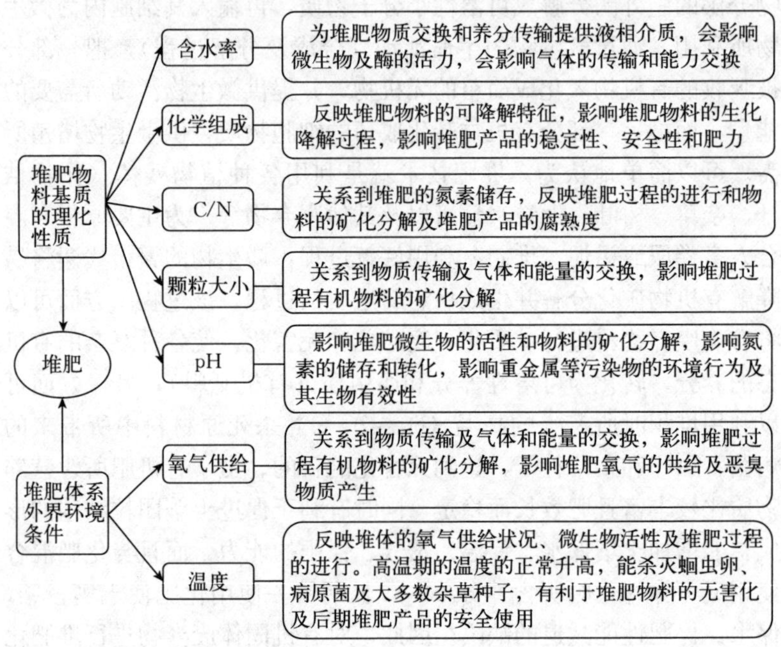

图 3-5　影响堆肥过程的因素

表 3-11　堆肥中常用的一些添加剂

添加剂	类　型	基本理化性质及作用
锯末、稻草、稻壳、麦秆、麦壳、玉米秸秆、凤眼蓝等植物残体	木材加工、农业生产等过程的产生的植物残体	含碳丰富的易降解有机物料，有利于调节堆肥混合物料的碳氮比，改善堆肥物料的孔隙度和含水率等
生物炭	农业作物残体、污泥、畜禽粪便等有机固体废弃物在高温缺氧条件下的热解固体产物	一般为黑色固体，环境稳定性良好，富含碳素，富含无机矿物，孔隙结构发达，表面化学官能团丰富，生物相容性良好，吸附能力较强

（续）

添加剂	类　型	基本理化性质及作用
泥炭、褐煤、商品腐殖酸等	天然或人工腐殖酸类物质	富含芳香结构的稳定性较好的有机物，富含化学官能团（—OH，—COOH，—COO，—NH和—NH_2等）
硫化钠、硫化铵等	化学试剂	强碱性，易溶于水，容易和过渡金属离子发生沉淀反应
氯化铁、氯化铝	化学试剂	强酸性，易溶于水，容易发生水解，容易形成氢氧化物并与重金属离子发生共沉淀反应
麦饭石、膨润土、高岭土、沸石、凹凸棒、萤石等	天然矿物	天然多孔矿物，环境稳定性良好，生物相容性良好，具有一定的离子交换能力
石灰	天然（人工）矿物	强碱性，容易和过渡金属离子发生沉淀反应
粉煤灰、赤泥、炉渣等	工业副产物	强碱性，容易和过渡金属离子发生沉淀反应

（二）添加剂对堆肥的重金属钝化效果

1. 有机添加剂对堆肥的重金属钝化效果　表3-11汇总了一些堆肥中常用的用于重金属钝化的有机添加剂，如锯末、秸秆等，这些有机添加剂常被用作调理剂，用于堆肥物料的碳氮比、含水率和孔隙度等调节。在堆肥过程中，堆肥有机物料在调理剂的辅助下发生矿化分解，并促使重金属从可迁移态逐渐向稳定态转化，从而降低其生物有效性。

除了常见的有机物料添加剂外，近年来在堆肥中应用较为广泛的一种有机添加剂为生物炭。生物炭是有机固体废弃物在缺氧条件下高温热解处理中获得黑色固体残渣，从理论上讲，任何有机固体废弃物均可以作物原料用于生物炭的制备。在生物炭的制备中，常需要考虑生物质原料的收集、预处理及能耗等因素对生物炭制备成本和应用性能的影响。目前，市售的生物炭主要是生物质在缺氧条件下于 300～800 ℃下热解获得的。生物炭作为一种富含碳素和矿物质元素的炭材料，不但具有较强的环境稳定性、丰富的孔隙结构，而且具有良好的吸附能力和生物相容性，近年来已经被广泛应用于土壤改良、污染土壤修复、水体净化、堆肥处理和农业种植等。已有很多研究证明，在堆肥中添加生物炭不但可以促进易分解有机固体废弃物的降解矿化，而且还能减少养分的损失同时有效钝化重金属。

由表 3 - 12 可以看出，这些有机添加剂在堆肥中能有效促进堆肥化进程、钝化重金属并减少其潜在的环境风险。但在实际应用中，需要注意不同类型的添加剂的作用效果不尽相同，其作用效果受诸多因素的影响。首先，堆肥重金属的钝化效果与添加剂的类型、制备方式、添加量等均有关。研究表明，添加木炭、玉米秸秆炭和某些商品腐殖酸在提升猪粪堆肥品质和减少堆肥重金属 Cu、Pb、Zn 和 Cd 交换态含量方面具有较好的效果。另外，在猪粪和污泥堆肥中，虽然生物炭对 Cu 的钝化效果要优于 Zn，但生物炭添加剂的制备方式也对堆肥重金属的钝化也具有较大的影响。除此之外，玉米秸秆炭对猪粪堆肥重金属 Cu 和 Zn 的钝化效率与玉米秸秆炭的制备温度密切相关，且猪粪堆肥重金属 Cu 和 Zn 的钝化效率随着玉米秸秆炭的制备温度升高（250～300 ℃、450～500 ℃、600～700 ℃及 750～900 ℃）而升高。此外，添加剂的添加量也对堆肥重金属的钝化具有不可不略的影响，含量可达到 1%～20%，甚至达 50%。但是在实际堆肥中，并不能盲目追求重金属钝化的效果，还应充分考虑到堆肥的养分保存和实际应用成本，在实际工程应用中，建议控制生物炭用量在不超过 20%，最好能在 5%以内。这是由于过多的生物炭添加量不但会导致堆肥成本过高，而且大量的生物炭添加也会对堆肥的养分产生稀释作用进而导致堆肥产品的养分含量偏低，甚至不符合农作物的实际需求。

表 3-12 一些有机添加剂在堆肥重金属钝化中的作用

有机添加剂	添加量(质量分数)	堆肥物料	主要作用表现
玉米秸秆	8.3%(干)	猪粪	交换态 Pb 显著减少。堆肥后 Pb 和 Cd 生物有效性减少了 42.79%和 73.07%,而 Zn 和 Cu 则有 0.18%和 3.75%被活化
油菜籽饼渣	10%(鲜)	污泥	与堆肥初时混合物料相比,堆肥后可提取态 Cu 和 Zn 含量降低了 29.2%及 12.0%
泥煤	2.5%(干)	猪粪和玉米秸秆	交换态 Cu、Zn 和 Pb 显著减少。堆肥后 Cu、Pb 和 Zn 的生物有效性分别减少了 25.35%、4.08%和 50.28%,但有 6.90%的 Cd 被活化
某商品生物腐殖酸	2.5%(干)	猪粪和玉米秸秆	堆肥后 Cu 和 Cd 生物有效性分别减少了 14.70%和 47.39%,但有 17.13% 的 Zn 和 1.25% 的 Pb 被活化
某商品生物腐殖酸	2.5%(干)	猪粪和玉米秸秆	堆肥后 Cu、Pb、Zn 和 Cd 的生物有效性减少了 47.78%、47.54%、64.94%和 87.36%
稻草	25%(干)	污泥	与未处理污泥相比,稳定化处理后的污泥能促进高粱和亚麻的生长,并能显著降低污泥重金属 Cu 和 Zn 的生物有效性
凤眼蓝	25%(干)	污泥	与未处理污泥相比,稳定化处理后的污泥能促进高粱和亚麻的生长,并能显著降低污泥重金属 Cu 和 Zn 的生物有效性
竹炭(600℃)	0%、1%、3%、5%、7%、9%(鲜)	污泥和油菜籽饼渣	堆肥 Cu 和 Zn 的钝化与生物炭添加量有关。与对照处理(不添加生物炭)相比,堆肥中添加 9%生物炭效果最好

（续）

有机添加剂	添加量（质量分数）	堆肥物料	主要作用表现
小麦秸秆炭（350～550℃）	炭（0%、1%、3%、5%和7%）和0.4%生物菌剂	污泥和麦秆	添加生物炭有利于堆肥Pb、Ni、Cu、Zn、As、Cr和Cd的钝化。有效的Pb、Cu和As含量分别减少了0.46%～51.5%、7.25%～59.54%和2.73%～56.31%
竹炭	3%、6%和9%（鲜）	猪粪和锯末	随着生物炭用量的增加，堆肥中Cu和Zn的钝化效果也越明显
木炭	2.5%（干）	猪粪和玉米秸秆	堆肥后Pb、Zn和Cd的有效性分别降低了13.09%、55.42%和94.67%
玉米秸秆炭	2.5%（干）	猪粪和玉米秸秆	堆肥后Cd、Zn、Pb和Cu的有效性分别降低了49.93%、18.08%、57.20%和24.31%
花生壳炭	2.5%（干）	猪粪和玉米秸秆	堆肥后Cd、Zn、Pb和Cu的有效性分别降低了25.09%、13.66%、46.20%和65.71%
玉米秸秆炭（250～300℃、450～500℃、600～700℃、750～900℃）	2.5%（干）	猪粪和玉米秸秆	经过堆肥后，在对照处理（不添加生物炭）及添加250～300℃、450～500℃、600～700℃和750～900℃制备的生物炭处理中，DTPA提取态Zn含量分别减少了2.0%、5.8%、9.9%、8.6%和8.7%，DTPA提取态Cu含量分别减少了11.5%、22.3%、24.8%、23.1%和22.1%
石灰，生物炭	1% 石灰（干），12% 炭和1%石灰（干）混合物	污泥和小麦秸秆	石灰和生物炭混合添加，能有效促提升堆肥产品的品质，并使重金属Cu、Zn、Pb和Ni的生物有效性分别显著降低了34.81%、56.74%、87.96%和86.65%

2. 无机添加剂对堆肥的重金属钝化效果　在对包含污泥和畜禽粪便在内的有机固体废弃物实施土地利用之前，事先对其进行稳定化处理或者安全化处理，不但有利于将有机固体废弃物转化为高品质肥料，而且能有效防控所含重金属污染物在环境介质中的迁移扩散，促进堆肥重金属污染物的钝化。在有机固体废弃物的稳定化或安全化处理过程中，所用的添加剂除了上述的有机添加剂外，常用的还有一些无机添加剂，包括盐类、矿物和工业废弃物等。这些在堆肥重金属钝化中常用的无机添加剂可以汇总为表 3-13。

在实际应用中，这些无机添加剂对重金属的钝化能力与其本身的理化性质密切相关。研究发现，在污泥堆肥中添加干质量分数（干重百分比）为 25%的添加剂能有效促进污泥的稳定化、降低 Cu 和 Zn 的生物有效性并促进高粱和亚麻的生长。在所用的添加中，由于石灰和粉煤灰具有优良的应用效果而被推荐使用。

由于石灰和粉煤灰均属于碱性矿物质，其本身对重金属离子的钝化能力已经被广泛证实。但是在污泥的堆肥稳定化处理中，一方面要考虑重金属的钝化效果，另一方面也要考虑堆肥过程的控制、使用成本和堆肥产的品质等，因此这些碱性矿物添加剂的使用量仍是一个至关重要的因素。例如，为了优化石灰的使用量，通过在污泥和锯末混合物中分别添加了干质量分数分别为 0%、0.63%、1%和 1.63%的石灰，经过 100 天的好氧堆肥后发现，堆肥过程中 Cu 从残渣态转变为可氧化态，Mn 从残渣态转变为可还原态，Ni 从可还原态转变为残渣态，而以残渣态为主的 Zn 则会转变为可氧化态。此外，除了残渣态 Pb 的含量随着石灰用量的增加而增加外，其他形态 Pb 的变化并不显著。此外，在污泥堆肥中添加石灰可以有效降低水溶性和 DTPA 提取态重金属的含量，并有效提升堆肥产品的品质和安全性。在 63 天的好氧堆肥过程中，虽然对照堆肥中 DTPA 提取态 Cu、Mn 和 Zn 含量分别降低了 40%、40%和 10%，但仍低于添加石灰处理堆肥的 60%、80%和 55%。从堆肥产品的腐熟、养分含量和重金属钝化效率等角度来看，石灰的添加量应控制在1%以内。

沸石是另外一种在堆肥中广泛使用的无机添加剂。其本身作为一种天然铝硅酸盐矿物，是一种常见的工业催化剂载体和商品吸附剂材料，也可以人工合成。铝硅酸盐骨架赋予沸石独特的孔结构、高的催化活性和热稳定性及耐酸性，铝硅酸盐骨架内含可交换阳离子（Na^+、K^+、Ca^{2+}和Mg^{2+}等）的孔道和空洞，也赋予了其对环境介质中的阳离子重金属污染物具有良好的吸附性能，这一特点也促使其在堆肥重金属钝化中的应用。例如，作为最常见的一种沸石，斜发沸石被作为添加剂用于污泥堆肥的稳定化处理中。研究发现，沸石添加量为25%和30%的处理中，堆肥具有最高的重金属钝化效率，经过150天堆肥后，100%的Cd、28%～45%的Cu、10%～15%的Cr、41%～47%的Fe、9%～24%的Mn、50%～55%的Ni、50%～55%的Pb和40%～46%的Zn被有效钝化。污泥堆肥产品中的Cu、Cr、Fe、Ni、Mn、Pb和Zn的淋溶性显著降低。进一步对堆肥产品进行的重金属Tessier提取分析表明，添加沸石处理后堆肥产品中的金属主要以残渣态形式存在。从理论上来看，沸石颗粒越小，其对应的比表面积和离子交换容量越大。但在研究中却发现，沸石对重金属离子的固定效率随着沸石颗粒粒径的增加而增加；当控制斜发沸石添加量为25%时，大约有12%的Co、27%的Cu、14%的Cr、30%的Fe、40%的Zn、55%的Pb和60%的Ni被斜发沸石固定。另外，除了沸石颗粒大小和添加量外，沸石的类型也会影响堆肥重金属的钝化效率。将3种不同的沸石（丝光沸石、天然斜发沸石Klinolith和斜发沸石E568，粒径5～6毫米，孔径不大于2纳米）分别和污泥以干质量分数10%、25%和40%的比例混合，结果发现经过82天的堆肥后，所有的Ni、Cr和Pb均被固定在沸石中；在研究所用的3种沸石中，斜发沸石E568对Cu、Zn和Hg具有优异的吸附效果。

表 3-13　一些无机添加剂在堆肥重金属钝化方面的作用情况

无机添加剂	添加量(质量分数)	堆肥物料	主要作用表现
钠基膨润土	0%、2.5%、5%、7.5%和10%(干)	猪粪	增加膨润土用量能有效提升堆肥中 Cu 和 Zn 的钝化
钙基膨润土	0%、2.5%、5%、7.5%和10%(干)	猪粪	增加膨润土用量能有效提升堆肥中 Cu 和 Zn 的钝化
麦饭石	0%、2.5%、5%、7.5%和10%(干)	猪粪	增加麦饭石用量能有效提升堆肥中 Cu 和 Zn 的钝化，促进有机物的降解并延长高温期的时间
膨润土	25%(干)	污泥	与未添加膨润土污泥相比，添加膨润土后的污泥能显著促进高粱和亚麻的生长并降低污泥 Cu 和 Zn 的生物有效性
砖厂粉煤灰	25%(干)	污泥	显著促进植物生长并降低污泥中 Cu 和 Zn 的生物有效性
甜菜厂石灰	25%(干)	污泥	显著促进植物生长并降低污泥中 Cu 和 Zn 的生物有效性
鱼塘污泥和磷矿粉	鱼塘污泥(0%、25%和35%)和/或磷矿粉(0%、10%和15%)(干)	植物残体	混合添加鱼塘污泥和磷矿粉能有效促进植物残体的分解矿化，并能促进堆肥指标参数(温度、体积、pH、电导率、阳离子交换量、氨气挥发、微生物种群、酶活性、养分含量和种子萌发指数等)的演化，添加 25% 鱼塘污泥和 15%磷矿粉在提升堆肥产品质方面效果最优，并能显著缩短堆肥腐熟时间至 22 天

（续）

无机添加剂	添加量（质量分数）	堆肥物料	主要作用表现
石灰和硫化钠	3%石灰和硫化钠（Na_2S∶CaO=1∶1）（干）	污泥和锯末（4∶1，鲜）	硫化钠和石灰的添加有效地促进了污泥堆肥中重金属的钝化，堆肥中Cu、Zn和Ni的易迁移态（交换态和碳酸盐结合态）转变为难以迁移的形态（有机结合态、硫化物态、Fe－Mn氧化物结合态及残渣态）
石灰	0%、0.63%、1.0%和1.63%（干）	污泥和锯末（2∶1，鲜）	添加石灰后可促进Ni可还原态向残渣态的转化，促进Zn残渣态向可氧化态的转化，促进Pb残渣态的减少，使堆肥产品中DTPA提取态Cu、Mn、Ni、Pb和Zn含量显著减少 添加石灰减少了水溶性和DTPA提取态Cu、Mn、Zn和Ni的含量
斜发沸石	0.99%、0.91%、4.76%、6.54%和9.09%（干）	污泥	污泥中的重金属有超过50%主要以残渣态存在，重金属离子的迁移性顺序为Ni＞Cd≥Cr＞Cu≥Pb。添加沸石对重金属具有钝化作用，添加干质量分数为9.09%的沸石能使迁移态的Cd、Cr、Cu和Ni含量分别减少87%、64%、35%和24%，并使Cu、Ni、Cr、Cd和Pb总量分别减少11%、15%、25%、41%和51%
斜发沸石	20%（干）	污泥和锯末（干锯末10%、30%和40%）	经过75天堆肥后，重金属Cu、Cr、Fe、Ni、Mn、Pb和Zn的淋溶性减少，大多数的重金属被固定在沸石中，并以残渣态存在

（续）

无机添加剂	添加量(质量分数)	堆肥物料	主要作用表现
斜发沸石	0%、5%、10%、15%、20%、25%和 30%(干)	污泥	150 天堆肥中，沸石添加量越高，重金属钝化越明显。添加 25%和 30% 沸石处理，所有的 Cd、28%～45%的 Cu、10%～15%的 Cr、41%～47%的 Fe、9%～24%的 Mn、50%～55%的 Ni 和 Pb 及 40%～46%的 Zn 被沸石固定
斜发沸石	25%沸石(干)，粒径小于 0.161 毫米、0.161～1.0 毫米、1.1～2.5 毫米、2.6～3.2 毫米和 3.3～4.0 毫米	污泥	随着沸石颗粒的增大，重金属钝化越多。超过 12%的 Co、27%的 Cu、14%的 Cr、30%的 Fe、40%的 Zn、55% 的 Pb 和 60%的 Ni 被粒径为 3.3～4.0 毫米的沸石固定
沸石	3 种沸石(粒径 5～6 毫米，孔径小于 2 纳米)，添加 10%、25%和 40%(干)	污泥	堆肥结束后，所有的 Ni、Cr 和 Pb 被固定。丝光沸石、天然斜发沸石和人工合成斜发沸石 E568 中，人工合成斜发沸石 E568 对 Cu、Zn 和 Hg 的钝化最有效
斜发沸石	0%、0.5%、1.0%、2.0%、5.0%和 10%(干)，粒径分别为 0.5～0.3 毫米、1.0～0.7 毫米和 2.0～1.4 毫米。	污泥	优化的钝化条件：粒径为 0.7～1.0 毫米沸石对 Pb 和 Cr 钝化效果好，混合 5 小时，沸石干质量分数为 2%
粉煤灰	0%，10%，25%和 35%(干)	污泥和锯末(2∶1，鲜)	添加粉煤灰增加堆肥 pH(＞9.0)，减少水溶态碳和总碳含量，降低重金属的迁移性，促使重金属的钝化

（三）添加添加剂对重金属的钝化机理

全球各国大量排放的包含污泥和畜禽粪便在内的有机固体废弃物不但含有重金属类污染物还会产生大量恶臭气体。但另一方面，这些有机固体废弃物也含有大量的有机质和氮、磷、钾等养分元素，也是一种肥料资源。应运而生的堆肥化处理技术，不但可以对这些有机固体废弃物进行无害化和安全化处理，而且可以促进其资源化利用。为了提高其堆肥化处理效率，在其堆肥化工程处理中常向堆肥物料中添加外源添加剂（表 3－11、表 3－12 和表 3－13）。这些固体添加剂也常被用作廉价吸附剂用于液相介质或废水中污染物的吸附脱除。因此，其对堆肥中重金属的钝化机理应该发生在堆肥物料和添加剂的固液界面上，起作用过程受控于添加剂的化学性质和重金属污染物的环境行为，尤其是固液界面环境行为。

以近来广泛应用的生物炭添加剂为例。生物炭本身为生物质在缺氧条件下的可控热解固体产物，其本身是环境稳定的较高的多孔性碳材料，是污水处理中常见的一种低成本吸附剂，也是堆肥中常用的一种廉价添加剂。虽然生物炭的基本理化性质与生物质原料来源和类型、热解温度等因素密切相关，但较高的热解温度会更有利于生产比表面积大、孔隙发达、高 pH 和高矿物含量的生物炭材料。诸多研究证明，生物炭材料可以通过表面络合、阳离子交换和表面沉淀反应等对环境介质中的 Cd、Pb 和 Hg 等重金属阳离子进行稳定化（钝化）以降低其环境迁移性。同时，生物炭中溶解性较高的碳酸盐和磷酸盐也可以通过与重金属离子之间的化学沉淀反应促进其对重金属离子的去除。

对于另外一种常见的堆肥添加剂沸石而言，其本身是一种天然的硅酸铝矿物。自 19 世纪 70 年代开始，由于天然沸石所具有的优良的离子交换性能，也赋予了其对水体重金属离子具有良好的吸附能力，从而在污水处理行业具有良好的应用潜力。作为最常见的天然沸石，斜发沸石也对堆肥中的金属阳离子（Cd、Cr、Cu、Fe、Mn、Ni、Pb、Zn）具有良好的吸附能力，污泥经过 150 天堆肥处理后，随着沸石添加量的增加（干质量分数0%～30%），堆肥产品中的金属离子含量逐渐降低而钾和钠离子的含量则逐渐增加（Zorpas et al.，2000）。对从堆肥产品中分离出来的沸石进行分析测试也表明，沸石中的金属离子含量与释放的钾钠离子含量相一致，正是由于沸石的这种离子交换能力，使得堆肥中的迁移性较强的可交换态和碳酸盐结合态金属离子被沸石固定，从而对堆肥重金属表现出良好的钝化能力（Zorpas et al.，2008）。因此，沸石良好的离子交换能力和吸附能力，是其能钝化堆肥重金属的关键。

同样属于矿物类添加剂，但与沸石不同，石灰和粉煤灰是碱性较强的物质，因而其对重金属离子的稳定化作用主要是羟基与重金属离子之间的化学沉淀作用。此外，石灰石和粉煤灰中所包含的一些阴离子，如碳酸根、硫酸根和磷酸根等，也能与重金属离子发生沉淀反应以降低其环境迁移能力，从而对重金属离子起到钝化的作用。此外，石灰和粉煤灰等碱性物质的添加能促使堆肥腐殖酸类物质的形成，进而促使重金属离子与腐殖酸物质之间的化学络合反应，也对堆肥重金属离子的钝化具有积极贡献。

（四）添加重金属钝化剂对堆肥理化性质的影响

堆肥处理是将可降解有机固体废弃物通过生物转化为稳定安全的腐殖化有机肥的过程。在这一生化过程中，添加一些外源添加剂不但可以促进有机物料的矿化降解和腐殖化，而且可以缩短堆肥腐熟的时间并提高堆肥产品的农用品质。因此，外源添加剂辅助好氧堆肥工艺，已经成为现代堆肥技术的主要形式之一。随着堆肥工艺的快速发展，目前引入的外源添加剂的主要功能包括堆肥养分调控、物料pH调节、堆肥物料孔隙度调控、易矿化碳素和氮素补充（碳氮比调节）、功能酶活性和微生物群落调节、堆肥微环境条件优化等。因而在实际的厨余垃圾、污水处理厂污泥和养殖畜禽粪便的工程化堆肥处理中，所用的添加剂除了一些外源功能性酶及微生物菌剂外，还包含表3-12和表3-13所示的外源固体材料，如一些水溶性盐类（如铁铝镁盐及醋酸钠等）和难溶类化学物质（含 Fe、Mg、Mn、Ca 等的硫酸盐、磷酸盐和氧化物等）、工业固体副产物（炉渣、粉煤灰、赤泥、磷石膏、硫石膏等）、天然矿物（天然沸石、麦饭石、膨润土及高岭土等）、人工矿物（石灰和合成沸石等）及农林业废弃物（秸秆、锯末、庭院植物残体、木灰及生物炭等）等。虽然这些外源添加剂均在实际堆肥中表现出了良好的重金属钝化能力，但由于其繁杂的种类和理化性质，不同添加剂对堆肥过程及产品的理化性质具有不同的影响。

作为最常用的有机添加剂之一，生物炭为弱碱性到强碱性物质。添加生物炭对堆肥物料初始和堆肥初期的 pH 的影响较为明显，而对堆肥后期及堆肥产品的 pH 影响较弱。另外，生物炭本身是一类多孔碳材料，其强烈的吸水能力会对堆肥含水率产生一定影响。添加较小粒径的生物炭有利于堆肥保持较高的含水率，添加粒径较大的生物炭会促使堆肥含水率的降低并有利于气体传输和热量交换。作为一种富碳物质，添加生物炭也能对堆肥混合物料的碳氮比进行调节，还能降低堆体的密度、减小物料粒径，有利于氧气传输，促进物料好氧矿化并促进减少恶臭气体产生。例如，添加干质量分数为 10％的生物炭能使堆肥堆体密度从 0.35 千克/升减小到 0.26 千克/升；而添加干质量分数为 12％～18％的木炭则可以显著改变污泥堆肥物料的孔隙结构，并促使微孔形成，这些微孔的形成不但有利于氧气的扩散、物料的矿化和堆肥基质的腐殖化，还有助于减少氨气挥发损失并促进堆肥氮素储存。

除了生物炭外，其他碱性添加剂也对堆肥具有显著影响。例如，虽然石灰和粉煤灰等碱性矿物对堆肥重金属具有良好的钝化作用，但是也会导致氨气挥发甚至增加恶臭气体。因此，为了兼顾重金属钝化和堆肥养分保存，在实际工程堆肥中常需要严格控制其添加量。Fang 等（1999）发现添加石灰会显著降低堆肥的电导率（减少盐渍化风险），增加堆肥初始 pH 至 9.2，显著减少水溶性和 DTPA 提取态金属的含量。但增加石灰的添加量，也在堆肥初期（高温期）会对生物转化过程造成不良的影响。因而在 100 天的实际污泥和锯末混合好氧堆肥中，控制石灰添加量在干质量分数0.63%以内，不但可以有效促进重金属的钝化，而且能稍稍促进堆肥过程微生物的活性。而当石灰添加量较高，达到1.63%时，污泥堆肥过程氨气挥发导致的氮素损失非常严重，而且污泥的生物降解过程也受阻。因此，堆肥中控制石灰的添加量不高于1.0%（干质量分数）是比较合适的（Fang et al.，1999；Wong et al.，2000）。与石灰类似，粉煤灰是另外一种堆肥中常见的碱性添加剂。因此，在堆肥过程为了促进重金属的钝化，所添加的如石灰和粉煤灰等在内的碱性添加剂用量必须要合理控制。与石灰和粉煤灰相比，沸石是一种硅酸铝矿物，本身没有较强的碱性，其对堆肥重金属的钝化作用主要归因于其优良的阳离子交换能力。而除了能钝化堆肥重金属外，添加沸石还能促进堆肥过程的进行并提升堆肥产品的品质。研究发现，不添加沸石处理在堆肥过程中 pH 由 8.46 降低到 7.10，而添加沸石能有效缓解 pH 的变化，在 100 天堆肥过程中能使 pH 从 8.46 降低到 7.60。另外，添加沸石能使堆肥物料具有较高的孔隙率，不但便于氧气的传输，而且有利于堆体保持较高的含水率，有利于堆肥过程的进行，促使有机物料的矿化分解。同时，添加沸石能使堆肥电导率降低（电导率从 3.83 毫西/厘米降低到 1.53 毫西/厘米），而为添加沸石处理的电导率降低则相对较少（电导率从 3.83 毫西/厘米降低到 2.63 毫西/厘米）。此外，添加沸石后的堆肥经过 120 天处理后，增加了总氮含量，导致碳氮比为 18，低于未添加沸石处理的 24。说明了添加沸石有利于有机质的分解矿化，有利于含氮有机物的分解转化，促进堆肥养分的转化，能促进堆肥的腐熟，并有效降低重金属（Cu、Cr、Zn、Ni 和 Mn）的生物有效性，提高堆肥产品的品质。近来的一些研究也表明，向堆肥中添加沸石、沸石和生物炭或其他矿物添加剂的混合物等还有利于减少堆肥过程中氨气、甲烷和一氧化二氮的挥发，沸石作为一种堆肥添加剂不但能有效钝化堆肥重金属，而且对于堆肥的清洁生产和品质提升至关重要。

四、展望

堆肥中抗生素、抗性基因、病原微生物及重金属的来源主要是堆肥原料中畜禽粪便、污泥、制药废渣等有机固体废弃物。堆肥原料中的大部分病原微生物和抗生素可在堆肥的高温期间被杀灭或降解，从而取得较好的去除效果，并达到堆肥卫生化和无害化的处理目的。但是，堆肥原料中的抗生基因、重金属等危害较大的污染物，在堆肥过程中的整体脱除效果仍处于相对较低水平。这也是采用堆肥法对有机固体废弃物进行无害化和资源化利用中一个需要高度重视的问题，尤其是以污泥为堆肥原料时，其重金属问题更是不可被忽视。因此，堆肥污染控制中，一方面从源头上控制污染物如抗生素、重金属等在堆肥原料中的输入，另一方面要继续深入研究抗生素、重金属的环境行为，深入了解抗生素的降解机制，从而提高堆肥对抗生素的降解效率，广泛而深入地开展重金属钝化剂的筛选和研发，以期能在堆肥过程中最大限度地促进重金属的钝化，从而提升堆肥产品的生态环境安全性。同时，近年来广受关注的抗生素抗性基因同样是一种具有严重环境危害的新兴污染物，因此在堆肥对抗生素抗性基因的去除问题同样也值得关注。

堆肥作为有机固体废弃物资源化和无害化处理的有效方法，近年来的诸多研究证明堆肥对抗生素、病原微生物具有良好的去除效果，单对抗生素抗性基因、重金属的去除效率仍较低下，而受限于堆肥过程参数的限制，不同的研究机构抗生素抗性基因的去除和重金属钝化方面所获得的研究结果也不尽相同。但总体而言，经过好氧堆肥处理后，畜禽粪便和污泥等有机固体废弃物中抗生素残留浓度得到显著的降低；同时，在堆肥好氧发酵过程中产生的高温和微生物的作用下，堆肥物料中部分抗生素抗性基因的降解和重金属的生物有效性也有一定的削减。因此，今后可以从堆肥施用到农田土壤后，抗生素的浓度变化、抗生素抗性基因的丰度变化、抗生素和重金属在堆肥-土壤-植物体系中的迁移转化规律等方面进一步开展研究。同时，也要进一步推进堆肥过程对抗生素削减的内在机制研究，明确堆肥重金属钝化作用长效机制，明确抗生素、重金属与抗性基因的物理化学和生物方面的内在联系。

总之，要实现大规模堆肥制品生产并且充分考虑其潜在生态环境影响，是未来一条很长的路。相信随着生产设备和行业标准的促进和国家的大力支持农业，堆肥制品生产的效率会更高，生态问题也能得到很好的解决。

主要参考文献

国家环境保护总局，2001. 中国环境状况公报（2000）[N/OL]. 中国环境报，06-16 [2018-11-16]. http：//www.envir.gov.cn/info/2001/6/616569.htm.

钱勋，2016. 好氧堆肥对畜禽粪便中抗生素抗性基因的削减条件探索及影响机理研究 [D]. 杨凌：西北农林科技大学.

吴龙仁，金海，南虎松，2007. 简论滥用抗生素的危害性 [J]. 延边大学医学学报，30（2）：154-156.

杨晓静，薛伟锋，陈溪，等，2018. 面向人体暴露评价的植物中抗生素分析进展 [J]. 生态毒理学报 13（1）：1-15.

郑宁国，2016. 猪粪堆肥对抗生素抗性基因的影响及微生物群落变化的初步探究 [D]. 西安：西北大学.

朱建春，李荣华，张增强，等，2013. 陕西规模化猪场猪粪与饲料重金属含量研究 [J]. 农业机械学报，44（11）：98-104.

Fang M，Wong J W C，1999. Effects of lime amendment on availability of heavy metals and maturation in sewage sludge composting [J]. Environmental Pollution，106：83-89.

Himathongkham S，Bahari S，Riemann H，et al，1999. Survival of escherichia coli o157：h7 and salmonella typhimurium in cow manure and cow manure slurry [J]. Fems Microbiology Letters，178（2），251-257.

Wong J W C，Fang M，2000. Effect of lime addition on sewage sludge composting process [J]. Water Research，34（15）：91-98.

Wong J W C，Lee D J，Nair J，2012. Advances in Biological Waste Treatment and Bioconversion Technologies [J]. Bioresource Technology 126：1-458.

Zhu J，Li R，Zhang Z，et al，2013. Heavy Metal Contents in Pig Manure and Feeds under Intensive Farming and Potential Hazard on Farmlands in Shaanxi

Province, China [J]. Transactions of the Chinese Society for Agricultural Machinery, 44 (11): 98-104. (in Chinese)

Zorpas A A, Constantinides T, Vlyssides A G, et al, 2000. Heavy metal uptake by natural zeolite and metals partitioning in sewage sludge compost [J]. Bioresource Technology, 72: 113-19.

Zorpas A A, Loizidou M, 2008. Sawdust and natural zeolite as a bulking agent for improving quality of a composting product from anaerobically stabilized sewage sludge [J]. Bioresource Technology, 99: 7545-7552.

第四章　堆肥工艺及设备

一、堆肥基本工艺

堆肥的主发酵和后发酵一起组成了堆肥化环节，这也是堆肥过程的核心环节。在实际工程实践中，一般可以按照堆肥过程中主发酵环节堆肥物料发酵和供氧方式，将堆肥发酵方式分为条垛式、发酵槽式和反应仓式 3 种基本工艺。

1. 条垛式堆肥发酵工艺　条垛式发酵就是将物料铺开排成行，在露天或棚架下堆放成条梯形垛状，通过定期翻堆实现堆体供氧完成一次发酵。条垛一般呈梯形，底宽 1.5～2 米，高 1～1.2 米，长度可因地制宜。

实际堆肥中常见的操作形式有 3 种（图 4－1），其中以图 4－1（a）所示的露天条垛堆肥工艺最为常见，该工艺具有操作简单、成本低、填充剂易于筛分和回用、产品的稳定性较好的优点，但也存在堆腐时间较长、占地面积大、机械和人力投入较大、自动化程度低、易受气候影响、可能会增加成本投入、所需填充剂较多以保证通气条件等缺点。为了防止因天气条件对堆肥的影响，并便于过程管理，露天条垛堆肥工艺逐渐转变为室内条垛堆肥工艺［图 4－1（b）］，该工艺能有效减少天气影响（如淋雨导致堆体含水率较高、供氧不足、堆肥养分流失等），但同时也增加了一定的构筑物成本，且对臭味的控制仍较差。为此，近年来发展了一种新的条垛堆肥工艺——覆膜条垛堆肥［图 4－1（c）］，即将一种特殊的膜材料覆盖在堆肥条垛外面，并通过定期供氧实现物堆肥料好氧发酵，该工艺能有效提高堆肥效率、防止堆肥过程臭气的散发并减少养分的损失，具有良好的环境效应，但所需的覆膜材料成本较高。

2. 发酵槽式堆肥发酵工艺　该工艺的特点是人工将堆肥物料成

图 4-1 条垛堆肥的基本类型示意

a. 露天条垛堆肥 b. 室内条垛堆肥 c. 覆膜条垛堆肥

排转入发酵槽（池）中，通过通风管道机械通风鼓气，也可以通过定期机械翻堆实现供氧并完成一次发酵（图 4-2）。发酵槽一般呈长方形，每排物料堆宽 4～6 米，高 2 米左右，长度可因地制宜，堆体下面可装置供气通气管道，也可不设通风装置。该工艺具有投资较低、自

图 4-2 发酵槽式堆肥发酵示意

动化程度较高、温度及通气条件控制较好、产品稳定性好、能有效杀灭病原菌及控制臭味、堆腐时间相对较短、填充料的用量少、占地相对较少等优点。但该工艺需要增加构筑发酵槽，会增加一定的投资成本，还要具足够大的设备运行操作空间，以满足合适的堆腐条件要求。

3. 反应仓式堆肥发酵工艺　该工艺的特点是将堆肥物料装入反应容器（仓、罐、塔、箱等）内进行好氧发酵（图 4－3）。堆肥物料在反应器内具有动态流向和供氧系统，机械化和自动化程度高，堆肥设备占地面积小，水、气和温度等过程控制较好，堆肥过程不会受气候条件的影响，对废气进行收集处理，防止二次污染，解决了臭味问题，还可对热量进行回收利用。但该工艺存在前期投资成本高、运行费用及维护费用高、对机械设备依赖度高、堆肥产品的稳定性可能不好等问题。

图 4－3　反应仓式堆肥发酵示意

a. 发酵仓　b. 发酵罐　c. 发酵滚筒　d. 发酵箱

二、堆肥发酵设备

作为一个完整的堆肥系统，所需的设备包括辅助设备和发酵设备。其中，堆肥发酵设备是整个工艺的重心，而必要的辅助机械设备和设施也是必不可少的重要组成。在堆肥工程实际中，堆肥工艺流程的确定及发酵装置和设备的选择，均会对最终堆肥产品的质量产生很重要的影响。堆肥发酵装置的种类很多，除了结构形式不同外，主要差别在于搅拌发酵物料的翻堆机械不同。实际应用时，应根据堆肥物料的具体状况以及当地的条件来确定装置的选择。

（一）条垛式堆肥发酵设备

在条垛堆肥工艺中，核心的发酵设备是自走式翻堆机（也称翻抛机），常见的翻堆机分为轮式翻堆机［图 4－4（a)］和履带翻堆机［图 4－4（b)］两种。

图 4－4　条垛堆肥自走式翻堆机

a. 轮式翻堆机　b. 履带翻堆机

自走式翻堆机是生产生物有机肥专用成套设备中的发酵专用主要设备，翻堆机行走设计可前进、倒退、转弯，由一人操控驾驶。行驶中整车骑跨在堆置的长条形肥基上，由机架下挂装的旋转刀轴对堆肥原料实施破碎、翻拌、蓬松、曝气、移堆，车过之后堆成新的条形垛堆（图 4-5）。操作可在开阔场地进行，也可在车间大棚中实施作业。该机的优势在于整合了堆肥物料发酵所需的破碎、搅拌、混合、通气供养和条垛堆制及保温等过程。运行中，整机动力均衡适宜、条垛堆体适中、耗能较低、投入少产量大，降低了有机肥生产成本，按机器技术参数测算，小型机每小时可翻拌鲜牛粪 400～500 米^3，使成品肥形成明显的价格优势。常见的翻堆机还具有机器整体结构合理简单、结实耐用、性能安全可靠、易操控、对场地适用性强、使用维护方便等特点。

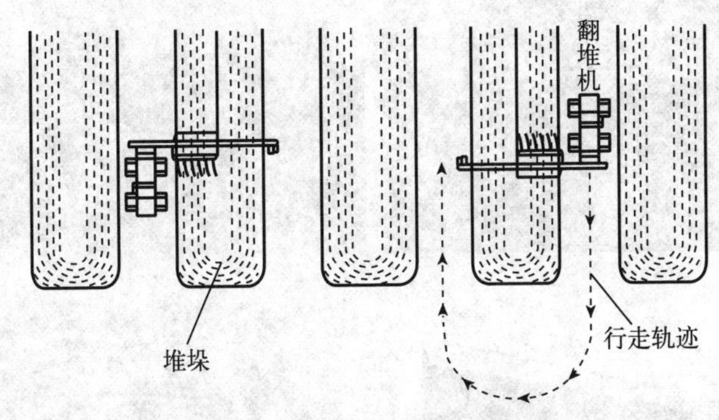

图 4-5　条垛式翻堆机工作示意

（二）槽式堆肥发酵设备

槽式发酵就是将物料在露天或棚架下，堆入宽 4～6 米、高 2 米左右的发酵槽中，堆下面可装置有供气通气管道，也可不设通风装置。在槽式堆肥发酵过程，需要将发酵设备安装于发酵槽上方，以便有效地对堆肥物料进行必要的破碎、搅拌、混合、供氧和翻堆。在实际工程实践中，根据实际情况可采用不同的翻堆发酵设备（图 4-6）。常见的槽式堆肥发酵设备主要有犁式翻堆机、搅拌式翻堆机、桨叶式翻堆机和吊斗式翻堆机等。

1. 犁式翻堆机　在填装有堆肥物料的槽上部水平安设有一种犁式搅拌设备（图 4-7），搅拌设备沿着轨道行走，可以使物料保持通气状态，使物料翻堆成均匀状态，并将物料从进口处移向出口

图 4-6 槽式发酵常见的翻堆机

a. 犁式翻堆机 b. 吊斗式翻堆机 c. 搅拌式翻堆机
d. 桨叶式翻堆机 e. 轮盘式翻堆机 f. 链板式翻堆机

处。空气输送管道配有一种特殊的爪形散气口，通气装置安装在料仓的底部，通过强制通风提供所需的空气。

2. 搅拌式翻堆机 属水平固定类型（图 4-8），通过安装在槽两边的翻堆机来对物料进行搅拌，为的是使物料水分均匀并均匀接触空气，并使堆肥物料迅速分解防止臭气的产生。

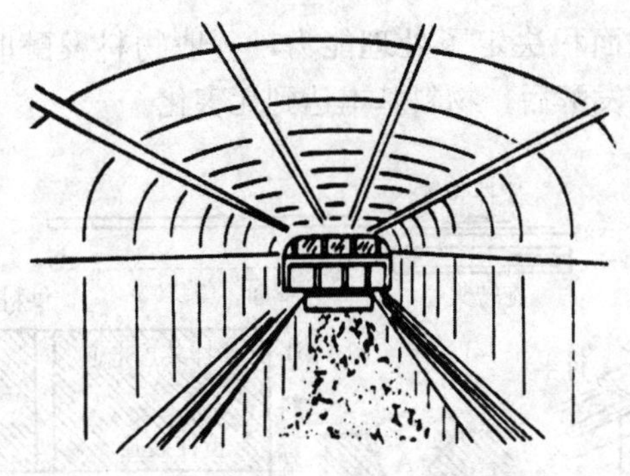

图 4-7　犁式翻堆机示意

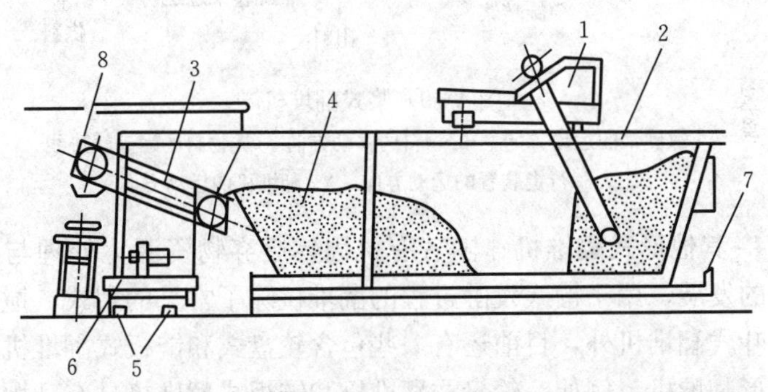

图 4-8　搅拌式翻堆机

1. 翻堆机　2. 翻堆机行走轨道　3. 排料皮带机　4. 发酵仓
5. 活动轨道　6. 活动小车　7. 空气管道　8. 叶片输料机

3. 桨叶式翻堆机　如图 4-9 所示，可以根据发酵工艺的需要，定期对物料进行翻动、搅拌混合、破碎、输送物料，该装置的实际应用非常广泛。仓内地面为软地面，可安排供气系统，对发酵仓内物料中微生物的繁殖十分有利，可加快发酵速度，缩短堆肥化周期。翻堆机由两大部分组成，分别为大车行走装置及小车螺旋桨装置。大车行走装置与桥式或龙门式吊车的大车结构相类似，只是前者工作速度较低。小车螺旋桨装置主要有可以移动的小车、立柱、螺旋桨及其传动系统几部分组成。工作时，小车及大车带动螺旋桨在发酵仓内不停地翻动，其纵横移动把物料定期地向出料端移动。发酵仓的面积决定了处理能力，一般物料发酵时间为7～10天，完成一次发酵后，物料基本达到无害化。

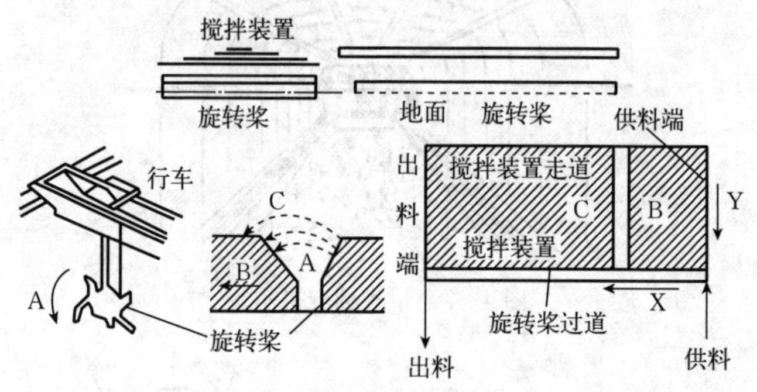

图 4-9　桨式翻堆机

A. 螺旋桨的运动方向　B. 物料的移动方向　C. 物料的运动轨迹线　X. 大车行走装置的运动方向　Y. 翻堆机的运动方向

4. 其他形式翻堆机　随着有机固体废弃物资源化处理与利用工程的发展，用于槽式发酵过程的翻堆机除了常见的犁式、搅拌式和桨叶式翻堆机外，目前还有一些包含轮盘式和链板式翻堆机在内的变形翻堆机。例如，轮盘式翻堆机和链板式翻堆机具有翻抛深度高（翻抛深度可以达到1.5～3米）、翻抛跨度大（最大翻抛宽度可达30米）、翻抛能耗低（在相同作业量下比传统翻抛设备能耗降低70%左右）、物料翻抛无死角（轮盘对称翻抛，链板宽度可和槽宽适应，能实现调速移位小车的位移下无死角翻抛）及自动化程度高（配备全自动化电器控制系统，设备工作期间无需人员操作）的优点。在实际中可以根据发酵工艺的需要，定期对物料进行翻动、搅拌混合、破碎、输送及一次发酵无害化处理。

（三）反应仓式发酵设备

1. 塔式发酵设备

（1）多阶段立式发酵塔。一般称这种发酵塔为托马斯发酵塔（图4-10），共分为4~8层，在塔中的原料通过旋转臂上的犁形搅拌桨搅拌，并从上层往下层移动。从每层的内壁往塔中输入新鲜空气，在这种好氧条件下，原料被桨搅拌和翻动。塔是封闭型的，从塔的上部到下部，分为高温区、中温区和低温区，一次发酵一般为 3～7 天。

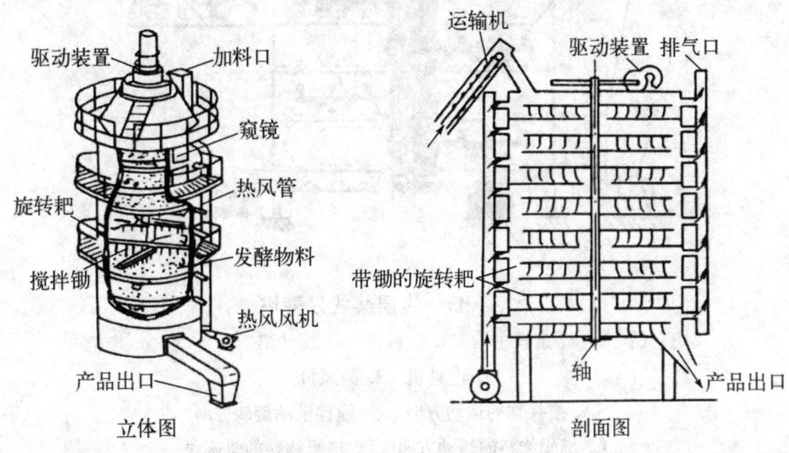

图 4-10　多阶段立式发酵塔

（2）多层桨式发酵塔。即立式多层桨叶刮板式发酵塔，如图 4-11所示，呈多层圆筒形，每层堆高 1～1.5 m。塔内中心安有一圆柱形的旋转轴，上面支持着旋转桨。每层上都有旋转桨，并且每层都有排料口。桨叶通过其中心的轴和齿轮带动同时以相当慢的速度进行旋转。在运行期间，每层上的堆肥物料同时被搅拌，并被桨往后翻动，同时在与桨叶旋转相反的方向堆积起来，通过反复的作用，物料一层层地从上往下运行。一次发酵时间一般为 3～7 天。

（3）立式多层移动床式发酵塔。呈多层条形，每层堆高为 2.5 米。原料在最上层堆积高 1～2 米，并通过刮板装置保持在一定的高度。堆肥物料在水平方向缓慢运动着，空气从底部进入。在塔内边缘处安装有刮板装置，当原料以超过休止角堆放时，刮板装置使堆料保持在一固定的高度。与进料数量相对应的物料往下落。以这种方式，堆肥物料从顶部向下层运动。在这个过程中，同时还进行通风和搅拌。一次发酵时间一般为 8～10 天。立式多层移动床式发酵塔如图 4-12 所示。

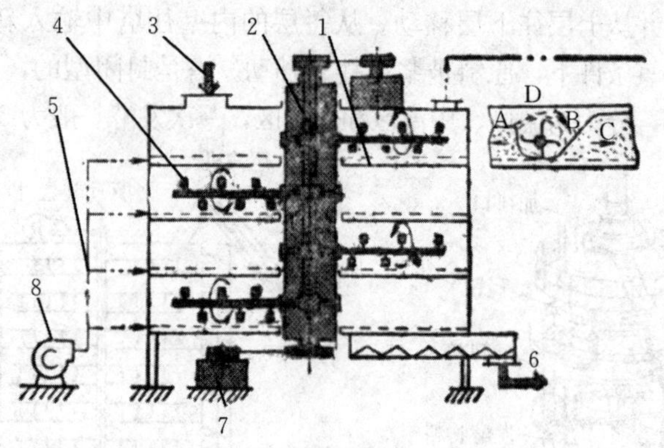

图 4-11　多层桨式发酵塔

1. 空气管道　2. 旋转主轴　3. 进料口　4. 旋转桨　5. 空气　6. 堆肥　7. 电动机　8. 鼓风机

A. 搅拌轴的运动方向　B. 搅拌轴的旋转方向

C. 堆肥物料的运动方向　D. 堆肥物料的轨迹线

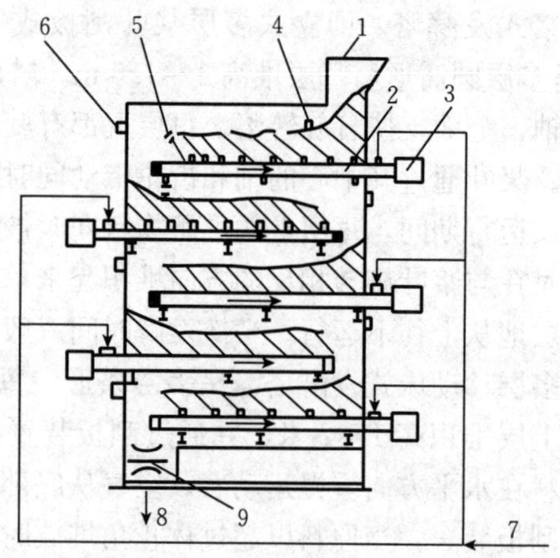

图 4-12　立式多层移动床式发酵塔

1. 进料口　2. 活动板　3. 活动驱动装置　4. 刮板装置

5. 落料装置　6. 出气口　7. 风机　8. 出料口　9. 出料运输皮带

2. 筒仓式堆肥发酵仓

(1) 筒仓式静态发酵仓。也称窑形发酵塔，如图 4-13 所示，呈单层圆筒形，堆积高度 4～5 米。堆肥物由仓顶经布料机进入仓内，顺序向下移动，由仓底的螺杆出料机出料。由仓底部通气，并向上排出。一次发酵时间一般为 10～12 天。

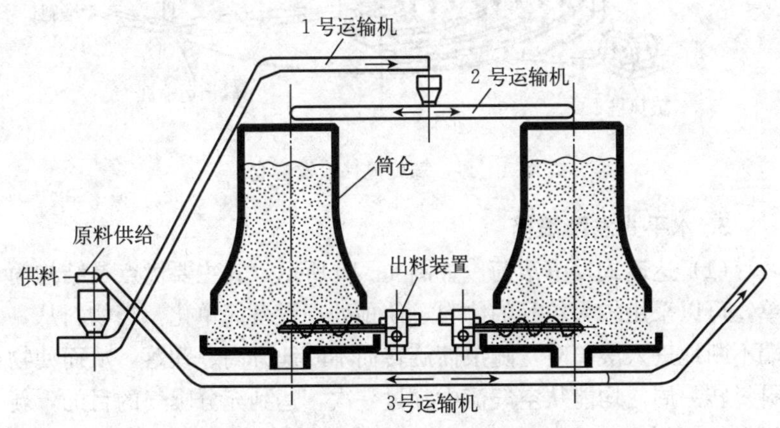

图 4-13 筒仓式静态发酵仓

(2) 筒仓式动态发酵仓。呈单层圆筒形，堆积高度为 1.5～2 米，螺旋推进器在仓内旋转，自外围投入的原料受到不断翻动后，又接着输送到槽的中心部位的排出口排出。螺旋搅拌式发酵仓便是其一种形式。如图 4-14 所示，原料被运输机送到仓中心上方，靠设在发酵仓上部与天桥一起旋转的输送带向仓壁内侧均匀地加料，用吊装在天桥下部的多个螺旋钻头来旋转搅拌，使原料边混合边掺入到正在发酵的物料层内。这种混合、掺入，使原料迅速升到 45℃而快速发酵。螺丝钻头自下而上提升物料“自转”的同时，还随天桥一起在仓内“公转”，使物料在被翻搅的同时，从仓壁内侧缓慢地向仓中央的出料斗移动。空气由设在仓底的几圈环状布气管供给。发酵仓内，发酵进行的程序在半径方向上有所不同。一次发酵时间为 5～7 天。

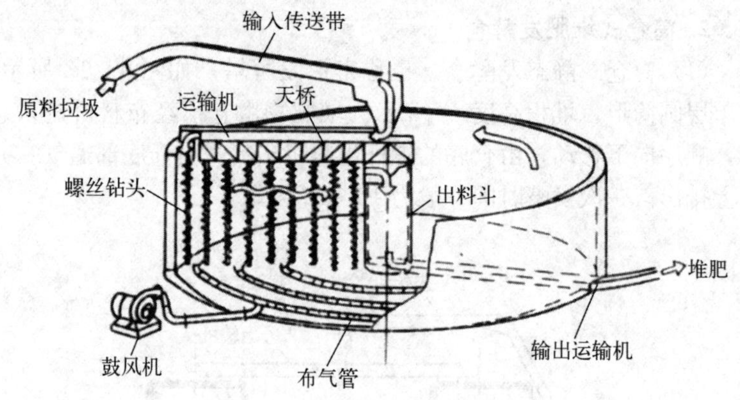

图 4-14　螺旋搅拌式发酵仓

3. 水平式发酵滚筒

（1）达诺式发酵滚筒。如图 4-15 所示，其主要优点是结构简单，可以采用较大粒径的物料，使预处理设备简单化。当物料从一端不断地进入滚筒时，随滚筒旋转而不断地升高、跌落，从而使物料每转一周，均能从空气流中穿过一次，达到充分曝气的目的，新鲜空气不断进入，废气不断被抽走，充分保证了物料的温度、水分均匀化等微生物好氧分解的条件。物料随着滚筒的旋转在螺旋板的拨动下，不断向另一端推进，经过 36 小时或 48 小时，移到出料端，经双层金属网筛的分选，得到预发酵的粗堆肥。达诺滚筒的主要参数如下：①滚筒直径为 2.5～4.5 米，长度为 20～40 米；②滚筒旋转速度为 1～3 转/分；③发酵周期为 36～48 小时。达诺滚筒的生产效率较高，世界上经济发达国家常采用它与立式发酵塔组合应用，高速完成发酵任务，实现自动化大生产。

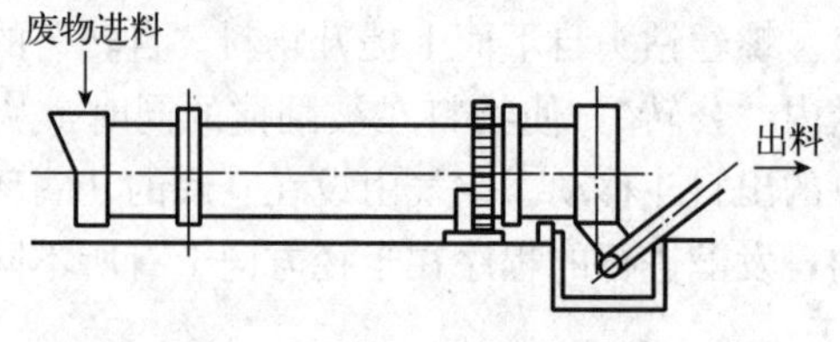

图 4-15　达诺式发酵滚筒

三、堆肥辅助机械设备

堆肥辅助机械的种类、规格、数量的选择和配置是随不同的工艺流程而变化的，其目的是满足工艺所提出的参数要求，以保证工艺路线的畅通和堆肥产品的质量。在一般的快速机械化堆肥厂中常用的辅助设施可归纳如下。

（一）计量装置

计量装置通过计量载荷台上每辆收运车的重量来计量载荷台上卸下的固体废弃物质量。安装计量装置是为了控制处理设施的废弃物进料量、堆肥场输出的堆肥量，以及回收的有用物和残渣的量。计量装置应有 20 千克或更小的最小刻度。计量装置应安装在处理场内废物收运车的通道上（最好将其设置在高出防雨路面 50～100 毫米处，并建造顶棚）并在容易检测进出车辆的开阔位置。为了便于检修计量装置，最好在计量装置前后约 10 米处建一条直通道。通常情况下，计量装置采用地磅秤。地磅秤旁还应建造副车道，供不需称量的车辆通过。地磅秤的选择要根据所用车辆载质量的大小而定。分选后的垃圾或分选物需称量时，可选用皮带秤或吊车秤计量。有关地磅秤的吨位与负荷尺寸可参见表 4-1。

表 4-1 地磅秤的吨位与负荷尺寸

最大质量（吨）	最小刻度（千克）	称量台尺寸（米^2）
30	20	3×7
20	20	2.7×6.5
15	20	2.7×6.5
10	10	2.4×5.4

（二）储料装置

在堆肥厂运行当中，需将送入堆肥厂的堆肥有机物料进行妥善处理，保证均匀地将其送入处理设施，同时防止当进料速度大于生产速度或因机械故障和短期停产而造成物料堆集，待处理的物料在处理前必须配备一个储存的场地，称为储料坑。一般的堆肥厂都必须设置贮料坑。储料坑必须建立在一个封闭的仓内，它由垃圾车卸料地台、封闭门、滑槽、垃圾储料坑等组成。坑的容积一般要求能容纳日计划最大处理量的 2 倍以上，以适应各种临时变动情况。它一般设置在地下或半地下，用钢筋混凝土建造，要求耐压防水并能够承受起重机抓斗的冲击。它的底部必须有一定的坡度和集水沟，使垃圾堆积过程中产生的渗沥液能顺利排出。为了防止火灾和扬尘，必须配置洒水、喷雾装置，并配有通风装置以排除臭气及在必要时工作人员可进入仓内清理或排除故障等需要。

（三）给料装置

待处理的有机废弃物由储料坑送入处理设施，必须通过给料装置来完成。通常使用的给料装置有以下几种。

1. 桥式抓斗起重机 结构如图 4－16 所示，它的抓斗容量大，不易出故障，运行费用低，能满足一般堆肥厂的要求，使用比较普遍。其主要规格如表 4－2 所示。

图 4－16 桥式抓斗起重机

表 4-2　桥式抓斗起重机的主要规格

起重量（吨）	跨度（米）	起重总量（吨）	起升高度（米）	速度（米/分）			容积（米^3）	抓斗特性		
				起重机运行	小车运行	提升运行		物料容重（吨/米^3）	抓取量（吨）	抓斗质量（吨）
5	10.5，13.5，16.5	17.3，19.0，21.0	6，8，10	87.5	44.6	38.8	2.5	0.5～1.0	1.25～2.5	2.493

2. 板式给料机　结构如图 4-17 所示，它供料均匀，供料量可调节，一般在 35～50 米^3/时，供料最大粒度为 110 毫米，承受压力大，送料倾斜度可达 12°，但是它的供料仓容积有限，储料池不可能很大，因此在储料坑采用扳式给料机给料时，必须另设置给料装置，如桥式抓斗起重机或前端斗式装载机。

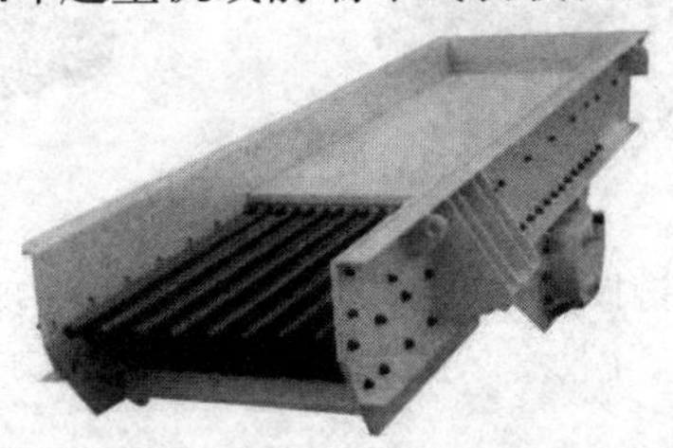

图 4-17　板式给料机

3. 前端斗式装载机　结构如图 4-18 所示，它除可完成给料工作外，还可用于造堆、翻堆、运输装车等，其生产力较高，但造价高、易出故障、运行费用高。

图 4-18　前端斗式装载机

(四)堆肥厂内运输与传动装置

堆肥厂内物料的运输传动形式有许多，合理的选择是保证工艺流程的实施、提高处理效率及实现堆肥厂机械化、自动化的保障，同时也是降低工程造价和工厂运行费用的重要环节。堆肥厂常用的运输传动装置有链扳输送机、皮带输送机、斗式提升机、螺旋输送机等（图4-19至图4-22）。

图4-19　链扳输送机

图4-20　皮带输送机

图4-21　斗式提升机

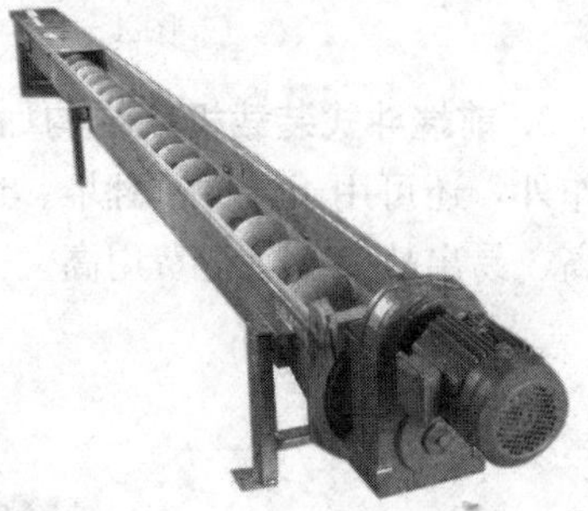

图4-22　螺旋输送机

(五)分选及后处理设备

后处理设备的作用主要是提高经过一次发酵或二次发酵的堆肥

物料的精度，即提高堆肥质量和调节堆肥的颗粒大小，去除堆肥中的玻璃、陶瓷、金属片、塑料及未腐解的物料等。有时后处理设备是在可堆肥物送至二次发酵池之前起预处理作用。后处理设备的组成包括分选装置、选择性破碎分选装置、重力分选机、磁选机、风选机、弹性分选机、静电分选机、轧碎机等。与预处理设备相比较，后处理设备具有较小的筛孔和破碎动力。

（六）污染防治要求及相关设备

废弃物堆肥系统主要有臭气、污水、粉尘、振动和噪音等因素可能污染生活或自然环境，另外，有关设施布局及众多的进出车辆等问题也对周围地区有直接影响。因此，在规划堆肥化设施时，有必要预先充分调查，做出环境评价，并制定相应对策以防止环境污染。即使是设施建造后，也应调查必要的污染因素以保证良好环境。

1. 粉尘　必须采取措施防止处理设施中产生的粉尘，可安装粉尘去除设备。破碎设备应配备收尘装置，最好维持排气中的粉尘浓度小于0.1克/米^3。

2. 振动　在处理设施中，破碎机或失衡旋转机件的撞击可能引起振动。一般的防振措施是在设备和机座间安装防振装置，制造足够大的机座，以及在机座和构筑物基础间留伸缩缝。如果振动问题于设施安装完毕和运转后产生，再来设法解决是极为困难的。因此，最好预先采取充分措施，根据周围环境条件，采取有效对策防止由处理设施产生的振动。

3. 噪声　根据周围环境条件，必须采取有效措施防止由处理设施产生的噪声。

4. 废水　堆肥化废水主要来源于垃圾储坑及类似的设施和来源于附属建筑物的生活污水。必须适当处理堆肥过程中产生的废水。与其他处理设施相比较，堆肥系统产生的废水量较少，所以最好利用粪便处理厂和污水处理厂处理垃圾储坑产生的废水。对于某些处理设施产生的废水，可采用废水环流系统。

5. 脱臭 快速堆肥化系统中产生的臭气物质主要是氨、硫化氢、甲硫醇等。主要的脱臭技术有如下几种：①气洗法：将臭气通入水、海水、酸（各种酸、臭氧水、二氧化氯、高锰酸钾等）、碱（苛性碱、次氯酸钠）等液体，使臭气成分被吸收或转化为无味成分。②臭氧氧化法：利用臭氧的强氧化能力，同时依靠臭氧气味起掩蔽作用。③直接燃烧法：将臭气送入锅炉燃烧室、焚烧炉等设备中燃烧可燃成分。④吸附法和中和法：将臭气送入对气体具有强吸附能力的物质如活性炭、硅胶及活性黏土，臭气成分可被吸附除去。中和法可降低总臭气浓度，中和剂可对臭气成分进行反应及吸附。⑤氧化处理法：用次氯酸钠、次氯酸钙及二氧化氯等氧化剂进行氧化脱臭。⑥空气氧化法：用水吸收臭气中硫化氢，硫化氢再经空气氧化成无臭无害的硫代硫酸钠。⑦土壤氧化法：通过各种土壤细菌的生化作用分解和去除臭气物质。

四、堆肥工艺实例

（一）无锡 100 吨/天生活垃圾堆肥厂

以无锡 100 吨/天生活垃圾处理厂为例，说明垃圾堆肥工艺过程。

1. 工艺流程概述 整个工艺由预处理、一次发酵、后处理（精分选）、二次发酵四部分组成。工艺流程见图 4-23。由居民区收集的生活垃圾在中转站装车后送至处理厂并倒入受料坑，经板式给料机和磁选机送至粗分选机，将粒径大于 100 毫米的粗大物、铁件及小于 5 毫米的煤灰分选出去，然后经输送带装入长方形的一次发酵仓，再从储粪池用污泥泵将粪水按一次发酵含水率 40%～50%要求，分 3 次喷洒，使之与垃圾充分混合。待装仓完毕后加盖密封，开始强制通风，温度控制在 65 ℃左右。每 10 天后完成一次发酵。堆肥物由池底经螺杆出料机出至皮带输送机。经二次磁选分离铁件后送入高效复合破碎机（立锤式），该机的筛分部分由双层滚筒筛和立锤式破碎机组成。通过该机的垃圾将分选出 3 类，即大块无机物、高分子化合物和可堆肥物。大块无机物（石块、砖瓦和玻璃等）及高分子化合物（塑料等）被除去，做填埋或焚烧处理。将粒径大于12毫米而小于40毫米的堆肥物料送至破碎机，破碎机出料与筛分机堆肥物细料一起送至二次发酵仓进行二次堆肥。此时，将一次发酵池的废气，通过风机送入二次发酵仓底部的通风管

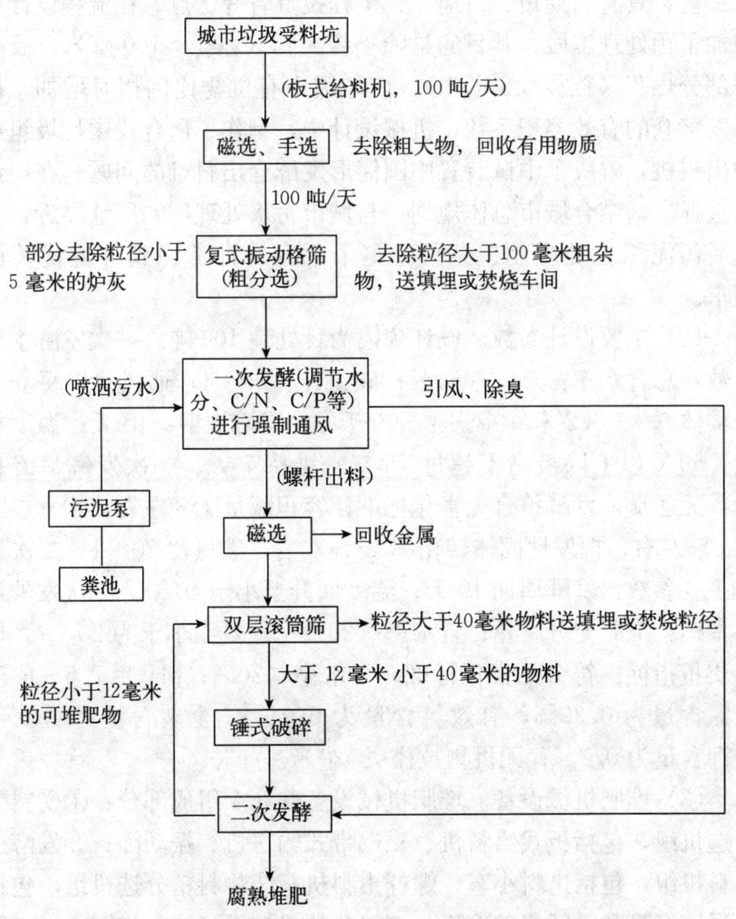

图4－23　无锡100吨/天垃圾堆肥厂工艺流程

道。这样，既起到一次发酵气体的脱臭，又使二次发酵仓得以继续通风。二次发酵经10天后即成腐熟堆肥。为防止一次发酵池中渗出污水污染地面水源，在一次发酵仓底部设有排水系统，将渗沥水导入集水井后，经污水泵打回粪池回用。

2. 工艺特点及主要参数

（1）工艺特点。工艺设计采用条垛式堆肥发酵技术，属静态堆肥工艺，具有周期短、占地少、工程投资省等优点。在流程设计中增加了预处理工段，其目的是除去粗大物（粒径＞100毫米）及筛去部分煤灰（粒径＜5毫米），使垃圾中有机物比例相对增加，提高发酵仓的有效容积系数。机械设计中，制作了适合我国垃圾组成的出料机，解决了中试装置中圆筒形发酵仓出料难的问题。在厂址的选择上，结合城市总体规划，与城市污水处理厂的厂址靠近，为今后污泥综合处理创造条件。整个厂区设计考虑到环境优美的要求。

（2）主要设计参数。设计规模为日处理100吨。一次发酵主要参数：总含水率：40%～50%；碳氮比：25∶1；通风量：每立方米堆体0.1～0.2米^3；风压：500千帕；发酵周期：10天；温度控制：50℃以上（最高不超过75℃）维持7天。一次发酵最终指标：无恶臭，发酵符合无害化标准；容积减量1/3左右；水分去除率8%左右；挥发性固体转化率15%左右；碳氮比20∶1。二次发酵主要参数：发酵周期10天；温度回升至小于40℃。二次发酵最终指标：堆肥充分腐熟；含水率＜20%；碳氮比小于为20∶1。堆肥质量指标：符合无害化标准；含水率＜20%；pH为7.5～8.5；全氮含量为0.30%，有效氮含量为0.04%，全磷含量为0.1%，全钾含量为0.2%；无机物粒径＜5毫米。

（3）堆肥机械设备。堆肥机械设备共3个组成部分：①受料预分选机组，包括板式给料机、磁选带式输送机、振动筛；②发酵进出料机组，包括进料小车、螺杆出料机；③物料精分选机组，包括双层滚筒筛和立锤式破碎机。该工艺的机械设计流程如图4-24所示，几种主要机械的设计参数见表4-3。

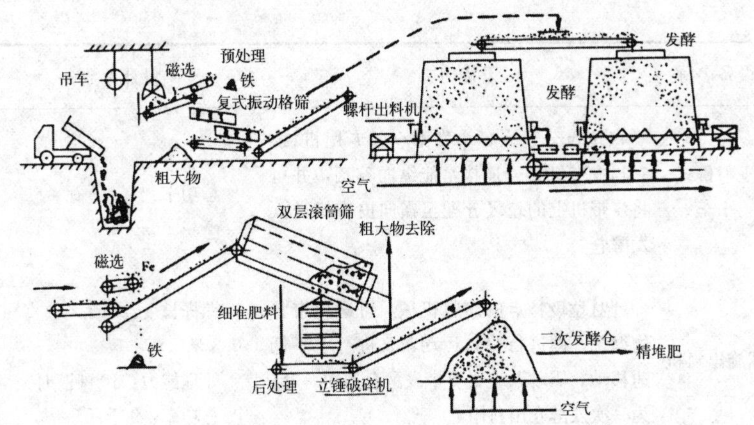

图 4-24 无锡 100 吨/天垃圾堆肥厂处理设备机械设计流程示意

表 4-3 几种主要机械的设计参数

设备名称	设备功能	设计参数
板式给料机	一种重型的受料装置，它以步进式的工作方式，将垃圾均匀送入处理设备	链板：长 6 米，宽 1.2 米；链板速度：0.002 5～0.15 米/秒；生产能力：50 米^3/时；功率：7.5 千瓦
高效复合筛分破碎机	对一次发酵后的无害化堆肥物料进行筛分的机械，由双层筒筛和立锤式破碎机组成，可筛分出粒径大于 40 毫米的非堆肥杂物、小于 12 毫米的细堆肥及小于 40 毫米、大于 12 毫米的粗堆肥物，由立锤式破碎机粉碎后，与细堆肥混合物进行二次发酵	双层滚动筛尺寸：(Φ1 420 毫米×Φ1 710 毫米×6 000 毫米；内筒筛孔 Φ40 毫米，外筒筛孔 Φ13 毫米 筛筒转速：5～18 转/分范围内无级调速 额定处理量：20～25 吨/时 功率：滚动筛 7.5 千瓦；破碎机 30 千瓦
复式振动格筛	去除粒径大于 60 毫米的粗大物的分选机械，往复式运动，可筛分大粒径非堆肥物，对带状物无缠绕现象。可不停机清除悬挂物，操作安全	尺寸：2 500 毫米×1 200 毫米 功率：3 千瓦 处理能力：16 吨/时

（续）

设备名称	设备功能	设计参数
进料桥式小车	将垃圾分送入各个发酵仓的专用机械。它与皮带机组合连接，能纵向移动，并可将皮带机上的垃圾分配至横向皮带机送入发酵仓	总功率：7.4千瓦
螺旋出料机	针对垃圾特点的出料机械，可避免带状物缠绕，即进行旋转运动，又进行水平低速移动，驱动系统每6个发酵仓共用一套。为一次发酵仓出料用	螺杆长度：4.5米，直径0.3米 处理能力：100吨/时 总功率：9千瓦
其他配套设备	1. 通风、排风机组：一次发酵仓每座配一台7.5千瓦的离心风机；二次发酵仓配一台30千瓦的离心风机，其进风口与一次发酵仓排风总管连接，可将发酵尾气送入二次发酵仓，它既是一次发酵的排气装置，又是二次发酵的供气装置 2. 排水机组：一次发酵的渗滤污水汇集至污水井，由混流泵打入蓄粪池。由一台吸粪泵将粪水打入一次发酵仓，通过水栓连接皮管、喷头，将粪水喷洒入发酵仓，调节物料含水量	

（4）土建特点。

① 发酵仓结构。为防止垃圾起拱，仓壁设计成倒锥形（角度以>4°为宜），钢混结构。仓顶进料口加盖密封，仓底设螺杆出料机，为减小螺杆出料机的启动力矩，将螺杆置于仓内间隔墙的腔室内，间隔墙设计成倒Y形。

② 容积。10米×4米×4米=160米^3，可容纳经预分选的垃圾96吨（密度为0.6吨/米^3）。

③ 通风道。在仓底纵长方向设置主通风道，宽300毫米，末端距池壁1.2米，从主风道分出4个支风道，风道上覆盖打孔木

板，孔径14毫米，间距50毫米，通风孔密度为30%。

④ 排水道。与通风道共用，渗沥液经通风孔流入通风道，经排水污口流出仓外，汇集至污水检查井，再被泵入蓄粪池，排水道作调节垃圾含水量用。

（二）唐山400吨/天城市污泥堆肥厂

以唐山400吨/天城市污泥堆肥厂为例，说明城市污泥堆肥工艺过程。

1. 工艺流程概述　项目采用全机械化隧道仓好氧堆肥工艺，双层发酵仓结构形式，两层发酵仓及配套系统与一层相比较，既平行设计又相互独立，理论上可以向上再次复制，形成3层甚至更多层发酵仓形式，具体工艺流程如图4-25所示。

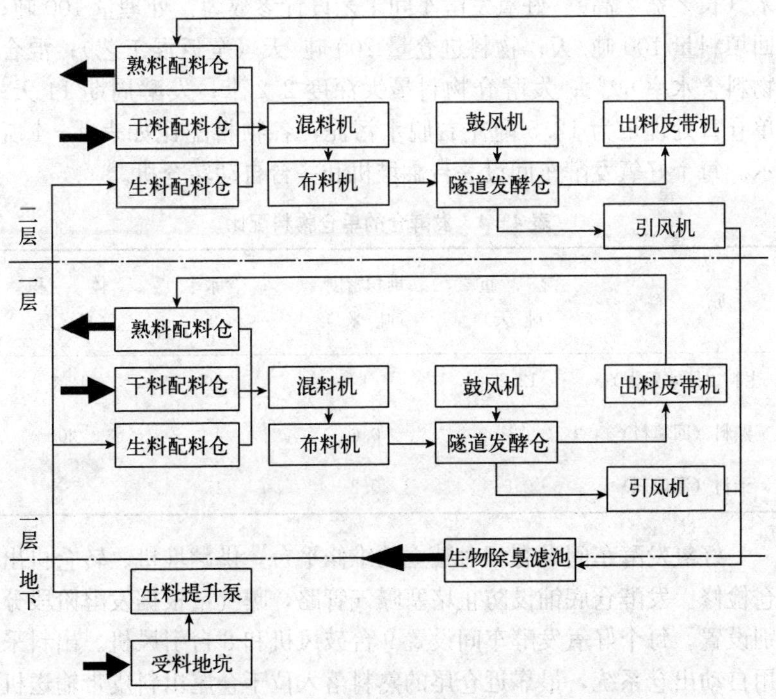

图4-25　唐山400吨/天城市污泥堆肥厂工艺流程

2. 工艺设计及主要参数 根据物料衡算计算：每天污泥处理能力 400 吨（80%含水率），产出营养土 80 吨（40%含水率）。按 330 工作日计算，年处理 132 000 吨脱水污泥，年产营养土26 400 吨，产品可用于园林绿化或作为有机无机复混肥基质。

污泥处理厂分成 3 个区，即生产管理区、污泥处理区及辅助设施区。其中，污泥处理包括一个生产车间、两个生物滤池、一个生料库、一个成品库。

(1) 生产车间。项目共设置一个生产车间，包括好氧发酵车间、混料车间、维修平台等功能区。平面尺寸为 119.22 米×66.5 米，占地面积约 7 900 $米^2$。

生产车间两侧设置上下两层共 4 个好氧发酵车间，每个好氧发酵车间内设置隧道式好氧发酵仓 8 个，单仓尺寸为 45 米×5 米×6 米（长×宽×高）。好氧发酵车间工艺设计参数为：处理量 100 吨；回填料量 100 吨/天；物料进仓量 200 吨/天（全返混工艺）；混合物料含水率 60%；发酵仓物料最大深度 2.2 米；发酵周期 14 天；单仓日处理量为 12.5 吨左右脱水污泥，各物料配比如表 4 - 4 所示。每个好氧发酵车间设一台翻堆机和一台自动转仓机。

表 4 - 4 发酵仓的单仓物料配比

原料	湿重（吨/天）	堆积密度（吨/$米^3$）	含水率（%）	体积（$米^3$/天）
生料（脱水污泥）	12.5	1	80	12.5
熟料（回填料）	12	0.6	40	20
干料（调理剂）	0.6	0.2	15	3

好氧发酵车间设有相对独立的维修平台，供翻堆机、转仓机出仓检修。发酵仓底铺设防止堵塞曝气管路，曝气量根据发酵阶段分别设置。每个好氧发酵车间设置 9 台鼓风机和 8 台引风机。出料采用自动出仓系统，最靠近仓尾的熟料落入位于仓尾出料皮带输送机上，熟料经皮带输送机输送至熟料配料料仓。好氧发酵车间堆肥仓

运行时间如表 4-5 所示。生产车间中部设置混料车间一个，包括受料地坑、混配料系统、维修平台等。

经过机械脱水含水率 80%的污泥运入处理厂后，直接卸于混料车间受料地坑内，然后由螺杆泵系统输送至生料配料料仓。回填料通过回料皮带输送至熟料配料料仓。在工艺调试前期，由于回填料量有限，需要添加辅料，因此设干料配料料仓。在生料配料仓、干料配料料仓、熟料配料料仓下分别设置计量螺旋定量配料至预混螺旋输送机进行预混，然后由上料螺旋输送机输送至混料机。混料机完成混料过程后，含水率 55%～60%的混合物料由上料皮带输送机输送至组合式布料机，在指定仓位的上方卸料入仓，完成自动进仓过程。

表 4-5　好氧发酵车间堆肥仓运行 60 分钟的时间分配

动作步骤	时间（分）
翻堆、布料	40
翻堆机停止，滚筒提升	2
翻堆机返回运动	5
滚筒下降	2
翻堆机开向下一个堆肥仓	2
开上和开下堆肥仓	5
预留时间	4

生产车间主要工艺设备为：翻堆机 4 台，F5.110 型；鼓风机 36 台；引风机 32 台；螺杆泵 4 台，流量 15 米^3/时，压强2 兆帕；回填料料仓 4 套，容积 60 米^3；生料料仓 4 套，容积30 米^3；干料料仓 4 套，容积 30 米^3；预混螺旋输送机 4 台，圆形壳体截面 ϕ 500/10.2；上料螺旋输送机 4 台，圆形壳体截面 ϕ 500/12.4；斗式提升机 2 台，提升量 10 米^3/时，扬程 7.5 米；斗式提升机 2 台，提升量 10 米^3/时，扬程 14 米；混料机 4 台，混合量 50 米^3/时；上料皮带机 4 台，带宽 800 毫米；组合式皮带布料机4 套；出料皮带机

4 台，带宽 1 000 毫米；回流皮带 4 台，带宽1 000毫米。

（2）生物除臭滤池。本工程除臭区域主要有 4 个：生料库、好氧堆肥发酵仓、受料地坑和料仓。

发酵仓采用集中收集—生物除臭滤池的处理方式。废气通过玻璃钢收集主管在引风机作用下送入水洗池内，在水洗池内，气体与喷头喷出的水经填料相向接触，去除一部分氨气并提高气体湿度，然后经设备底部配气层进入生物滤池滤料层，滤料层上部安装有喷头，用于浇灌滤床，增加滤床湿度，臭气在穿过生物填料的过程中，异味分子和填料表面的生物膜作用，被生物分解，达标后排放。生物除臭滤池系统主要由收集管路系统、水洗池、生物滤池和排放管组成。本项目设置两个生物除臭滤池系统，总占地面积约 2 000米^2，单池尺寸为 40 米×25 米×3.05 米。

生料库、受料地坑和料仓采用风机抽气—离子除臭工艺，模块化离子除臭系统设备型号分别为 LS-DL-4300、LS-DL-1200 及 LS-DL-300 型。

（3）生料库。生料库为加盖地坑，占地面积约 240 米^2（12 米×20 米），深 3 米。配一台跨度 18 米、起重 5 吨的门式起重机。地坑臭气配置离子除臭装置。

（4）成品库。营养土仓库担负生产车间熟料后熟工作，占地面积约 1 440 米^2。

主要参考文献

李国学，张福锁，2000. 固体废物堆肥化与有机复混肥生产［M］. 北京：化学工业出版社.

李荣华，2012. 添加重金属钝化剂对猪粪好氧堆肥的影响研究［D］. 杨凌：西北农林科技大学.

聂永丰，2013. 环境工程技术手册：固体废物处理工程技术手册［M］. 北京：化学工业出版社.

任芝军，2010. 固体废物处理处置与资源化技术［M］. 哈尔滨：哈尔滨工业大学出版社.

王涛，许传银，吴庆成，等，2013. 唐山 400t/d 城市污泥无害化处理的工程设计 [J]. 中国给水排水，29（20）：65－69.

徐惠忠，2004. 固体废弃物资源化技术 [M]. 北京：化学工业出版社.

曾光明，黄国和，袁兴中，等，2006. 堆肥环境生物与控制 [M]. 北京：科学出版社.

张增强，2003. 固体废物的处置与利用 [M]. 杨凌：西北农林科技大学.

庄伟强，尤峥，2004. 固体废弃物处理与处置 [M]. 北京：化学工业出版社.

第五章　清洁堆肥品质的评价与提升

有机废弃物如畜禽粪便、城市生活垃圾、污泥和园林垃圾等的直接土地利用过程中会分解并产生具有植物毒性的物质，如酚类和挥发性脂肪酸等，可能会对植物生长或种子萌发产生不利影响，其自身不稳定的性质受到了广泛的关注。好氧堆肥是有机废弃物资源化和无害化的最有效工程技术之一，其处理产物可用作农田土壤中土壤改良剂和高效有机肥源，补充土壤有机质。堆肥物料中微生物的优势种群随堆肥周期而变化，结合嗜温微生物和嗜热微生物的生命活动，不稳定的有机物转化成二氧化碳、水、矿物质和稳定的有机物质。堆肥处理是一种可控且自发进行的生物氧化过程，涉及有机物料的矿化作用和腐殖化作用，其原始物料的植物毒性和病原细菌得到了大幅度的削减，最终得到性质稳定、安全且养分全面的堆肥产品。因此，堆肥处理中有机固体废弃物高效无害化处理效率和高品质的堆肥产品是农业应用的关键。

在堆肥的发酵生产过程中，微生物的呼吸作用会产生大量的二氧化碳，同时不充足的氧气供应造成了局部厌氧环境，一部分碳素以甲烷形式散出。在硝化和反硝化作用下微生物分解堆肥物料产生的氧化亚氮，有机氮分解过程中大量挥发的氨气，造成了严重的氮素损失。这些污染气体如二氧化碳、甲烷、氧化亚氮和氨气等导致一定环境污染的同时也带走了堆肥中营养元素，是一种严重的养分流失现象，降低了有机肥料的品质。而土壤施用低品质未腐熟的堆肥产品，一方面不能满足植物对养分元素的需要，土壤中微生物会与植物竞争土壤孔隙中的氧气来分解堆肥中尚未腐熟的部分，影响植物生长。另一方面，堆肥发酵早期存在的有机酸、病原细菌和杂草种子等在堆肥后期尚未完全分解与失活，影响肥料的施用效果与作物的健康生长。因此，有效管控堆肥品质与腐熟程度成了堆肥发展与推广应用的关键。

近年来，由于政府和社会大众对环境友好型废弃物处理技术和绿色无公害农产品的迫切需求，国家大力推动有机肥行业的发展，出台了一系列利好政策，堆肥行业迎接新的增长时代。清洁堆肥处理技术是现代堆肥行业的发展方向。清洁堆肥不仅被认为是一种减少废弃物污染的处理方法，而且是一种有效的资源回收技术，可以实现环境保护和获取经济效益的双重目的，有利于市场化推广，多年来得到了广泛的发展与应用。同时，清洁堆肥处理技术可以消除或降低原有堆肥原料中的病原细菌、寄生虫和杂草种子传播的风险，其最终稳定的腐熟堆肥产品可以安全地进行土地利用和农业大面积推广。在此背景下，推动清洁堆肥产业发展，注重堆肥产品的品质提升，加强腐熟堆肥产品的评价体系就显得尤为重要。

提升堆肥品质与其腐熟程度也是密切相关。高品质清洁堆肥产品提高了肥料的养分含量，腐殖化程度高，堆肥性质稳定，对农作物无害，微生物活性也相对较为稳定，有利于农业生产。高品质的堆肥产品是其农用价值的基础，也是后续有机肥施用技术的保障，在清洁堆肥生产过程中，注重生产过程中元素保留技术，提高堆肥产品的养分含量，同时建立完善的腐熟评价体系，保证其施用的安全性。本章节旨在介绍堆肥产品腐熟度的评价体系和清洁堆肥过程中养分保留，最后介绍目前现行国家有机肥的各类标准，为清洁堆肥的生产和使用提供了参考标准。

一、清洁堆肥产品腐熟度评价指标体系

清洁堆肥相较于传统堆肥，其侧重点在于注重原料的筛选、堆肥过程污染控制以及生产安全高品质的腐熟堆肥。堆肥原料的筛选主要指将通过对堆肥原料中污染物质含量进行检测和评价，以剔除那些含有较高浓度污染物的原料，如高浓度的重金属和抗生素残留等原料，确保堆肥产品的农用安全性。过高污染物浓度的原料对农业生产及农田土壤安全健康带来严重的环境风险，属于源头控制环

节。而堆肥过程污染控制则注重堆肥发酵过程中对污染物的无害化处理效率，如降低重金属的生物有效性、病原细菌及杂草种子等的灭活、小分子有机酸的分解稳定化、抗生素及抗生素抗性基因削减、温室气体减排以及减少碳氮损失等，降低处理过程的环境污染，提高堆肥品质。

同时，堆肥的重要用途就是生产高品质有机肥料。好氧堆肥是指有机物料在好氧微生物作用下分解并被生物氧化达到稳定化、腐殖化、环境友好和肥料化的过程。腐熟堆肥可以为农田补充土壤有机碳，其富含的腐殖物质有利于改良土壤结构，抑制土传病虫害，促进作物生长。然而施用不完全腐熟的堆肥后会对农田土壤和作物产生不利影响。未腐熟堆肥中有未完全灭活的病原细菌、杂草种子以及挥发性有机酸等有害物质，施用后会滋生杂草并与作物竞争养分，抑制作物生长。同时，未腐熟堆肥在施入土壤后可能会继续发酵，不利于农业生产。为了避免这些负面效应，检测并保证堆肥的腐熟程度是清洁堆肥产品的前提。清洁堆肥生产的堆肥产品需要保证其在环境角度的安全无害，在农业方向上保证稳定且腐熟、养分均衡、腐殖化程度高。因此，本书总结的清洁堆肥产品腐熟度评价指标体系可供有机肥生产企业建立合理的腐熟度评价体系作参考，有助于堆肥产品的质量保证。

不同堆肥原料和堆肥方式生产的有机肥料在一些指标上存在一定的差异。堆肥腐熟度指标总体可以划分为 3 类，分别为物理学指标、化学指标（包括腐殖质）和生物学指标。

1. 物理学指标　堆肥的物理学指标是最常用的评价方法之一，其能代表的信息仅限于粗略评估堆肥产品的腐熟程度。

（1）表观特征。通过一些堆肥物料的表观特征可以对其腐熟程度进行简单评估。有机废弃物经过堆肥处理，物料颜色逐渐变暗，最终腐熟堆肥产品呈现深棕色甚至黑色，因此也有人通过检测堆肥物料的黑度值来评估堆肥腐熟度。一般而言，堆肥物料常常散发出臭味，并一直持续到高温期，进而随着腐熟度的提升，臭味减少，当堆肥达到腐熟后，堆肥物料臭味消失。通常情况下，将腐熟堆肥所共有的一些表观特征归纳起来有：堆肥后期温度自然下降；不再吸引蚊蝇；臭味显著减少，甚至闻不到臭味，有潮湿泥土的气息；堆肥过程中堆料逐渐发黑，腐熟后的堆肥产品呈黑褐色或黑色；结构上呈现疏松的团粒结构，粒状或粉状，无机械杂质；手握湿时柔软、干时易碎；堆肥浸出液的颜色呈黄褐色。

(2) 温度。温度反映了堆肥中微生物的活性，通过温度的变化可以反映不同的堆肥进程，工业化生产过程中温度的变化是一个重要检测指标，根据温度可以确定堆肥进程、无害化处理程度和曝气翻堆频率。堆肥温度可分为 4 个阶段，分别为升温阶段、高温阶段、降温阶段和腐熟阶段，如图 5-1 所示。此外，也有专家学者按照堆肥温度变化将堆肥进程分为两个主要阶段：生物氧化阶段和熟化阶段。其中生物氧化阶段分 3 个步骤：中温阶段，温度迅速升高，持续时间为 1～3 天，期间嗜温细菌和真菌降解简单的化合物，如糖、氨基酸和蛋白质等；嗜温阶段，期间嗜热微生物降解脂肪、纤维素、半纤维素和一些木质素，在此阶段，有机物的降解速率最高且病原体的灭活主要发生在此阶段；冷却阶段，其特征在于可降解有机底物的消耗导致相关微生物活性降低，进而导致温度降低。中温性微生物成为冷却阶段的优势菌种，堆肥物质被中温性微生物继续降解，其能够降解剩余的糖、纤维素和半纤维素。堆肥物料中有机物被降解成二氧化碳和氨气。在堆肥腐熟阶段，有机质发生稳定化和腐殖化，产出具有腐殖质特性的腐熟堆肥。

一般认为堆肥高温期在 50 ℃持续 3 天以上便可认为达到无害化要求，国外也有研究指出温度超过 55 ℃才被认为是达到了杀灭病原细菌和杂草种子的目的。堆肥温度在高温阶段不是一味追求较高温度，温度超过嗜热微生物的温度耐受范围同样会影响堆肥进程，且好氧发酵的高温是为了达到无害化处理要求，而生产有机肥的目的不仅是无害化，更重要的是腐殖化，后者保证了堆肥产品的农用价值，旨在生产具有较高培肥土壤的腐殖化肥料。堆肥腐殖化的进程的最适温度为 40～50 ℃，在此温度范围中比较适宜腐殖物质的生成。因此，有机肥料生产过程中的高温期与腐熟期是无害化和腐殖化的重要阶段。在企业生产过程中将高温期控制在一周左右，确保了生产有机肥料的无害化。高温期过后，易降解有机物被微生物利用并逐渐转化为稳定的大分子腐殖物质，嗜热微生物逐渐减少，堆肥温度也逐渐下降。堆肥结束后，堆体温度与环境温度趋于一致，一般不再明显变化。有机物料在堆肥过程中经过高温无害化处理和腐殖化，生产的清洁堆肥有利于植物的生长。

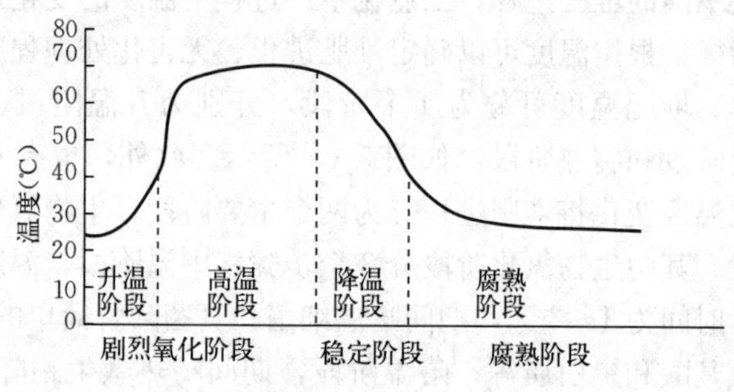

图 5－1　堆肥过程与其温度变化规律

2. 化学指标　化学分析检测是最常用的堆肥腐熟度评价方法，且检测结果相较于物理学指标更具有说服力，常见的评价指标有酸碱度（pH）、电导率（EC）、碳氮比（C/N）、铵态氮和硝态氮、阳离子交换量（CEC）、腐殖化指标和光谱学分析等。

（1）pH。堆肥的不同时期物料 pH 呈现规律性变化，因此通过 pH 的波动和堆肥最终产物可以评价堆肥进程和产品质量。一般而言，堆肥初始阶段 pH 会有轻微的下降，这是因为有机物料分解过程中产生小分子有机酸类物质。随着堆肥进入高温期，有机酸被分解，同时微生物在分解过程中也产生了大量的氨气，堆肥的 pH 逐渐上升。在降温和腐熟阶段，随着有机酸的分解消耗，以及氨气向外界的逸散，pH 又会逐渐降低并逐渐趋于稳定。一般而言，堆肥的初始物料 pH 不宜过高或过低，研究发现，pH 在6.7～9.0是微生物最适的生存环境。不同物料的基本理化性质差别很大，因此堆肥初期原料的预处理应考虑物料的初始 pH，并采取适当的处理方式和物料配比，以确保堆肥反应的顺利进行，初始物料的建议参考范围在5.5～8.0。同时，pH的变化与氨气释放密切相关，pH大于7.5时氨气释放显著增加，氮素损失也相应增大。一般而言，畜禽粪便类堆肥的pH较高，而以餐厨垃圾、园林废弃物以及蔬菜等原料为主的堆肥的pH较低，腐熟堆肥的pH应在5.5～8.5。

(2) EC（电导率）。EC值代表了堆肥中水溶性盐类物质的含量，其准备地反映了堆肥的盐分含量。盐分过高，堆肥施入土壤会增加土壤水分的可溶性盐分含量，土壤水浓度增加，植物细胞外渗透压增大，使得根毛细胞的水分渗透到土壤溶液中，这样根毛细胞不仅没有吸收到水分，还会流失水分，引起烧苗现象。堆肥过程中，原料中易降解有机物等物质被微生物分解利用，EC在初期会出现一定程度的下降，随着营养元素的消耗，有机物料的降解，堆肥出现浓缩现象，所以堆肥后期EC逐渐增加。

(3) C/N。堆肥物料的C/N是最常用的堆肥腐熟度评价指标之一。通常认为堆肥初始物料的C/N在25左右为最佳物料配比，有利于为微生物的正常生长繁殖提供充足的养分和促进有机物的快速降解。随着堆肥的进行，由于氨气在高温期的大量释放，导致C/N在初期逐渐上升，进而因为二氧化碳持续大量释放造成的碳素损失，C/N持续下降。当C/N下降到20以下时，被认为堆肥达到腐熟，C/N低于15则堆肥品质更佳。同时，为了适应不同初始C/N下堆肥腐熟度的评价，也有用终点C/N与初始C/N的比值来评价堆肥的腐熟度，并提出当此比值小于0.6时可认为堆肥达到腐熟。该方法评估不同物料堆肥的终点C/N与初始C/N变化不大，在0.5～0.7，适用于不同物料堆肥的腐熟度评价。

堆肥是一个生物化学处理过程，微生物起主导作用，微生物对有机物料的代谢活动大多发生在液相环境中。因此，研究学者尝试以水溶态碳氮之比作为腐熟度指标，但经验证发现不适用于一些水溶态氮较低的粪便物料。经过不断研究发现，以水溶性有机碳（dissolved organic carbon，DOC）与有机氮（Norg）的比值（DOC/Norg）可以很好地指示堆肥腐熟度。当DOC/Norg＜0.55时被认为是堆肥可能达到腐熟。水溶性有机碳是最易被微生物分解利用的碳源。因此，也有学者以水溶性有机碳含量<1.7%作为堆肥腐熟度指标。

（4）铵态氮和硝态氮。堆肥过程中水溶性铵态氮在高温期被大量分解转化，一部分转化为氨气挥发，这也是堆肥中氮素损失的重要途径，为近年来一个重要的研究方向，同时也有很大比例是通过硝化作用转化为硝态氮。因此，堆肥过中水溶性含氮化合物表现为铵态氮逐渐下降、硝态氮逐渐升高的变化趋势，这也是用以评价堆肥腐熟程度的常用指标。考虑到不同堆肥物料中总氮和铵态氮含量存在很大差异，很难用其绝对数值来描述堆肥的腐熟程度。Bernal等（1998）提出以 NH_4^+-N/NO_3^--N 作为堆肥腐熟程度的评价指标。通过对污泥、猪粪以及城市垃圾等多种物料的堆肥进程中数据分析后提出，当堆肥中 NH_4^+-N/NO_3^--N 小于 0.16 时，表明堆肥达到腐熟。而根据加拿大政府有关堆肥标准，NH_4^+-N/NO_3^--N 大于 2 或 NH_4^+-N/NO_3^--N 小于 0.5 时，可认为堆肥已达腐熟。总体来看，堆肥过程中氮素转化受到温度、pH、微生物代谢作用、通气调节和氮素的存在形式等的影响，因此这类指标通常只可作为堆肥腐熟度的参考，不能作为堆肥腐熟度评价的绝对指标。

（5）CEC。阳离子交换性能主要由矿物黏粒和有机质表面所携带的阳离子数量决定，反映了堆肥产品的保肥能力与养分的生物有效性，及其对本身 pH 变化及外界酸碱的缓冲作用。CEC 高，说明具有较强的养分保持和酸碱缓冲性能；相反，若 CEC 较低，则 NH_4^+ 等营养元素容易被淋洗，需要补充氮素以维持植物健康生长。同时，CEC 还可以反映堆肥有机质的降解程度，是评价堆肥腐熟度、稳定性的重要参数。一般认为，当 CEC>0.6 摩/千克，堆肥充分腐熟。此外也有研究认为当 CEC 与总有机碳的比值大于 1.7 时，表示堆肥已达腐熟。

（6）腐殖化指标。有机碳中的腐殖物质是土壤肥力的重要组成部分，因此堆肥产品中腐殖物质的形成是其腐熟度及产品品质评价的重要指标。堆肥过程中微生物对有机物质分解的同时也伴随着腐殖化进程的加深，大分子的复杂的物质组分增加，有机物结构芳香化程度提高。腐殖化指标也可以用来评价堆肥腐熟度。一般而言，新鲜堆肥物料中富里酸含量较高，胡敏酸含量较低。表 5-1 列举了几项堆肥腐殖化程度的评价指标。堆肥中的胡敏酸和富里酸与总有机碳和腐殖物质的比值可以评价堆肥的腐熟程度。当腐殖化系数≥7.0、腐殖化指数≥3.5、胡敏酸含量≥50%和聚合度≥1.0 时可以认为堆肥达到腐熟。也有研究指出堆肥物料中的糖类、淀粉、木质素、纤维素、半纤维素、脂肪类和水溶性酚等物质含量的动态变化可以指示堆肥中有机质的腐熟化过程。但由于不同堆肥原料中上述物质含量上有很大差异，因而堆肥中的糖类、淀粉、纤维素、半纤维素和水溶性酚等物质的变化不能作为堆肥腐熟度评价的绝对指标，也很难确定其腐熟标准。

表 5-1　堆肥腐殖化程度评价指标

指　标	评价方法	标　准
腐殖化系数	（腐殖质/总有机碳）×100	≥7.0
腐殖化指数	（胡敏酸/总有机碳）×100	≥3.5
胡敏酸百分比（%）	（胡敏酸/腐殖质）×100	≥50
聚合度	胡敏酸/富里酸	≥1.0

（7）光谱学分析。好氧堆肥的处理过程是一个不稳定有机物质稳定化的过程，堆肥的腐熟程度可以通过物质转化特性进行评价。近年来的研究发现，水溶性有机碳是其在土壤中最先释放的有机物组分，其中含有的大量羧基、羰基、氨基等官能团对土壤中的酸碱性、离子交换量及重金属等污染物的生态环境效应产生了重要影响。因此，堆肥过程中的水溶性有机物组成与结构较之于固相中的有机碳能更灵敏地反映物质转化特性与堆肥的腐熟程度。堆肥中的水溶性有机物是一类相当复杂混合有机物，其中包含了简单的有机降解产物和复杂的腐殖物质的混合体。正是因为其组分的复杂性，传统的化学分析方法难以对其进行有效分离和测定，并且分析过程中其固有理化特性易收到干扰而改变。近年来发展的现代光谱学技

术可以无损测定有机物的组分及其结构变化特征，并且具有灵敏度高、样品需要量少及不需特殊分离等优点，从而衍生了根据有机组分的光谱学特征去研究物质转化，进而评价堆肥腐熟程度。目前用于堆肥中有机组分的光谱分析方法有红外光谱法（fourier - transform infrared spectroscopy，FTIR）、13C -核磁共振法（13C - nuclear magnetic resonance，13C - NMR）、荧光光谱（fluorescence spectroscopy，FS），紫外-可见吸收光谱（ultraviolet - visible spectroscopy，UV - vis）。其中，红外光谱法可以鉴定堆肥物料中化合物的特征功能团；13C -核磁共振法可提供有机分子骨架的信息，能精确地反映碳核所处化学环境的细微差别，还可以确定有机物的结构；紫外-可见吸收光谱具有仪器要求较低、操作简单和分析快速等优点，近年来得到广泛的推广应用。通过紫外-可见吸收光谱进行光谱分析的特定波段范围常见于465纳米和665纳米下吸光度比值，同时有机质在254纳米和280纳米下的吸光度与水溶性有机物中带苯环化合物的含量有关。此外，还有一些如250纳米与360纳米和253纳米与203纳米下吸光度比值也常用于水体有机质腐殖化或结构特征的研究。傅里叶变换红外光谱法也常用于评价堆肥过程中物料变化。Chefetz等（1996）研究城市固体废弃物的堆肥化处理，通过傅里叶变换红外光谱法测定谱峰密度的比值，发现堆肥前后芳香碳/脂肪碳从0.88提高到1.10，芳香族碳/脂肪族碳从0.79增加到1.45，芳香碳/多糖从2.39上升到2.80，芳香碳/酰胺从0.94提高到1.52。Hsu等（1999）利用傅里叶变换红外光谱法对猪粪堆肥过程中光谱测定发现，芳香碳/脂肪碳从1.04提高到1.68，芳香族碳/脂肪族碳从1.49提高到2.33，芳香碳/多糖从0.86提高到1.11；芳香碳/酰胺从1.36提高到1.67。这些变化反映了腐熟堆肥中多糖、脂肪和酰胺等成分的减少及芳香结构成分的增加。通过光谱分析可以一定程度上反映堆肥中的物质转化特征，指示堆肥的腐熟程度。但此方法对检测设备的要求较高，且不同堆肥物料中有机组分的变化不尽相同，尚缺乏一套成熟有效的评价标准，因此目前此方法更多地用于实验室研究。

3. 生物学指标

(1) 呼吸作用。在堆肥高温期阶段，堆肥物料中富含大量易降解有机物，微生物的呼吸作用较强，氧气消耗量和二氧化碳的释放量都相应较高。腐熟堆肥应是富含腐殖物质的稳定产品，其内微生物大部分处于休眠状态，生化降解速率和呼吸作用比较缓慢，但仍会进行缓慢的生物降解。因此，微生物的呼吸速率和氧气消耗速率可反映堆肥过程中的微生物活性变化，进而评价其稳定性。未腐熟堆肥的需氧量大，二氧化碳排放速率高，而腐熟堆肥的二氧化碳排放则维持在较低水平。

(2) 酶学分析。好氧堆肥是微生物起主导作用的生物处理过程，有机物被微生物分泌的酶类降解，酶类参与了整个堆肥生物化学转化过程。通过酶的含量变化可以一定程度上反映微生物活性，以及不同的堆肥进程和有机物质的数量和形态变化。酶活性与C、N、P等基础物质代谢密切相关，可以用来检测堆肥中营养元素的转化。其中堆肥中常见的酶类有纤维素酶、蔗糖酶、脲酶、磷酸酶等水解酶类与包含过氧化氢酶、脱氢酶、多酚氧化酶等酶的氧化还原酶类。水解酶类主要参与堆肥的矿质化过程，而氧化还原酶类主要参与堆肥的腐殖化过程，一定程度上反映了堆肥的腐熟程度。

堆肥过程中水解酶类活性反映了堆肥矿质化进程和强度，堆肥高温期阶段，纤维素酶和蔗糖酶活性达到最高，进而高温期后纤维素酶活性逐渐降低并趋于稳定，而脲酶活性呈现升高—降低—升高的变化趋势。水解酶类的活性还与外界环境如堆体温度、电导率等有关。氧化还原酶活性反映了堆肥腐殖化进程和强度，多酚氧化酶参与了环境中酚类物质转化，生物体内的酚类物质在多酚氧化酶的作用下氧化生成酮、醌类物质及氨基酸等，再通过一系列的生物化学过程缩合成最终的胡敏酸分子。堆肥过程中氧化还原酶类的活性均呈上升—下降—上升—下降的变化趋势。

(3) 植物毒性指标。有研究表明，有机物如畜禽粪便、污泥等的直接利用对植物生长有一定抑制作用。许多植物种子在堆肥原料和未腐熟堆肥萃取液中生长受到抑制。随着堆肥的进行，微生物分解作用与高温期的热灭活处理下，物料的植物毒性显著下降，这种抑制作用不断降低。因此，堆肥腐熟度可以通过堆肥产品对种子发芽及植物生长的抑制程度进行评价（Zucconi et al.，1981a）。加拿大政府以种子发芽率作为评价堆肥腐熟程度的指标，规定当水芹的种子发芽率达 90%时，表示堆肥达腐熟。根据 Zucconi 等（1981b）报道，目前常用的发芽系数被广泛用于堆肥腐熟度评价，此方法可以有效地反映堆肥的植物毒性大小，它不仅考虑了种子的发芽率，还考虑了植物毒性物质对种子生根的影响。一般认为，当种子的发芽系数大于 80%时，表示堆肥已达腐熟，这是一个使用比较普遍的评价指标。通过种子发芽试验检验堆肥的植物毒性是目前常用的生物测试方法，它受堆肥产品各方面性质的影响，是一个综合性的指标，且操作非常简单，对设备要求低。此外，堆肥产品最终必将用于植物生长中去。因此，种子发芽试验评价堆肥腐熟度具有较强的说服力，是一种可靠的生物测试方法。但是此方法尚存在一些问题，不同植物种类对植物毒性的承受能力和适应性存在很大差异，供试种子的类别与其休眠期等会对检测结果产生较大影响。

二、清洁堆肥过程中养分保留

堆肥过程中微生物起主导作用。图 5-2 为堆肥过程中有机物分解示意图，微生物分解吸收利用堆肥物料中有机组分来供给其生长发育，在此过程中发生一系列复杂的物理化学及生物反应。堆肥过程的不同时期主要以不同温度范围划分，图 5-1 介绍了堆肥过程与其温度变化规律，不同阶段优势菌群亦有所不同，微生物生命活动也有不同，堆肥整个发酵过程可以分为升温阶段、高温阶段（微生物活动最为剧烈，同时也是大量氨气在有机氮的分解下产生）、降温阶段和腐熟阶段（腐殖物质形成的主要时期，也是决定堆肥腐熟度主要时期）。堆肥过程中微生物对有机物料的分解利用的同时也产生了大量的气体，而这也是除了考虑堆肥处理中渗滤液流失外最主要的元素流失途径。堆肥体系中磷、钾元素损失很少，主要以碳素和氮素为主。散失到大气环境中的气体如二氧化碳、甲烷、氧化亚氮和氨气等，一方面对全球大气环境带来一定的危害，同时也降低了堆肥的养分元素含量，而这部分则容易被生产企业忽视。随着堆肥的进行，有0.02%～9.9%的初始氮素会以一氧化二氮的形式释放，而甲烷的释放可占到总有机碳的0.1%～12.6%。如果能明晰这些污染气体在堆肥过程中的排放机制，同时研发有效的元素保留技术，这不仅有利于减少过程污染，同时提高堆肥处理的养分保留效率，体现了清洁堆肥的环境友好性与经济价值。在这些排放的污染气体中，通常受关注的是以二氧化碳和甲烷为代表的碳素损失和以氨气与氧化亚氮为主的氮素损失。近年来，国内外对堆肥过程中气体排放机理与减排技术做了大量的研究，并取得了显著的成果。

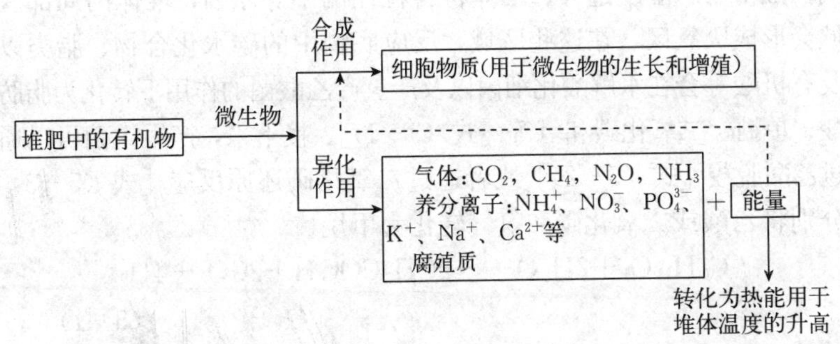

图5-2　堆肥过程中有机物分解示意

1. 碳氮元素损失机制

(1) 二氧化碳产生机理。好氧堆肥是指在有氧的条件下堆肥微生物降解有机固体或半固体废弃物，产生热量、二氧化碳、水等，且伴随堆体温度的升高和有害病原菌、草籽的灭活，并最终产出有机肥料的过程。二氧化碳的产生主要通过堆肥体系中微生物的呼吸作用，微生物在堆肥前期大量利用有机废弃物中的水溶性有机碳，同时分解易降解有机物，以吸收提取供自身生长发育的能量，在此过程中，大量的有机碳源被微生物吸收利用，并通过呼吸作用逸散到空气中。因此，堆肥过程中二氧化碳的排放规律同样可以在一定程度上代表堆肥中微生物的代谢活性变化，且与堆肥的温度有很好的相关性，堆肥高温期为二氧化碳释放的主要时期。通过呼吸作用释放的二氧化碳，占据了堆肥体系中碳元素损失的主要部分，而其挥发速率也代表了微生物的活性。因此，除了通过添加吸附材料进行吸附固定外，在一定程度上控制微生物活性，可以保证堆肥处理效率的同时实现一定的碳素保留目的。

（2）甲烷产生机理。甲烷是有机物厌氧分解过程的产物，甲烷的释放可占到总有机碳的0.1%～12.6%。在堆肥前期，随着有机物的快速分解，甲烷释放量与堆体的温度、二氧化碳的释放量有着很好的正相关关系。尽管好氧堆肥过程中通过不断曝气以维持堆肥体系内部微生物生命活动所需的氧气供应，但是由于固相体系中空气扩散不均、湿度过大、堆体材料粒径偏小等原因，堆体的局部区域会形成厌氧区，在这些区域，反应底物中的碳水化合物、脂类以及有机酸等会在水解酸化细菌以及产氢产乙酸菌的作用下转化为脂肪酸、单糖、二氧化碳和氢等［式（5-1）］。接下来，产甲烷菌可以通过乙酸脱羧［式（5-2）］或者通过二氧化碳还原反应［式（5-3）］分别将乙酸或二氧化碳和氢气转化为甲烷。

$$C_6H_{12}O_6 + 2H_2O \longrightarrow 2CH_3COOH + 2CO_2 + 4H_2 \quad (5-1)$$

$$CH_3COOH \longrightarrow CH_4 + CO_2 \quad (5-2)$$

$$4H_2 + CO_2 \longrightarrow CH_4 + 2H_2O \quad (5-3)$$

值得注意的是，自然界中还普遍存在一类能够氧化甲烷的微生物——甲烷氧化菌。甲烷氧化菌能够将甲烷氧化为二氧化碳。因此，自然界中的绝大部分甲烷在进入大气层前会被氧化，根据是否能够利用环境中的氧气作为电子受体，可以将甲烷氧化菌分为好氧甲烷氧化菌和厌氧甲烷氧化菌两类。其中，好氧甲烷氧化菌均为革兰氏阴性细菌，可以直接利用甲烷作为碳源和能源。相比而言，厌氧甲烷氧化菌则主要利用硫酸盐、硝酸盐、亚硝酸盐以及铁、锰和高氯酸根等。一般而言，好氧甲烷氧化菌生长速率更快、倍增时间更短，可以被培养以用于好氧堆肥过程中甲烷的减排中，提高碳素保留率。

(3) 氨气产生机理。堆肥中氮的形态主要有铵态氮、硝态氮和有机氮，其中有机氮占总氮 90%左右，是氮素的主要存在形态。好氧堆肥过程中氮素转化和损失的相关途径主要有氨化作用、硝化作用、反硝化作用和生物吸收作用。好氧堆肥初期，微生物快速降解矿化物料中的有机氮，并通过氨气直接挥发，或者转化为铵态氮，随着堆肥过程中物理化学及生物指标的变化，又可作为氮源被微生物同化，也可被硝化细菌转化为硝态氮，或者以氨气形式挥发损失以及在厌氧条件下发生反硝化脱氮损失，即堆肥过程中氮素主要以气态氮化合物如氨气、一氧化二氮、氮气的形式挥发。据报道，畜禽粪便好氧堆肥过程中的氮素损失不可避免，但不同堆肥物料的氮素损失程度有所不同，有 9.6%～46%的总有机氮是以氨气的形式损失。

堆肥过程中氮素的转化途径如图 5-3。

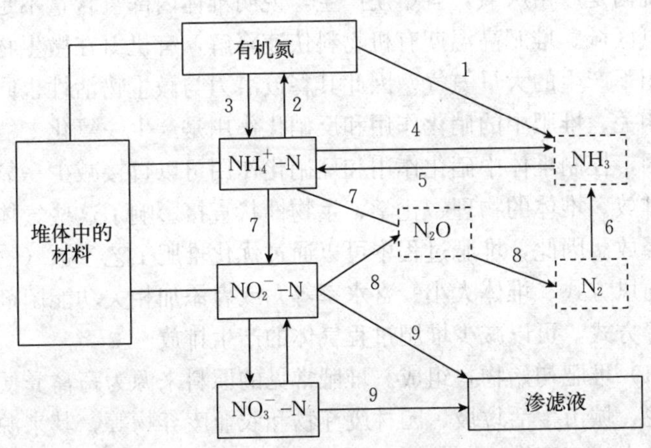

图 5-3　堆肥过程中氮素的转化

1. 氨化作用　2. 固持作用　3. 矿化作用　4. 挥发作用　5. 溶解作用
6. 固氮作用　7. 硝化作用　8. 反硝化作用　9. 淋溶作用
(Jia 等，2015)

（4）一氧化二氮产生机理。一氧化二氮的产生与畜禽粪便处理过程中的氮素转化密切相关。在好氧条件下，堆体中的含氮有机物分解为铵根离子，之后在不完全硝化的作用下铵态氮转换为一氧化二氮。在厌氧区域，堆肥过程中形成的硝态氮则可能通过不完全的反硝化过程形成一氧化二氮。在有机废弃物堆肥过程中，由于氧气分布不均，造成堆体内有氧和无氧共存的状态，一般会在堆体表面发生硝化作用，而内部发生反硝化作用。尽管如此，反硝化过程是堆肥过程中一氧化二氮释放的最主要的来源。此外，近来也有许多研究表明，反硝化作用不仅发生在厌氧条件下，在有氧条件下也能发生反硝化作用，称为好氧反硝化。

2. 堆肥过程中养分元素的保留 堆肥的碳氮元素损失主要通过气体挥发所致，因此基于上述关于气体产生的分析，降低堆肥过程中气体的释放，可以提高堆肥品质，降低堆肥的环境污染。二氧化碳是堆肥物料中微生物生命活动的产物，与堆肥过程密切相关。产甲烷菌是严格厌氧，有甲烷产生，说明堆体内部氧含量不足，产生厌氧区域。堆肥高温期有机物料快速降解，有机氮在微生物的分解作用下产生的大量氨气，因此其释放潜力与微生物活性也同样是密切相关。堆肥中的硝化作用和反硝化作用是产生一氧化二氮的直接原因，控制堆体中硝化作用和反硝化作用可以直接减少一氧化二氮的排放。堆体的物理、化学、生物性状直接影响了这些气体的产生与释放。因此，堆肥过程中可以通过优化堆肥工艺参数（物料成分、通风方式、堆体大小、含水率等）或者添加相关功能菌剂和调理剂等方式，可以减少堆肥过程气体的产生排放。

（1）堆肥初始物料组成。堆肥常见的原料来源为畜禽粪便、市政污泥、城市生活垃圾、园林废弃物和农业废弃物等，其来源成分差别较大。不同堆肥原料中碳氮元素的结构与性质有所差异，对于如畜禽粪便，污泥和生活垃圾等，其组分中纤维素较少，易降解有机碳含量较高，相对的堆肥过程中微生物较为容易获取碳源。而园林废弃物中纤维素含量较高，氮素含量较低。研究发现，堆肥物料的有机物组成不同会影响堆肥过程中二氧化碳的累计排放量，可溶性含碳有机物含量较低时碳素损失也相对较低。同时，在堆肥中添加一些“惰性有机碳”如生物炭等，可以促进腐殖物质的转化，起到固定碳素、减少损失的效果。

（2）含水率。含水率是影响堆肥中气体排放的因素之一，堆肥物料含水率一般建议维持在50%～70%，以60%为宜。当堆肥物料中含水率较高时，堆体密度大，空气难以进入堆体，造成厌氧区域增大，产生更多甲烷，不利于好氧微生物的生长繁殖。因此，控制堆肥物料的含水率对于降低堆肥过程中甲烷的排放具有一定的意义，同时可以保证堆肥过程的顺利进行。一氧化二氮的排放在堆肥初始阶段，高温期和后腐熟期均有被检出的可能性，这也是伴随硝化反应和反硝化反应而产生。相比而言，堆肥前期的堆体温度较高，硝化反应受到高温抑制而较弱，因此控制适宜的含水率，可以很好地防止反硝化反应的发生，降低 N_2O 的产生。

（3）pH。堆肥物料的pH对气体的产生有一定影响。随着堆肥过程中物料的分解，会产生一些小分子有机酸，可能会造成物料pH降低，而酸性环境不利于微生物生存，造成高温期缩短、有机物的降解受阻、堆肥处理效率下降。氨气的产生有两条途径，分别为有机氮的分解和铵态氮的转化。由此可以看出，堆肥物料pH过高，在碱性条件下 OH^- 的存在可以促进铵态氮向氨气转化，增加氮素损失的风险。因此，控制合理的pH范围，也可以有效减少元素损失。

（4）通风方式。好氧堆肥的氧气供应是保证微生物正常生命活动的必要手段。常见的供氧手段是强制通风，通风速率越大，堆体内部厌氧区域越小，抑制产甲烷菌活动，减少甲烷产生排放。当通风量大时，堆肥内部氧气充足，微生物的生长繁殖旺盛，大量的可利用碳源被微生物分解利用，其呼吸作用同样增强，导致二氧化碳的释放量增大，有机碳以二氧化碳形式损失。同样，在工业化生产过程中经常采用的条垛式和槽式发酵堆肥，除了自动强制曝气外，堆肥物料的翻堆是常见的兼顾控温和供氧的工艺技术，翻堆会将原有堆体内部厌氧区域破坏，定期翻堆会大大减少甲烷的产生，促进堆肥物料的快速分解，同时也有研究发现，过多的翻堆会使氨气释放量增加，因此翻堆次数应该控制在合理范围内。现在一些堆肥厂也经常将温度作为翻堆频率的控制因素，当温度升高到60 ℃左右时，即进行一次翻堆，通过温度的变化来调节翻堆频率。另一方面，堆体体积大小影响甲烷产生，堆体体积越小有利于通风过程中氧气的均匀分布，减少厌氧产生，降低甲烷排放。堆体高度也会影响甲烷排放，高度越高，堆体孔隙度越小，堆体中含氧量降低，甲烷排放越多。

（5）堆肥方式。在自然堆肥、条垛式堆肥、反应器式堆肥和槽式堆肥中，自然堆肥排放的甲烷明显多于其余3种堆肥方式。现在工业化生产中经常采用条垛式堆肥、反应器式堆肥和槽式堆肥3种堆肥方式，但目前市场上以槽式堆肥和条垛式堆肥为主，因为在考虑处理能力、建设成本和操作方法等因素下，二者明显优于发酵仓式堆肥。但在考虑场地面积、当地气候的条件下，反应器式堆肥也具有一定优势，尤其是在土地价值较高或气温常年较低的区域。因此，综合地理因素、原料理化性质和建设成本等因素进行有效的管理优化，采用更适宜的发酵方式。相比而言，条垛式堆肥是较为常见的堆肥方式，且能有效防止厌氧区域的生成，降低甲烷的产生。

（6）碳氮比（C/N）。堆肥物料的碳氮比是一个评价堆肥初始物料配比的重要指标，同样也可以有效地评价堆肥腐熟度。堆肥物料的碳氮比显著影响堆肥进程和元素转化。当堆体物料的碳氮比较高时，微生物可利用氮源较少，阻碍了微生物的生长发育速率，导致堆肥周期延长，堆肥温度难以升高，无害化处理效率降低；而过低的碳氮比代表碳素不足，可利用氮源较多，微生物细胞合成受阻，常常导致氨气释放增加，氮素损失加大。因此，控制碳氮比可以减少氮素损失。初始碳氮比通常以25左右为宜。

（7）微生物接种剂。微生物接种剂可以加速堆体升温，延长高温期，加快堆肥腐熟时间，在堆肥过程中对有机物质的降解起着重要作用。目前，微生物接种剂引入到堆肥中也可以减少气体释放和元素损失，其作用方式表现在降低与产气相关的功能基因丰度和增强堆肥体系中的硝化作用等方式，减少甲烷和氧化亚氮的生成，调节堆肥体系中碳氮的代谢。例如，在堆肥中添加亚硝酸盐硝化菌的功能菌剂，可促进 NO_2^- -N 向 NO_3^- -N 转化，进而减少堆肥中氧化亚氮的排放。堆肥中接种淀粉芽孢杆菌和灰绿曲霉的复合菌剂，明显减少牛粪堆肥过程中甲烷产生量，实现堆肥快速腐熟和无害化。接种外源菌剂还可以快速降解木质素，加快堆肥腐熟进程。目前，对应用于加快堆肥过程中废弃物降解速率的微生物已有大量研究，其大多是对纤维素、木质素具有高效分解能力的好氧微生物，如白腐真菌、链霉菌等。然而，要减少堆肥碳素的损失、开发低碳堆肥技术、降低堆肥过程中温室气体的排放量，需要获得能够促进腐殖质生成的微生物。据报道，一些放线菌对纤维素、木质素的降解过程中二氧化碳产生量较少，同时其初级代谢生成大量腐殖质形成的前体物质。

（8）营养调节剂。堆肥过程中微生物的活性起着重要作用，加入营养调节剂可以减少堆肥过程中温室气体的产生，还可以作为堆肥过程中的养分元素，如一些含磷、硫和镁的一些化合物。堆肥过程中添加磷酸根和硫酸根可以通过形成稳定的磷酸铵和硫酸铵等化合物来实现固氮。例如，镁橄榄石可以降低一氧化二氮的产生排放；在堆肥中添加过磷酸钙，将堆体内的铵根离子（NH_4^+）和过磷酸钙中的钙离子（Ca^{2+}）进行交换，可以减少一氧化二氮的产生，降低堆肥中氮素的损失。在畜禽粪便堆肥中加入过磷酸钙，过磷酸钙可以增加硫酸根离子（SO_4^{2-}）的浓度，影响堆体中氧化还原电位，从而抑制产甲烷菌的数量和代谢活力，降低甲烷排放量。此外，堆肥中加入硝化抑制剂、磷石膏、过磷酸盐、二氰二胺（DCD，一种硝化抑制剂）、氢氧化镁和磷酸等均可以有助于减少堆肥过程中的元素损失。其作用机理主要为：与离子态养分元素形成难溶性化合物，从而达到固定化的目的；抑制相关功能基因的表达，减少气体释放等。

（9）调理剂。调理剂按是否参加堆肥发酵过程可分为活性调理剂和惰性调理剂。活性调理剂本身为容易降解有机物，堆肥过程中参与微生物降解有机物的过程；而惰性调理剂就是在堆肥过程中不被降解的，只是起到调节堆体的物理结构和堆肥品质的作用。活性调理剂有稻草、秸秆、锯末、树叶、蘑菇渣等，惰性调理剂有碎轮胎、粉煤灰、沸石、塑料、矿渣、膨润土、黏土等。

调理剂是一种堆肥改良剂，通常用于改善物料孔隙度，为堆肥原料提供空气流通的空间，并调节废弃物的含水量、碳氮比等。当堆肥物料中水分含量大、颗粒细时，造成堆体中通气性能差，常常需要加入一些质地疏松的物料，如锯末、秸秆、木屑、蘑菇渣和粉碎的废橡胶轮胎等，增加堆肥孔隙度，调节物料含水率以及堆肥物料的通气性能。活性调理剂的主要作用体现在调节物料碳氮比，孔隙度和含水率方面。而惰性调理剂（也就是外源添加剂）如沸石和膨润土等，除了有上述功能以外，也可以在物料中通过物理吸附、离子交换和氧化还原等作用来吸附固定养分元素和释放的气体及钝化重金属。在堆肥中使用蘑菇渣、玉米秸秆和木屑堆肥时，都能够降低温室气体甲烷产生，其中木屑处理效果最好。腐熟堆肥也可以作为调理剂，按一定比例加入堆肥物料中，起到减少污染气体排放的效果。目前，研究发现的具有降低气体释放、固定养分元素的添加剂有以沸石、膨润土为主的黏土矿物、石灰（添加比例不得大于1%）、生物炭等。

生物炭是一种生物质在完全或部分缺氧的条件下经热解碳化产生的一类高度芳香化难溶性固态物质，具有丰富的孔隙结构、较大的表面积、丰富的表面官能团以及较高的化学生物稳定性。作为一种新型的添加剂运用于固体废弃物的好氧堆肥过程中，能够提高堆体的物理结构、改良通气性，促进微生物的生命活动加快堆肥反应的进行。对于甲烷排放来说，生物炭添加能够提高堆体的通气性、减小厌氧区域的面积、提升甲烷氧化菌的活性。同时，生物炭对降低堆肥物料中氮的生物有效性，在亚硝态氮转化为一氧化二氮的反硝化过程方面有一定影响。通过添加调理剂和功能性添加剂，可以有效改善堆肥处理效率，为微生物提供适宜环境，同时固定养分元素，减少碳氮损失，提升堆肥品质。

三、堆肥品质的提升

好氧堆肥为有机固体废弃物的无害化和资源化提供了一条可行之路，其发展既解决了相关的环境问题，同样创造了经济再利用价值，有利于现代农业的绿色健康可持续发展。堆肥的起源可追溯至古代时期，随着社会发展，传统堆肥行业也暴露出了一定的不足，存在着低腐殖化、高生物有效性的重金属、病原细菌、抗生素及抗生素抗性基因残留等发酵不完全问题和发酵过程中难以避免的养分元素损失问题等。因此，清洁堆肥的提出正是顺应社会发展方向的结果，也是顺应了市场的供需要求，体现了清洁高效、环境友好的特点，得到了党和政府的大力支持。

清洁堆肥就是要从源头开始着手，注重原料清洁、堆肥过程污染控制以及堆肥产品的安全与高品质。因此，前文概括了清洁堆肥的生产技术要点，主要从原料选择、设备选型和生产工艺、过程污染控制和腐熟度评价等方面进行归纳总结。堆肥品质的提升，贯穿于整个清洁生产过程，只有各个环节的科学配伍与优化调整才能确保堆肥产品品质的提升。具体而言，提升清洁堆肥产品品质应该从以下几个方面着手。

（1）清洁堆肥原料的筛选与鉴别，明晰不同组分堆肥原料对堆肥体系的影响。堆肥原料是绝大部分堆肥污染物的源头，因此原料筛选鉴别过程一方面可以有效剔除高污染、不适宜采用的堆肥原料，减轻后续的处理压力，避免常见的高浓度重金属和抗生素残留等问题。另一方面可以更好地了解原料性状，有利于优化原料配伍。堆肥原料来源复杂，不同类别的原料特性不同，需要根据其特点有针对性地制定生产配方。

例如，畜禽粪便和污泥等含水率较大，物料颗粒较细且致密，碳氮比较低，需要添加调理剂如秸秆和木屑等调节孔隙度和适宜的碳氮比和含水率等；餐厨垃圾、蔬菜残渣等原料 pH 较低，含水率较高，且较之于畜禽粪便等而言，堆肥发酵升温速率较慢，恶臭问题更加严重；畜禽粪便堆肥中以鸡粪和猪粪的养分含量较高，同时相应的污染也比较严重，羊粪和牛粪等的羊粪含量较低，纤维素含量极高。堆肥原料的选择应当因地适宜，综合考虑原料特性、交通运输和获取难易程度等方面。除了常见的堆肥原料外，也有加入如骨粉、糖渣、糠醛渣、米糠和水解蛋白发酵废渣等当地特有的有机固体废弃物，这不仅拓宽了原料获取范围，同时也可从一些企业中获取廉价的优质堆肥原料。

原料配伍方面，一般最为常见的配方参数以碳氮比为25左右、含水率为60%左右为宜。农户堆制过程中考虑到设备条件的限制，对于混合好的物料必要时可以粗略地通过手握方式进行简单评估，如果紧握时手指缝隙有水滴溢出，松开后能恰好保持握紧时形状，可初步认为含水率达到适宜的范围。

（2）清洁堆肥生产工艺及设备选型，还需结合建设投资、厂区规划用地面积、周边原料种类和当地气候等条件选择适合的有机肥全套清洁生产工艺体系。条垛式和槽式堆肥方式是常用的经济型生产工艺，投资成本较反应器式堆肥低，管理较易。清洁堆肥中除了对生产设备的常规要求外，还需对场地状况和污染物控制设备等方面进行深度考量。例如，条垛式堆肥工艺中发酵场地宜做硬化处理，防止雨水天气下导致的路面泥泞；可以增设污染气体的处理车间，通过吸收液吸收堆肥过程中挥发的二氧化碳、氨气等污染气体，减少环境污染和元素损失；在北方气温较低的地区接种低温发酵菌，提高堆肥处理效率；在有机肥加工过程中，减少以燃煤方式烘干堆肥物料，减少环境污染等。

（3）清洁堆肥的过程污染控制，明晰污染物的迁移转化机理，并针对性地进行管控措施。集约化的养殖业产生了大量含有高风险污染物的有机固体废弃物，其中过量使用的饲料添加剂导致了畜禽粪便中高浓度重金属和抗生素残留，有机废弃物腐败过程中滋生了大量的病原细菌。近年来随着检测技术的发展，发现了引发和传播细菌耐药性的抗生素抗性基因。堆肥品质的提升必然包含污染物的无害化，减少其环境风险。因此，通过优化堆肥工艺参数如物料配比和通风速率等，提高堆肥的无害化处理效率。同时，采用外源辅助技术手段，如添加外源添加剂生物炭、膨润土、过磷酸钙和微生物菌剂等，提高污染物的削减效率，确保堆肥产品的安全性。

（4）清洁堆肥产品的腐熟度评价，提高有机肥料的腐殖化和养分保留率。建立腐熟度评价体系，提高堆肥产品的养分含量与有效性，为生成高品质、环境友好的有机肥料提供有效参考。堆肥过程中气体的释放造成了大量的碳、氮损失，降低了有机肥料的养分元素含量。通过明确气体的产生机理，进而采取必要的养分保留技术措施，主要包括优化堆肥技术参数，确定最优堆肥工艺条件，减少气体的释放。同时，可以采用外源辅助技术，如微生物接种剂、营养调节剂和调理剂等，通过物理吸附、离子交换、氧化还原和提高微生物生物活性等辅助方式进行养分元素保留。堆肥的腐熟程度是堆肥产品品质的重要指标，关系到堆肥的直接农用价值，高腐殖化堆肥可以有效培肥土地，改良土壤，有利于堆肥农用。堆肥腐殖化评价体系可以从物理、化学和生物 3 个方面进行分类，通过表观特征及数值化的参数界定来评价堆肥腐熟程度，有效地确保了堆肥产品的安全性和实用性；严格参照国家制定的有机肥料、生物有机肥及复合微生物肥料的相关技术标准，为堆肥的市场化推广提供了参考标准。

堆肥品质的提升涉及堆肥的整个过程，只有做好清洁堆肥的原料筛选、工艺及设备选型、过程污染控制、养分元素保留和腐熟度评价等几个方面，才可确保产出清洁高效的高品质有机肥料。同时，除了从企业生产技术角度提升清洁堆肥的产品品质外，建立绿色循环农业是堆肥行业的一个发展方向，通过实现种-养-肥的原料与产物的循环转化，可以减少废弃物的产生，实现整个产业链的清洁高效，更加有利于堆肥产品的品质提升，产出更高的经济效益和环境效益。

主要参考文献

Bernal M P, Paredes C, Sanchez - Monedero M A, et al, 1998. Maturity and stability parameters of composts prepared with a wide range of organic wastes [J]. Bioresource Technology，63：91－99.

Chefetz B，Hatcher P G，Hadar Y，et al，1996. Chemical and biological characterization of organic matter during composting of municipal solid waste [J]. Environment，25：776－785.

Hsu J H，Lo S L，1999. Chemica land spectroscopic analysis of organic matter transformations during composting of pig manure [J]. Environmental Pollution，104：189－196.

Jia X，Yuan W，Ju X，2015. Effects of Biochar Addition on Manure Composting and Associated N_2O Emissions [J]. Journal of Sustainable Bioenergy Systems，5 (2)：56－61.

Zucconi F，Forte M，Monac A，et al，1981a. Evaluating toxicity of immature compost [J]. Biocycle，22：54－57.

Zucconi F，Forte M，Monac A，et al，1981b. Biological evaluation of compost maturity [J]. Biocycle，22：27－29.

第六章 清洁堆肥的基质化使用

一、栽培基质的含义

栽培基质是指物理、化学性质达到适宜的标准，可以代替土壤用来进行植物栽培的固体物质。栽培基质最初起源于无土栽培的概念，是指作物周围的土壤环境已恶化，严重影响了作物的产量和品质，人们转而寻找替代品，用固体基质（介质）固定植物根系，并通过基质吸收营养液和氧气，这样所谓的栽培基质就是指代替土壤提供作物机械支持和物质供应的固体介质。栽培基质的概念有很多，比如营养土、容器土壤、容器混合物、生长介质、栽培介质等，这些说法不明确或者容易与其他物质名称混淆，现在常通称为基质，英文常用“substrate”“growing media”“growth media”来表示。栽培基质是一种用来保持和传导物质（水、溶质、空气）和能量（热量）的介质，通常由固体颗粒、基质水分、基质空气组成，其中固体部分用于固定植株并保护植物根系生长，液体部分用于给植物提供水分和养分，气体部分则负责保持根系同外界交换氧气和二氧化碳。目前，基质栽培作为无土栽培的主要形式，已经形成较大规模。

二、栽培基质的物理性状

与土壤物理学相比，无土栽培基质物理学的研究时间较短。尽管栽培基质和土壤都是多孔介质，具有相似的物理性质，但在结构和孔隙方面存在较明显的差别，无法将土壤学的相关理论研究结果直接运用到无土栽培基质研究中。而且，在基质替代土壤进行无土栽培中的实际过程中，基质通常需要更充足的养分以维持植物的生长，其物理性质则常常被忽视，到了植物生长后期，无法进行调整，而要求基质所含的更充足的养分通常是在植物的栽培过程中添加营养液进行补充，否则无法满足植物的需求，完成整个生长周期，基质的物理性质在整个种植过程中没有明显变化，因此就要求基质产品在使用阶段就要有较理想的物理性质。

在无土栽培过程中，密度、孔隙度、吸水性与持水性、透气性等都是反映基质物理性质的重要参数。部分基质的物理与化学性状指标见表6-1。

表6-1 基质物理与化学部分性状指标

名称	范围
容重（克/厘米^2）	0.20～0.60
总孔隙度（%）	＞60
通气孔隙度（%）	＞15
持水孔隙度（%）	＞45
相对含水量（%）	＜35.0
阳离子交换量（摩/千克）	＞0.15
粒径（毫米）	＜20
pH	5.5～7.5
电导率（毫西/厘米）	0.1～0.2
有机质（%）	＞35.0
水解性氮（毫克/千克）	50～500
有效磷（毫克/千克）	10～100
速效钾（毫克/千克）	50～60

1. 密度 密度是指单位体积下基质的质量，国际上以克/厘米^{3}来表示，国内有时也用克/升或千克/米^{3}表示。比重与密度不同，比重只计算基质自身所占有的体积，基质中的孔隙的体积不包含其中，密度则将孔隙与基质的体积计算在内。由于其组成成分不同，不同的基质密度会出现比较大的差异。即使是同一种基质，受颗粒粒径大小、紧实程度等因素的影响，其密度也有不尽相同。例如，

新鲜蔗渣的密度为 0.13 克/厘米^3，经过 9 个月堆沤分解，原来粗大的纤维断裂，密度将增加至 0.28 克/厘米^3。在实际生产生活中，许多基质通常是由多种物料混合得到，每种物料的性状共同反映基质的总密度，粒径大小显著不同的几种基质混合后密度会偏大。

基质的密度可以较为直观表达基质的疏松和紧实程度，如果基质的密度过大，基质过于紧实，则通气孔隙较小，通气透水性会较差，易产生基质内渍水，对植物生长不利且不利于基质的加工及运输；而如果密度过小，基质过于疏松，虽然通气透水性能较好，有利于植物根系生长伸长，但起不到固定植物的作用，植物会发生倾倒，不利于管理。此外，如果基质本身有较好的物理性状，如岩棉的纤维较牢固，不易发生折断且高大的植株可以采用缠绳引蔓的方式使植株向上生长，则密度的要求可小一些。通常情况下，基质的密度为 0.1～0.8 克/厘米^3，植物拥有良好的生长效果，日本常见的商品花卉营养基质中，密度基本都小于 0.9 克/厘米^3，绝大多数集中在 0.6～0.8 克/厘米^3。

2. 孔隙度 基质的孔隙度指标包括总孔隙度、通气孔隙度、持水孔隙度以及孔隙比。基质的总孔隙度反映该基质中可供水分和空气容纳的空间的总和。总孔隙度大的基质则密度较小、质量较轻，有利于植物根系生长，但很难起到固定和支撑植物的效果，植物容易发生倾倒，如岩棉、蛭石、陶粒等的总孔隙度在 90%以上；而总孔隙度小的基质密度较大、质量较重，如沙砾的总孔隙度约为 30%。在实际栽培生产中，为解决单一基质总孔隙度过大或过小所带来的不便，通常将不同孔隙度及颗粒大小的基质混合成复合基质来使用。

基质的总孔隙度只能表示该基质中可供水分和空气容纳的空间的总和，不能分别反映其各自能够容纳的空间，因此通常采用通气孔隙与持水孔隙这两个指标进行评价。通气孔隙用来表示基质中空气所占的空间，它主要对幼苗的根系提供氧气。通常而言，通气孔隙是指孔隙直径在 0.1 厘米以上，水分经灌溉后不能被基质的毛细管吸持在这些孔隙中而在重力作用下流出的那部分空间。持水孔隙则是指基质中的水分所占的空间，一般来说，持水孔隙是指孔隙直径在0.001～0.1毫米的孔隙，水分在这些孔隙中会由于毛细管的吸持作用而残留于基质中。基质对水和矿物质等的吸收由基质颗粒间的持水孔隙决定，基质潜在的持水能力也取决于基质的持水孔隙。当基质粒径在0.01～0.80毫米时，有保持较多水分的能力，但当基质粒径增大到6.00毫米时，随着大孔隙逐渐增多，空气占据了基质中的大部分孔隙，当基质粒径大于6.00毫米时，基质中占主要地位的是通气孔隙，持水孔隙将逐渐减小，基质的气水比也因此变大。

基质的孔隙度能够准确的反映基质中的水、气之间的状况，即如果孔隙度较大，则说明基质中空气容积大而持水容积较小；反之，若孔隙度较小，则空气容积小而持水容积大。孔隙度过大，则说明通气过盛而持水能力不足，基质过于疏松，植物种植时要增加淋水次数，这给管理上带来不便；而如果孔隙度过小，则会出现持水过多而通气不足的现象，基质内易储存大量水分，植物根系将生长不良，严重时根系会腐烂死亡，基质中的氧化还原电位也会因此下降，更加剧了对根系生长的不良影响。通常而言，固体基质的大小孔隙比在1∶(1.5～4）植物均能获得较好的生长。

3. 透气性 基质内空气的组成与普通大气主要有以下几点区别：①CO_2含量。基质空气中的CO_2含量高于大气，基质中存在生物的活动包括植物根部的呼吸作用和微生物对有机物降解均能释放出大量的CO_2，非饱和基质空气中CO_2含量高于大气。②O_2含量。基质空气中O_2含量明显比大气低，这是微生物对有机物的降解和植物根部的呼吸作用需要消耗O_2，基质中的微生物活性越高，则O_2被消耗的也就越多，基质空气中的含量也越低，与之相对应的CO_2含量就越高。③基质空气中含有比大气较多的还原性气体。一般情况下，大气中还原性气体极少。当基质的通气性不高时，基质中O_2含量就会下降，在这种情况下，微生物对有机质的分解会产生一定量的还原性气体，如CH_4、H_2、H_2S等。但是，基质空气的组成不是绝对不变的，它会受其他因素如基质水分、基质温度、基质生物活动、基质酸碱度、栽培措施及外部环境等的影响。

基质透气性的好坏是评价基质是否合格的重要指标之一，更是影响植物根部生长的重要因素。适于植物生长的栽培基质能将含水量和气体流通空间保持在一个平衡的状态。如果含水量过多，那么基质中的空气就会被排挤出，造成基质的透气状况下降，从而使植物根部缺乏氧气，这将导致植株生长不良，甚至造成根部发生病害；反之，如果基质透气性太好，则会导致植物缺乏水分。基质适宜的透水性和疏松性有助于植物根部的吸收和生长，尤其在植物根系生长初期尤为重要，同时也有利于后期的生长和开花，对避免根系的病害也有促进作用。如果基质的底物不能渗透，植物根系就容易受到白粉菌和其他真菌和细菌的感染。部分栽培基质往往存在透气性能不佳的缺点，常通过增加松土次数来增加空气的渗透率。

对于基质透气性的衡量一般将通气孔隙作为衡量指标，通气孔隙越大就表示基质透气性越好；而持水孔隙是衡量基质保水性的指标，持水孔隙越大就表示基质保水性越好。一般来说，理想的基质应含有50%左右的固体物质、25%左右的自由孔隙度和25%左右的持水孔隙度。而对于单组分的基质，其渗透性通常不如混合基质好，因此常用的培养基质一般由两种或两种以上组合而成。

4. 吸水性与持水性　水分作为基质的主要组成部分之一，基本参与了基质中各种物质的化学变化和能量转换。植物对水分的吸收利用和基质对植物的营养以及水分供应受水分的形态和数量影响。基质营养物质的有效性取决于基质中水分状况的好坏。因此，对基质中的水分进行合理的调控，是基质栽培生产中最重要工作之一。要保证提供给植物充足而又多余的水分，就要要求基质具有较强的吸水性和持水性能。基质中的水，植物可以吸收利用也可能无法利用，如果水与基质颗粒的表面结合得很紧密，则植物根毛无法对基质中的大多数水分进行有效地吸收利用，而在有机基质或商品基质中，受成分的影响，植物出现无法吸收的水的情况则比较多。

基质的亲水性决定了其吸水性，按照基质吸水性的强弱，可把基质分为两种：亲水性基质和疏水性基质。其中，泥炭就属于疏水性材料，而一些无机基质，如珍珠岩则属于亲水性材料。以泥炭为主的基质如果含水率过低，将很难再吸收水分。因此，可在泥炭中混合一定体积的沙，通常可以提高整个混合基质的吸水能力。而对于大部分的亲水性材料，容易吸水，但失水也快，这种材料的持水保水能力较差，如果混合过量的沙又会增大混合基质的孔隙，从而降低了基质的保水性，通常在混合基质中亲水性材料的比例最好不超过50%。所以，在实际生产中，适宜比例的亲水性材料和疏水性材料共同作为混合基质是保证基质具有适宜吸水性的关键。基质保水能力好，失水率不宜过快，保水时间也不宜过长，否则会对植物尤其幼苗造成伤害，特别是温度波动较强时，幼苗的浇水频率将受基质的持水能力的影响，更不利于幼苗的生长发育。基质克服重力保持水分的能力主要通过毛细管颗粒间细小的孔，高持水性的基质一般含有较多的毛细管，基质的持水性越高则种植时所需浇水次数越少和浇水量越小。即使相同材料的基质由于浇水方式的不同，基质的吸水性也会产生差异，同种基质吸水能力按照从顶部浇灌、滴灌和直接从底部吸水的顺序而下降。不同种类的湿润剂和表面活性剂，如聚丙烯酰胺、水凝胶、羧甲基纤维素等都有增强基质的吸水性的功能，这些湿润剂或表面活性剂可以通过把基质粒子结合在一起，破坏基质表面的水分张力，从而使基质的持水孔隙中有水分进入。有研究表明，在基质中添加这些物质有促进番茄和黄瓜幼苗生长的作用，但是市场上许多湿润剂和表面活性剂都对植物有一定的毒害作用，添加时必须格外注意。

饱和含水量是评判基质吸水能力强弱的重要指标之一。相关研究表明，理想的栽培基质，其饱和含水量至少应不低于60%，而饱和含水量在120%以上的栽培基质植物生长效果最好；当基质的饱和含水量在140%～150%时，大白菜幼苗处于最佳的生长状态；

基质饱和含水量大于150%时，番茄幼苗生长最旺盛。

5. 可利用水　吸收和储存在基质中的水分并不能全部被植物充分利用。基质中的水分分为有效水和无效水两大类。植物仅能吸收和利用有效水部分，即使植物处于缺水状态时，无效水仍不能被植物所吸收利用，依旧储藏在基质中；而能够被植物利用的水分即有效水，基质释放的速度也不尽相同。一般来说，有效水是指基质中水分张力在 1～1 467 千帕的水，但植株的生长常在水分达到1 467千帕之前就受到了抑制。通常情况下，基质中水分张力达到30 千帕以上的水就被视作无效水。植物可以有效吸收的水分其张力在 5～10 千帕，其中水分张力为 1～5 千帕的水被称为速效水，水分张力在 5～10 千帕的水则为缓效水。相关研究表明，在适宜的生长条件下，基质中仅 30%～45%的水分属于有效水分。

三、栽培基质的化学性状

基质的化学性质包括酸碱度（pH）、电导率（EC）、阳离子交换量（CEC）各种营养元素的含量以及基质中各种重金属的含量。

1. pH　通常情况下，栽培基质的 pH 应保持在一个比较稳定的范围内，大多数植物喜欢偏酸性的环境，只有少部分的植物在碱性环境生长更旺盛，所以基质的 pH 一般保持在中性或微酸性状态，实际情况要根据不同植物的喜恶进行调整。通常情况下，如果基质的 pH 过小或过大，都会对植物的生长和其对养分、水分等的吸收造成影响。基质的 pH 会对养分的有效性特别是微量元素的有效性造成影响，同时也会影响基质中微生物的活性，比如镰刀霉在中性到碱性环境中的活性就比在酸性环境中强。对于大部分植物而言，当基质的 pH 大于 5.9 时，立枯病病菌就会大量繁殖。大多数花卉栽培过程中所需的适宜 pH 为 5.0～6.5。

2. EC　基质的 EC 是基质可溶性盐含量的直观表达，EC 的大小也直接影响到基质中营养液的平衡。通常而言，基质中可溶性盐的含量不宜超过 1 000 毫克/千克，理想的基质的可溶性盐含量最好在 500 毫克/千克以下。当基质的 EC 超过 120 毫西/厘米时，就应当停止施肥，需要用水淋洗盐分，以降低可溶性盐的含量，以免对植物根系构成渗透逆境，发生烧苗现象。此外，在使用基质之前，首先要确定基质的导电性，如果电导率高，可以用淡水进行冲洗或进行其他适宜的处理。在实际生产中，几种以农业废弃物为底物的基质电导率普遍偏高，在使用前需进行调节。

3. CEC 是指在 pH=7 时，每千克基质中所含有的全部交换性阳离子（K^+、Na^+、Ca^{2+}、Mg^{2+}、NH_4^+、H^+、Al^{3+}等）的总量，它能够反映基质的保肥能力。CEC 的大小，基本上代表了基质可能保持的养分数量，即保肥性的高低。CEC 的大小，可作为评价基质保肥能力的指标。CEC 是基质缓冲性能的主要来源，是改良土壤和合理施肥的重要依据。营养液平衡也会受到基质中 CEC 的影响，但有可能会导致营养液的组成难以监测和控制。当基质的 CEC 较高时，能暂时储存较多养分，减少养分流失，对基质营养液的 pH 有一定的缓冲作用，即使在断续时期，植物根系对养分的吸收也基本不会受到影响，因此可以保证基质在两次施肥的间隙始终确保提供充足的植物所需养分，同时还可以防止养分被淋溶而造成损失。并不是所有的基质都有较高的 CEC，一般情况下，有机的基质如泥炭的 CEC 较高，而有些无机基质如珍珠岩的 CEC 就偏低，有的基质如沙的 CEC 趋于零。

4. 营养元素含量 在实际生产中，无土栽培基质的主要作用是被当作植物的载体用于固定植物并引导根系的生长，从而起到支撑植物地上部分的作用，而营养元素主要是通过人为添加来提供，因此低养分是基质的特点之一。种子育苗在前两周的生长阶段所需养分不多，基本不用额外提供养分，因为在这期间主要依靠胚乳提供充足的营养元素。基质的这一特点增加了基质内营养元素的可控性，并可以避免一开始养分过剩而对种子造成盐害等影响。

5. 重金属含量 限制堆肥产物利用的主要因素就是产物中的重金属可能在土壤中积累或者被植物吸收从而造成土壤或植物重金属含量超标。一些国家针对重金属含量较高的污泥、畜禽粪便产品制定了严格控制标准。有研究指出，城市垃圾堆肥在钙质土中施用时，虽然可溶性重金属含量超过标准，并使土壤重金属含量超标，但并没有影响番茄和西葫芦中重金属的含量。而畜禽粪便含较高浓度的 Cu（14.1～1 666 毫克/千克）、Zn（79.5～11 604 毫克/千克）、As（0.42～88.97 毫克/千克）、Cr（0.05～421.76 毫克/千克），在长期施用畜禽粪便的土壤中监测到 Zn、As 的浓度较高。

四、当前常规基质及存在问题

基质作为植株种子及幼苗的生长场所，为种子及幼苗生长提供了的必需生长元素，如水分、养分、温度等，同时起到提供养分和固定种子幼苗的作用。在我国农业和林业的幼苗栽培过程中，仍选用泥炭为主要材料制成的基质。泥炭是一种有机矿产资源，经过几千年的腐殖化，在厌氧和较大的湿度环境中，由植物残渣组成，主要有纤维、粉状泥炭和长纤维泥炭三类。泥炭作为目前市场上最受欢迎的育苗基质材料，其特点也较为显著，有机质和腐殖酸含量高可以为幼苗提供充足的养分，其疏松多孔和透气性好等优点有利于保水持水和植物的吸水，而其中高位泥炭作为泥炭中的一种被发现最适合作为育苗基质。然而，泥炭在全球的土壤碳系统中也起到了非常重要的作用，而由于这些年泥炭被大量的开发利用，碳系统遭到了破坏，释放出了大量的温室气体如二氧化碳、甲烷和一氧化二氮，对全球的生态环境造成了严重的影响。此外，泥炭资源是经过几千年的腐殖化形成的，属于不可再生资源，开采后该地区环境也将被彻底破坏，对环境造成不可修复的影响。泥炭在我国分布并不平衡，主要分布在西南和东北。而适合作为基质的高位泥炭主要分布在长白山地区及大兴安岭和小兴安岭地区。同时，泥炭在运输这一环节上存在相当的难度，运输的成本普遍很高，这些因素都限制了泥炭作为基质的广泛应用。因此，用其他原料如有机固体废弃物代替泥炭作为主要的育苗基质已成为主要的研究方向。

相关研究表明，城市固体废弃物可作为泥炭的代替物成为育苗基质的材料，将锯末、牛粪、葡萄渣、椰子壳纤维等有机物料作为育苗基质材料也起到了较为理想的育苗效果，而猪粪和农林有机废弃物经过堆肥发酵后的产物作为基质也可以用于番茄和莴苣的育苗。因此，研发物美价廉可大量使用且对环境无副作用的有机替代基质是目前无土栽培基质研究的重难点。椰子纤维作为椰子加工业的副产品，在作为栽培基质方面有许多优点：松散多孔，适宜的纤维长度和良好的通风性能以及矿质元素含量较高，是有机泥炭比较理想的替代品。但是在生产实践中发现，大多数替代基质都容易受到地理条件的限制，如椰子的主要产地是海南，因此如果选用椰子纤维作为基质材料，运输成本过高，不宜大规模推广。此外，有机替代基质的性能也不稳定，在实际应用过程中可能会导致幼苗死亡或植株长势弱，叶色发黄，植株矮小。由于泥炭有机替代材料的局限性和成本过高，而且基质的稳定性较差，不适合推广用于工业化生产和大规模使用。因此，研发稳定性强且适合大规模生产和大规模使用的基质是当前的第一要务。

五、有机废弃物堆肥的基质化使用

堆肥通常是指通过人为调控有机废弃物中的碳氮比、水分含量、酸碱度等参数，使之符合微生物生长条件，快速繁殖并降解粪便中有机物质，从而产生高温，杀死其中病原微生物，最终生成稳定的可供植物利用的氮、磷、钾化合物及腐殖质的一种生物化学过程。一般来说，堆肥分为好氧堆肥及厌氧堆肥两种，前者是在氧气存在条件下，微生物将粪便中有机物降解的过程，其代谢产物为水、二氧化碳及大量热量，后者是在厌氧条件下才能发生的反应，代谢产物主要有甲烷、二氧化碳及有机酸。相对而言，好氧堆肥后的有机废弃物具备水分含量少、臭味小、营养物质含量高等诸多优点，一直以来都是人们堆肥的主要方式，应用更为广泛。有机废弃物堆肥基质化利用部分指标的特征及评价如表 6 - 2 所示。

表 6-2　有机废弃物堆肥基质化利用评价指标

项目	腐熟特征	特点与局限性
温度	55 ℃以上的高温必须维持 3 天以上，腐熟温度接近环境温度	最简捷的检测指标之一，但堆体各区域温度分布不均衡
颜色	黑褐色或黑色	由于原料不同，难以建立统一的色度标准
含水率	初期控制在 60%～65%，腐熟后含水率<45%	定量
气味	具有森林腐殖土或潮湿泥土的气味；无原料的异味或氨臭味，不吸引蚊蝇	难以定量，只能从表观上判定，不够灵敏
体积	较堆腐初期下降 30%～50%	定量，堆体体积统计难
固相碳氮比	(15～20)：1	较常用
酸碱度	后期稳定	测定简单，受原料影响大
电导率	后期稳定	测定简单，受原料影响大
阳离子交换量	不稳定	受原料影响大
总有机氮	含量下降	表征降解程度，常用指标
NH_4^+-N 含量	<4%	常用指标
NO_3^--N 含量	<4%	常用指标
腐殖质参数	后期稳定	表征降解程度，常用指标

将堆肥应用于栽培基质，不仅要求堆肥要达到完全的腐熟，更要求堆肥产物拥有适宜的物理和化学性质及适量的养分，如颗粒的大小、孔隙度、持水力、电导率、酸碱度等，这些物理化学性质在一定程度上比堆肥产物中的养分含量更加重要，后者可以通过后期人为添加来达到要求的养分含量，若物理、化学性质无法满足，则将会导致植株生长受到影响甚至无法用于栽培基质的使用。而堆肥产物一般都具有高孔隙度、气容量及低持水力等特征，其盐分和养分含量也处于较高水平，当把堆肥用于目标植物和幼苗的基质时，

这些都是影响植物生长的重要因素。随着我国栽培面积的扩大，无土栽培因其不受地方的限制、节省养分和水分、清洁卫生、病虫害少、基质轻便、产品质量高等众多优点被越来越多地运用到园林植株和幼苗的种植中，得到了极大的推广，而基质栽培又是无土栽培中最经济的一种方式，有着良好的发展前景。在目前市场上的一些常规基质中，以有机废弃物堆肥的价格最低。

1. 蚯蚓堆肥基质化　蚯蚓堆肥是指将蚯蚓引入到有机废弃物处理技术中进行的堆肥处理过程。蚯蚓俗称地龙，生活在土壤中，昼伏夜出，以新鲜或半腐解的有机物质为食，连同泥土一同吞入。蚯蚓能利用自身丰富的酶系统（蛋白酶、脂肪酶、纤维酶、淀粉酶等）将有机废弃物迅速彻底分解，转化成易于利用的营养物质，从而加速堆肥腐熟过程。蚯蚓堆肥的腐熟程度与有机物料的蛋白质、脂肪和碳氮比及有毒物质含量等有关，还与单位体积物料中蚯蚓投放密度及堆制环境的温度和湿度有关。

蚯蚓堆肥作为堆肥的一种，其产物是一种黑色、粒径均匀并且有土壤味道的细小颗粒，具有良好的通风性、排水性和高保水性。因此，根据其理化特性和生物学特点，蚯蚓堆肥可以作为泥炭的代替品成为一种理想的育苗基质材料。一方面蚯蚓堆肥的比表面积较大，微生物可以附着在其中生长，且蚯蚓堆肥拥有良好的吸收和维持营养物质的能力。另一方面，蚯蚓堆肥的团粒结构等特点使其可以给植物提供大量的能够直接吸收利用的营养元素。蚯蚓堆肥还具有提高土壤有效养分含量、腐殖酸含量和阳离子交换性能的优点，并可以将原料中的有机物转化为腐殖质复合料。此外，添加蚯蚓堆肥在一定范围内能够促进目标植株种子的萌发从而改善种子发芽率，促进幼苗生长和作物成熟，提高作物的质量和产量。

与工业泥炭基质相比，蚯蚓堆肥作为栽培基质含有植物生长的大部分养分和其他必需的营养物质（磷、钾等），能够提高黄瓜幼苗的相对生长率，促进卷心菜和辣椒幼苗的生长。用蚯蚓堆肥代替泥炭作为基质，不但可以改善番茄幼苗的品质，还能提高番茄种植后的产量和品质。而且蚯蚓堆肥基质的优点不仅体现在提高种子发芽率、改善植株品质等方面，还可以防止病菌的危害，抵御病害菌对植株的侵害，如使用蚯蚓堆肥基质后，番茄中的疫霉和尖孢镰刀菌的生命活动受到抑制，且随着蚯蚓堆肥用量的增加，抑制程度也随之加强。而且经蚯蚓堆肥基质培养的幼苗移栽后，不存在连作障碍，可以显著提高西瓜品质。蚯蚓堆肥基质还能起到提高作物幼苗抗扭转性能的作用，如黄瓜和西瓜在蚯蚓堆肥基质下的插苗相比较于普通基质就会表现出较强的耐热性。综上所述，蚯蚓堆肥作为栽培基质，能够不同程度地促进植物生长，增加产量，提高质量，减少病虫害的影响，并且蚯蚓作为一种常见的生物广泛存在于自然界中，可广泛用于堆肥，且成本低廉，因此建议在工厂化育苗中加以应用。

2. 禽畜粪便堆肥基质化　畜禽粪便主要是指畜禽养殖业中产生的一类有机固体废弃物，包括猪粪、牛粪、羊粪、鸡粪、鸭粪等。畜禽粪便中含有丰富的有机物和氮、磷、钾等养分，同时也能提供作物所需的钙、镁、硫等多种矿物质及微量元素，满足作物生长过程中对多种养分的需要。但若处置不当，大量堆放，畜禽粪便中的有机物经厌氧分解就会产生恶臭、有害气体及携带病原微生物的粉尘，以及畜禽粪便本身含有的重金属和大量致病微生物会对大气、土壤、水和生态环境均造成严重的污染。

畜禽粪便的基质化处理是指在人为控制的条件下，将畜禽粪便堆体的温度、碳氮比、通风等条件控制在一个合理的范围内，通过利用自然界微生物菌剂中的细菌、酵母菌、霉菌和放线菌等多种功能型微生物的发酵降解，将有机废弃物转化成腐熟基质的生物化学过程。禽畜粪便中含有大量有机物质等营养物质，但同时也存在污染物和病原体，通过微生物菌剂对禽畜粪便进行发酵处理，因微生物菌剂中的微生物菌群含有大量的具有降解功能的酶，可有效降解粪便中的有机物和污染物，具有保护环境和资源循环利用的重大意义。另外，微生物还能使禽畜粪便迅速升温，并在 50 ℃以上维持 5～10 天，在这一阶段高温可以杀死绝大部分的病原微生物和害虫等，有利于人类和禽畜生命安全。

基质化处理过程十分复杂，受多种因素综合的影响（温度、含水量、酸碱度、含氧量、有机质含量、碳氮比等），因此将禽畜粪便基质化处理过程中的主要影响因子如温度、酸碱度、含水量等变化情况作为粪便基质化处理效果的重要指标进行监控，有利于掌握发酵进程及微生物发酵剂的筛选。

腐熟度是指有机物堆肥腐熟的程度，即有机物经降解、腐殖化形成稳定腐熟基质的程度。基质腐熟度评价指标一般包括：①物理指标：温度、含水率、酸碱度、颜色、气味等；②化学指标：有机质含量、腐殖质及氮、磷、钾化合物总含量等；③植物学指标：种子发芽率、种子发芽指数；④生物活性指标：耗氧速率以及卫生学指标：粪大肠菌数和蛔虫卵死亡率。目前，大多数研究认为，单一指标是无法客观反应堆肥腐熟程度的，因此需要从温度、含水量、pH、产物的颜色、气味、有机质含量、种子发芽率、种子发芽指数及总氮（N）、磷（P_2O）、钾（K_2O）含量等多方面来反映粪便降解腐熟情况。

3. 农林有机废弃物堆肥基质化 农林有机废弃物是指在整个农业和林业生产过程中被丢弃的有机类物质的总称，是农业生产和再生产链环中资源投入与产出在物质和能量上的差额，也是资源利用中产出的物质能量流失份额。农林有机废弃物作为一种重要的可再生资源和生物质资源，按其成分，主要包括植物纤维性废弃物和畜禽粪便两大类；按其来源，可分为以下几种类型：农林生产过程中产生的植物残余类废弃物，主要包括农田和果园残留物以及森林采伐、木材加工和园林修剪物等；农林业生产过程中动物类残余废弃物；农产品加工废弃物以及农村城镇的生活垃圾。农林有机废弃物中含有多种可利用物质，其中纤维素和半纤维素是重要的两种。纤维素是生物质的重要组成部分，是地球上含量最丰富的可再生资源。

农林有机废弃物主要来源于动植物，与化石能源如石油等相比，其特点如下：①可再生性。传统的化石能源属于不可再生能源，大量使用该种能源会面临严重的能源危机。农林有机废弃物来源于动植物，可以通过植物的光合作用进行再生，与太阳能、风能、潮汐能等都属于可再生能源。②资源丰富。我国是传统的农业大国，是目前世界上农林有机废弃物产生量最大的国家。③可持续性。国家在“十二五”期间就提出了社会发展的可持续性，这其中也包括能源的可持续性。农林有机废弃物由于具有可再生性，因此通过合理的利用、科学的规划可以实现其可持续性。④资源性。农林有机废弃物是人们生产活动过程中产生的副产物，虽含有大量的污染物，但同时也是一种宝贵的生物资源，其中蕴含着大量的农林生产所必需的粗有机质和丰富的矿物质养分，经处理后可转化为有机质及腐殖质，是保障我国农林业可持续发展重要的资源。

典型的农林有机废弃物包括：①菇渣。我国是生产和食用食用菌的大国，据统计，我国食用菌年产量占世界产量的70%以上，约1 000万吨。在种植食用菌的地方，每年都会产生大量废弃的菇渣，菇渣含有丰富的粗蛋白质、粗脂肪和氮浸出物，营养成分相当丰富，同时组成结构相对稳定，其结构呈粒状，因此菇渣是一种理想的潜在的泥炭替代物。②秸秆。秸秆又称禾秆草，是指水稻、小麦、玉米等禾本科农作物成熟脱粒后剩余的茎、叶部分，其中水稻的秸秆常被称为稻草，小麦的秸秆则被称为麦秆。全世界每年可生产20亿吨的秸秆，我国作为农业大国，每年可生产将近7亿吨的秸秆。农作物秸秆属于农业生态系统中一种十分宝贵的生物质资源。农作物秸秆资源的综合利用对于促进农民增收、环境保护、资源节约以及农业经济可持续发展意义重大。相关研究表明，将玉米秸秆和麦秆分别与鸡粪进行复配后的产物用于黄瓜和番茄的种植上，取得了良好的效果；利用玉米秸秆与田园土进行复配，将其利用到茄果类蔬菜的育苗上，生长效果也明显优于土壤。1999年，我国颁布了《秸秆禁烧和综合利用的管理办法》，禁止在规定区域内焚烧秸秆。2015年11月25日，发展改革委、财政部、农业部、环境保护部联合发出通知，要求各地进一步加强秸秆综合利用与禁烧工作，力争到2020年全国秸秆综合利用率达到85%以上。③园林绿化废弃物。园林绿化废弃物，也称为园林垃圾或绿色垃圾，主要是指园林植物自然凋落或人工修剪所产生的枯枝、落叶、落花、草屑、树木与灌木剪枝及其他植物残体等。随着我国城市化进程步伐加快，人们对城市绿地生态系统的关注度越来越高，城市园林绿化的面积不断增加，由此产生的园林绿化废弃物如树木修剪物、草坪修剪物、枯枝落叶等的量越来越大。园林绿化废弃物不当处理，既破坏了城市的生态环境，又造成资源浪费。这些园林绿化废弃物因含有丰富的有机物和营养物而不同于日常生活、医用、工业生产等垃圾，是较为难得的可利用有机资源。其理想的处理方式就是就地腐熟后作为基质。在美国，腐熟树皮或者陈年树皮，由于具有良好的通气性和渗透性能，在基质栽培中被广泛应用。使用园林绿化废弃物可以显著提高黑麦草的产量、干物质的积累量、对氮的吸收量和叶绿素含量等，同时也能明显提高土壤有机质、全氮含量。

4. 城市污泥堆肥基质化 城市污泥是污水处理厂处理污水时的副产物。按照其来源和成分的不同，主要可分为：初次沉淀污泥、剩余活性污泥与腐殖污泥、消化污泥、化学污泥、有机污泥和无机污泥等。城市污泥成分复杂，含有大量的有机物、重金属、盐及各类细菌体，具有一定的生物毒性，未经恰当处理的污泥直接排入环境，不仅会给水体、土壤和大气带来二次污染，降低了污水处理系统的有效处理能力，对生态环境和人类的活动构成了严重的威胁，而且也是对可利用资源的浪费。20 世纪 70 年代以来，随着城市污泥产量的不断增加和随之带来的环境污染问题，以及过去常用的填埋等处理方法的局限性日益突出，寻找一个适宜的科学方法处理城市污泥迫在眉睫，堆肥化技术作为废弃物再利用的典型技术用于城市污泥的处理引起了世界各国的广泛关注，现已成为环保领域内的一个研究热点。如今，越来越多的国家选择堆肥这一处理技术作为污泥稳定化、资源化处理的主要方法。随着我国城市化进程的不断加快，城市污水处理率不断提高，城市污泥的产量越来越大，城市污泥已成为我国各大城市亟待解决的环境问题之一。将污泥堆肥化处理后作为培养基质是城市污泥无害化和资源化的重要途径之一。

城市污泥经堆肥化处理后，不仅可以去除城市污泥本身的臭味，在堆肥过程的高温期，污泥中的大部分病原菌和寄生虫（卵）被杀死，堆肥结束后，大量毒性重金属的活性降低从而达到城市污泥的无害化。此外，经堆肥后的城市污泥中的有机质分解形成了更利于植物吸收的速效养分，堆肥产生的腐殖质也能改良土壤性状，可作为优良的肥料施入土壤中，也可用于无土栽培的基质。因此，污泥堆肥化技术可以达到将城市污泥无害化和资源化的目的。由于污泥本身具有充足的养分，因此经堆肥后的产物也具有充足的营养物质，并且将城市污泥与调理剂及膨胀剂混合在一起进行好氧堆肥时，高温期产生的高温可杀死病原菌、寄生虫（卵）及杂草种子，堆肥过程可使有机物降解，形成类似腐殖质的产物，养分转变为易于植物利用的形态。污泥堆肥化的产品为棕黑色、疏松多孔且具有土壤气味的生物固体，将它代替泥炭用于栽培基质不仅可以促进植株的生长，还是城市污泥资源化的另一个重要方向。

城市污泥作为有机废弃物的一部分，其堆肥后的产物用于栽培基质具有显著的优点：①由污泥堆肥的组分可知，污泥堆肥中不仅含有相当含量的氮、磷，还含有钾、钙、铁、硫、镁等大量元素，同时最终产物中也有植物生长所需的锌、铜、硼、锰、铝等微量元素。而且，氮、磷多为有机态，在栽培基质中可以随着植物的生长而缓慢释放，具有长效性。②与大田作物和蔬菜不同，花卉植物脱离了人们的食物链，为城市园林绿地提供了可观的有机肥。③一般情况下，栽培基地多在城市的郊区地带，污水处理厂也处于城市边缘地区。因此，污泥堆肥的使用地离污泥的产生地和制造堆肥的场地均很近，运输费用大大降低，且城市污泥的堆肥产物密度小，便于运输，而且每个城市都有污水处理厂，因此不受地区的限制，原材料广泛。④污泥中含有的病原菌及寄生虫（卵）等经过堆肥高温处理后，污泥堆肥产物基本无菌，完全可用于无土栽培。⑤用城市污泥堆肥替代化肥或部分营养液，既可减少化肥或营养液用量，又可为污泥找到一个较好的出路，不仅具有较好的经济效益，更有显著的环境效益和社会效益。因此，相对于大田作物和蔬菜而言，污泥堆肥更适合用于花卉植物，尤其是用作栽培基质。

六、存在问题及展望

在当前高度重视环境保护和食品安全的大背景下，随着泥炭这种不可再生资源的减少，利用有机废弃物堆肥生产栽培基质得到迅速的发展。我国有机废弃物的利用率落后于发达国家，而清洁堆肥的基质化使用是有机废弃物经堆肥处理后又一变废为宝的绿色通道。利用有机废弃物这种可再生资源生产多样化、无害化的栽培基质，一方面有助于实现有机废弃物再利用，另一方面有机废弃物是代替泥炭作为无土栽培基质原料的理想物质。但有机废弃物中含有一些有害成分，需要经过特定的工艺处理后才能使用。在我国，有机废弃物清洁化堆肥用作有机栽培基质这一生产技术尚处于起步阶段，还需要从以下几方面开展有机废弃物的基质化利用研究。

1. 加强基质生产的关键技术及工艺设备的研究，降低生产成本 优质基质大规模商品化生产的前提是相关生产工艺与设备的研究，生产技术及工艺的不断革新同时也可以降低生产成本。不同原料的前期处理、有机物料的腐熟发酵、材料配比与调控、基质消毒、性能测试等基质生产工艺，基质生产和应用设备的研发，包括基质生产环节的消毒设备的研发和基质应用环节设施栽培工厂化、自动化生产设备的研发及基质再利用回收装置等，并建立标准基质生产线，这些是大规模生产成熟基质产品的前提，也是未来设施农业发展大势所趋。

栽培基质选用时，除了要满足植物的生长外，还要考虑其经济性。一般来说，选择基质还应注重就地取材、经济适用的原则，充分利用当地资源，这也是不同国家和地区使用不同栽培基质的原因之一。就地使用有机废弃物恰好能够提高其资源化再利用的空间，而且可降低环境污染，减少长途运输的成本，增加就业机会，具有明显的经济效益和社会效益。因此，原料选择应该考虑充分利用当地生物资源，选择适合当地气候与原料特点的堆肥工艺。

2. 健全有机废弃物综合利用的法规和政策及腐熟度评价指标和栽培基质标准　加快有机废弃物基质化利用的进程需要政府相关政策的扶持，建立基质生产标准，并通过减免赋税等办法积极鼓励、引导企业投资，形成完整的产业链，促进农业发展的同时改善生态环境。

现有的腐熟度评价指标种类虽然很多，却普遍存在适应范围较小、无法定量化等缺点，不能满足一线生产的需要，另外很多腐熟度指标测试过程较为繁琐，超出生产单位的经济负担能力，利用有机废弃物堆肥生产有机基质产品往往存在未充分腐熟发酵的现象，造成果蔬、花木、草坪草等的育苗或栽培遭遇种种生长障碍，如抑制发芽、烧根、僵苗、黄化、生长衰弱甚至死株，主要原因在于原料未充分腐熟发酵，在腐熟分解过程中的中间产物如酚酸类化合物和氨等，成为植物发芽与生长抑制物质残存于产品中，使用后就出现上述生长障碍。所以，有必要建立定量化、适合工厂化实践的腐熟度评价方法，以便于更好地服务于废弃物的资源化利用。而且由于各地用于堆肥的有机废弃物种类、来源不同，造成栽培基质无法标准化生产，理化性质差异较大，产品质量的稳定性无法保证。因此，需要对基质的性状及要求进行标准化。

3. 加强环保型材料在基质品质改良中的应用研究及专用环保型基质的开发　堆肥基质的很多理化指标不能满足植物的正常生长，如酸碱度、电导率偏高及通气透水性不足等。传统上往往采用硫酸进行灌溉水的酸化处理降低酸碱度，通过添加配料改善通透性和吸水性等，但是用硫酸进行灌溉水的酸化处理易导致水污染，另外通过淋洗改良需要大量的灌溉水，添加配料投入大、成本高。类似的这些改良方法可能会污染环境，而且效果持续时间短，影响了花卉的后期生长，容易造成伤害，不是长久之计，且缺乏高性能优良的堆肥基质产品，不同栽培对象、不同地区的气候条件、不同栽培环境等要求的针对性基质更是少之又少。鉴于这种现状，应加强新型基质配方的研究，尝试更多可以提高基质品质的新型添加剂。此外，针对不同特性的植物，对栽培基质进行有效的分类管理，并结合不同原料的有机废弃物的理化性质来开发出一系列专用的环保型基质，以适应不同地域、不同作物、不同档次的栽培基质。

主要参考文献

郭世荣，2005. 固体栽培基质研究、开发现状及发展趋势［J］. 农业工程学报，21：1-4.

李谦盛，郭世荣，2002. 利用工农业有机废弃物生产优质无土栽培基质［J］. 自然资源学报，17：515-519.

刘艳伟，吴景贵，2011. 有机栽培基质的研究现状与展望［J］. 北方园艺，10：172-176.

Barrett G E, Alexander P D, Robinson J S, et al, 2016. Achieving environmentally sustainable growing media for soilless plant cultivation systems - A review [J]. Science Horticulture, 212: 220-234.

Fan R Q, Luo J, Yan S H, et al, 2016. Progresses in Study on Utilization of Crop Straw in Soilless Culture [J]. Journal of Ecology and Rural Environment, 32: 410-416.

Moldes A, Cendón Y, Barral M T, 2007. Evaluation of municipal solid waste compost as a plant growing media component, by applying mixture design [J]. Bioresource Technology, 98: 3069-3075.

Verhagen J B G M, 2009. Stability of Growing Media from a Physical, Chemical and Biological Perspective [J]. International Society for Horticultural Science, 819: 134-142.

第七章 清洁堆肥的产品使用

一、堆肥农用的政策导向

好氧堆肥将不稳定的固体有机废弃物进行资源化和无害化处理，产出具有经济价值的清洁堆肥产品，其制成的有机肥在农业上得到了大量的应用推广。近年来有机肥产业发展快速，增量迅猛。据不完全统计资料显示，我国登记注册的有机肥、生物有机肥企业数量在大幅增长，企业数量超过 3 500 家，商品有机肥年产量超过 1 600 万吨，精品有机肥达到 300 万吨，我国有机肥每年出口量 20 万吨，国际市场对高端有机肥的需求仍在增长。同时，市场的认可度和政府对有机肥业的政策扶持对有机肥企业的销售量有很大影响，有机肥作为绿色环保生态肥料，也得到了政府的大力支持。

有机肥行业的扶持政策始于 2015 年。2015 年 3 月，农业部印发了《到 2020 年化肥使用量零增长行动方案》，明确提出："增加有机肥资源利用，减少不合理化肥投入"。方案强调：积极探索有机养分资源利用的有效模式，鼓励和引导农民积造农家肥，施用商品有机肥；推广秸秆粉碎还田、快速腐熟还田、过腹还田等技术；在有条件的地区，引导农民施用根瘤菌剂，促进花生、大豆和苜蓿等豆科作物固氮肥田。2016 年 5 月，国务院印发的《土壤污染防治行动计划》提出，鼓励农民增施有机肥、减施化肥，在畜禽规模养殖集中区鼓励农作物种植与畜禽粪便综合利用相结合。2017 年以后，此类利好政策再次升级。2017 年 2 月 5 日，中央 1 号文件发布，首次提到"开展有机肥替代化肥试点"。2 月 10 日，农业部印发了《开展果菜茶有机肥替代化肥行动方案》。该方案提出的目标是：2017 年选择 100 个果菜茶重点县（市、区）开展有机肥替代化肥示范，创建一批果菜茶知名品牌，集成一批可复制、可推广、可持续的有机肥替代化肥的生产运营模式；到 2020 年，果菜茶优势产区化肥用量减少 20%以上，果菜茶核心产区和知名品牌生产基地（园区）化肥用量减少 50%以上。2017 年 5 月 31 日国务院办公厅公布的《关于加快推进畜禽养殖废弃物资源化利用的意见》中提出，以农用有机肥和农村能源为主要利用方向，全面推进畜禽养殖废弃物资源化利用，加快构建种养结合、农牧循环的可持续发展新格局。2018 年 7 月 6 日农业农村部印发《农业绿色发展技术导则（2018—2030 年）》，导则中倡导加快绿色投入品的创制，重点研发高效液体肥料、水溶肥料、缓控释肥料、有机无机复混肥料、生物肥料、肥料增效剂、新型土壤调理剂等环保高效肥料，并集成高效复合肥料、生物炭基肥料、新型微生物肥料等新产品及其生产工艺示范。研发绿色生产技术，具体包括化肥农药减施增效技术、基于化肥施用限量标准的化肥减量增效技术、基于耕地地力水平的化肥减施增效技术、新型肥料高效施用技术等。集成一批农作物最佳养分管理技术、水肥一体化精量调控技术、有机肥料定量施用技术、农田绿肥高效生产及化肥替代技术示范。加快高效配方施肥技术、有机养分替代化肥技术、高效快速安全堆肥技术、新型肥料施肥技术等一系列绿色生产技术推广应用。高值化利用农林废弃物，提高资源利用率。

与此同时，农业农村部加快建立农地增施有机肥政策，在中央财政支持下，采取有效措施，鼓励和引导农民增施有机肥，保护和提升耕地质量。从 2008 年起，中央财政每年安排专项资金，实施耕地保护与质量提升项目。截至 2016 年，累计投入 55 亿元，支持农民采用增施有机肥、种植绿肥、地力培肥和土壤改良等综合配套技术，提高耕地土壤有机质含量。鼓励和引导农民积造农家肥，施用商品有机肥。建立推广示范点，从 2015 年起，中央财政每年安排 5 亿元资金，在东北四省区的 17 个县（市）开展黑土地保护利用试点，重点支持增施有机肥、秸秆还田、地力培肥等技术，推进用地与养地结合、种植与养殖结合、工程与农艺结合，保护和提升黑土耕地质量。2018 年农业农村部公布的《对十三届全国人大一次会议第2357号建议的答复》中提到关于出台有机肥生产和施用奖励补助政策的建议。目前，国家对有机肥的生产销售和使用均公布了相应的政策扶持，具体对有机肥生产企业、有机肥原料（畜禽粪便）收储运经营主体、有机肥施用和有机肥生产和施用机械均颁布了相应的优惠政策和给予奖励补助措施。

有机肥行业是顺应时代潮流和社会经济发展方向的绿色环保产业，随着各种优惠政策的相继出台，有机肥行业迎来了蓬勃发展的春天。从这一系列利好政策中，可以看出国家政策对有机肥行业发展的支持力度，同时这也反映出我国自然生态环境现状的根本需求。目前，我国土壤有机质含量平均不足0.5%，土壤修复、提升土壤有机质势在必行，有机肥行业发展潜力巨大，应该抓住有利时机，积极推进供给侧结构性改革。2018年以来有关有机肥行业的利好政策不断出台，农资企业、养殖园区、农民种植养殖专业合作社等对有机肥的关注也随之不断升温，有机肥产业越来越火，迎来前所未有的发展机遇期。2017年在农业部召开的“关于加快推进畜禽养殖废弃物资源化利用的意见”发布会上农业部副部长表示：“以前我们也提畜禽粪污的资源化利用，但主要指的是相关工作，而作为一项制度提出来，这还是第一次。制度本身具有约束性和长期性，是解决畜禽养殖废弃物资源化利用问题的根本措施。”关于有机肥的推广，应在以下四方面重点发力。

1. 强化政策扶持　落实绿色生态导向的农业补贴政策，鼓励农民增施有机肥。采取政府购买服务的方式，支持社会化服务组织，开展有机肥积造、运输、施用等服务。同时，研究出台支持有机肥生产施用的用地用电、信贷、税收等一系列优惠政策，打通种养循环的通路，促进农牧结合发展；落实中央关于健全生态保护补偿机制的有关要求，会同有关部门研究制定鼓励和引导农民施用有机肥料的补助政策。

2. 强化技术推广　针对有机肥生产、积造和施用中的难点问题，组织教学科研推广部门开展联合攻关，集成一批畜禽粪污肥料化利用和有机肥施用关键技术，制定一批无害化处理、堆肥还田等技术规范和标准，指导农民落实好技术措施。

3. 强化示范带动 重点扶持种养大户、农民合作社、龙头企业等新型经营主体应用有机肥，发挥其规模化、标准化、集约化作用，集中力量打造一批有亮点、有看头的示范片，以此辐射带动有机肥的推广应用。

4. 强化宣传引导 采用群众喜闻乐见的形式，宣传绿色发展理念，解读有机肥政策措施和技术模式，让农民群众充分认识到有机肥在提质增效、节本增效和改善环境方面的重要作用，鼓励社会各界积极参与以畜禽粪污为主的有机肥资源的开发和利用。

二、清洁堆肥在农田土壤方面的应用

堆肥在我国具有悠久的历史，自古以来我国农民就有堆肥的传统，十分重视农家有机肥的使用。我国农业生产过程中一直靠有机肥料改良土壤，增加土壤肥力，生产粮食，可见有机肥料在农业生产中起着极为重要作用。在国际上一些如美国、西欧、日本等发达国家，也正在兴起“生态农业、有机农业”，开始重视通过好氧发酵工艺处理农业固体有机废弃物进而生产有机肥料，并把有机肥料规定为生产绿色食品的主要肥源。近年来，随着我国化肥工业得到快速的发展，化肥的使用逐年增加。20 世纪 50～60 年代，有机肥在农业生产中仍起主导地位，肥料施用上仍以有机肥料为主、化肥为辅。1965 年，有机肥的使用量占肥料投入总量的 80%左右。而随着 70 年代我国化肥生产行业的快速发展，在 10 年间化肥的产量由 299.4 万吨（养分）增加到 1 232.1 万吨，增量达到 312%。化肥以其价廉且肥效迅速而迅速在农业生产中得到大量推广，有机肥料的比重下降。1987 年化肥总产量达 1 612.2 万吨，平均亩*施化肥达 27.8 千克。由于化肥中几乎没有有机质，因此长时间施用农田产量逐年下降，农户不得不加大化肥施用量，化肥在总肥料投入

* 亩为非法定计量单位，1 亩=1/15 公顷。——编者注

量的比重大大增加，特别是氮素养分比重超过有机肥，但有机肥在磷、钾养分供应上仍占主要地位。有机肥料中的氮、磷、钾等养分只是有机肥中很小但很重要的一部分，有机肥料的绝大部分是有机物质。有机质是衡量土壤肥力的重要标志，过去几十年中氮、磷、钾养分主要靠化肥来提供，土壤缺乏有机质的补充，由此带来了土壤板结、盐渍化等环境问题。有机肥料在改良土壤、培肥地力方面发挥着重大作用。有机肥料不仅在我国农业生产中有着十分重要的地位，而且使用有机肥料对改善生态环境、保护人民健康方面都有十分重大的意义。堆肥农用的益处有如下几点：

1. 提高土壤养分的有效性 有机肥料含有植物生长发育所必需的各种大量和微量元素，对植物的养分供给比较平缓持久，有很长的后效，是植物矿质营养的直接来源。多数有机肥料含有组成生物体的各种成分，如纤维素、半纤维素、各种糖、蛋白质、氨基酸、酰胺、磷脂等可溶性有机化合物，这些化合物经过各种微生物和酶促反应的矿化分解，产生简单的化合物，作物可以直接吸收利用。有机肥料分解中能产生各种有机酸如草酸、乳酸和碳酸，这些有机酸都是络合物。有机酸与钙、镁、铁、铝离子形成稳定的络合物，可以促进土壤中难溶性磷酸盐的转化，提高磷的有效性。施用有机肥料对加速土壤脱盐、脱碱及减少铬、镉等重金属对土壤的污染，调节土壤酸碱度以及提高农产品的品质也有积极作用。同时，有机肥料施用土壤后，经微生物分解会源源不断地释放各种养分供植物吸收利用，还能不断释放二氧化碳，改善植物的碳素平衡。据报道，蔬菜植物由于有机肥料分解释放二氧化碳，能促进植物的光合作用，有利于产量的提高。

在由国际有机农业运动联合会（IFOAM）制定的《有机农业和食品加工基本标准》中，就有关于肥料使用方面的规定，其要点是增进自然体系和生物循环利用，使足够数量的有机物返回土壤中，用于保持和增加土壤有机质、土壤肥力和土壤生物活性，无机肥料只被看作营养物质循环的补充物而不是替代物，化学合成的肥料和化学合成的生长调节剂的使用，必须限制在不对环境和作物质量产生不良后果，不使作物产品有毒物质残留积累到影响人体健康的限度内。有机肥料含有丰富的有机物和各种营养元素，具有数量大、来源广、养分全面优点，但也存在养分含量低、肥效慢等不足。无机肥料正好与之相反，具有养分含量高、肥效快、使用方便等优点，但也存在养分单一、不能补充土壤有机质的不足。因此，施用有机肥通常需与化肥配合，才能充分发挥其效益。有机肥料与化学肥料相配合施用，可以取长补短、缓急相济。有机肥料本来就有的改良土壤、培肥地力、增加产量和改善品质等作用，与化肥配合施用后，这些作用得到了进一步的提高。自从在农业生产中使用化肥以来，有机肥与化肥配合施用就已经客观存在，只是当时还是盲目配合，还不够完善。20 世纪 70 年代以来，我国化肥发展很快，经过许多科学工作者的研究和广大农民的实践，测土施肥、配方施肥等施肥方法相继在生产中推广应用，使有机、无机肥料配合施用更趋完善。

2. 提高土壤生物活性 畜禽粪便中带有动物消化道分泌的各种活性酶以及微生物产生的各种酶。施用有机肥大大提高了土壤的酶活性，有利于提高土壤的吸收性能、缓冲性能和抗逆性能，同时为土壤微生物活动提供养分和能量。有机物料中的酶类也能改变土壤微生物区系，增加土壤有益微生物群落和土壤酶活性，有利于土壤物质的转化和提高土壤养分的利用率。微生物在生命活动中，产生生物活性物质如维生素 B_1、维生素 B_6、维生素 B_3、维生素 B_{12}、叶酸、链霉素等，对分解有机肥料、提高土壤中的物质和能量转化有重要作用。例如，维生素 B_1 和维生素 B_6 能促进植物根系发育，使作物更好利用土壤中的有效成分，促进植物生长和增强作物的抗逆性。

施用堆肥还可使土壤中的微生物大量繁殖，提高土壤中微生物总量，特别是许多有益微生物，如固氮菌、氨化细菌、纤维素分解菌、硝化细菌等，使得土壤的代谢强度得到增强（仝少伟等，2014）。施用堆肥显著改善了土壤的理化性质，同时土壤理化性质的改善又进一步为微生物的生命活性创造了良好的环境，土壤中微生物的活动又会反过来促进土壤肥力的提升。有研究表明随着污泥堆肥施用量的增加，植物根际土壤中的真菌、放线菌、细菌、纤维分解菌及亚硝酸氧化自养菌的数量显著增加（周立祥等，1994）。土壤中放线菌对土壤腐殖质的形成和分解以及对土壤中其他微生物的调节尤其是病原微生物的抑制都起着重要的作用，因此施用堆肥提高了土壤活性，增强了土壤的自我调节能力。土壤施入堆肥后还能刺激真菌、氨化细菌及硝化细菌数目的增加；微生物的生物量、碳、氮、硫及磷在施入堆肥后显著增加。另外，堆肥的施用对土壤传播的植物病原菌也有明显的抑制作用，使用堆肥后土壤酶（脲酶、蛋白酶、磷酸酶、硫酸酶及脱氨基酶）的活性显著增大（聂文翰等，2017）。

三、堆肥在作物生长方面的应用

近年来，通过好氧发酵处理得到的堆肥开始广泛作为植物生长基质或土壤改良剂，为有机固体废弃物的资源化利用开辟了新的解决方案。堆肥可以为植物生长提供适宜的水、肥、气、热等环境需求，并通过根系传递给植物的各个生长部位，表现为促进植物根系生长发育，提高作物生物量和品质。

1. 提升作物产量　目前，我国农业生产过程中普遍存在化肥施用过量而有机肥施用不足的问题，单纯靠增加化肥的施用量已经不能解决农作物产量增产的问题。一方面，增施化肥不仅加重了农业投入，同时也导致耕地土壤养分有效性和土壤有机质含量的降低。另一方面，化肥使用量的增加还会带来土壤板结、土壤盐渍化等环境风险，进而降低农产品品质和产量。在此环境下，通过好氧发酵过程将畜禽粪便等有机固体废弃物通过生物处理制备的堆肥以及进一步加工生产得到的有机肥、生物有机肥、有机无机复混肥等环境友好型有机肥料逐渐受到社会各界的认可和重视，堆肥等一系列有机肥产品的研发与应用也逐渐成为当下研究热点。南京农业大学郎晓峰等（2008）通过田间小区试验研究等氮量施用条件下不同有机固体废弃物与化肥混合制成的有机无机复混肥对玉米生长的影响，通过研究得出施用复混肥后玉米籽粒产量显著高于施用化肥后的产量。有机无机复混肥相较于化肥可以有效调控氮素养分释放，为作物提供更加持久和适宜的养分供应，从而显著提高产量。中国水稻研究所禹盛苗等（2007）证明有机生态肥能促使水稻减少无效分蘖，提高成穗率，达到水稻增产的施用目的。贵州大学陆引罡等（2008）利用盆栽试验研究了有机-无机专用混配肥对烤烟产量和养分利用的影响，结果发现与施氮、磷、钾养分的普通专用肥相比较，施用有机-无机烟草专用混配肥处理的氮肥利用率提高2.6％～4.5％，磷肥利用率提高近2％，烟草产量得到显著提高。西北农林科技大学李鸣雷等（2007）采用大田随机区组试验，以单施化肥和不施肥为对照，研究了以麦草、鸡粪为原料自制的生物有机肥和有机无机复混肥对春播和夏播大豆的植株性状、生育期、产量和品质的影响。研究表明，施用有机无机复混肥能延长大豆生育期及提高大豆的株高、单株分枝数、单株荚数、单株粒数、百粒重、单株粒重、产量，且与其他处理的差异均达显著或极显著水平。

2. 改良作物品质　清洁堆肥产品不仅具有有效养分含量高、肥效持久、抗病性强、改良土壤和抗板结作用。堆肥中的微生物进入土壤环境中后会将土壤中的养分转化分解，变为作物容易吸收的有效养分。堆肥的施用还可以提高土壤有机质的含量，进而通过为作物创造一个适宜的生长环境，同时提供充足的养分，提高作物品质。李鸣雷等（2007）研究发现施用有机无机复混肥产出的大豆的蛋白质和脂肪含量得到显著提升。近年来随着居民生活水平的提高，人们对食品安全的要求也随之上升，其中对绿色无公害蔬菜及其品质的要求也越来越高。浙江省农业科学院叶静等（2008）通过田间试验研究4种有机废弃物中的不同提取态有机氮对菜用毛豆生长及化肥氮利用率的影响，研究表明施用鸡粪和豆粕混合肥与单施化肥相比，籽粒中的蛋白质含量得到显著提高，且达到显著差异水平。同时，喷施生物有机肥相较于复合肥和尿素可以显著提升小白菜还原糖含量，粗纤维含量降低，同时对小白菜的产量和品质有较大的提升和改善（邓接楼等，2006）。湖南农业大学范美蓉等

(2006) 采用田间小区试验研究了有机无机复混肥对小白菜碳、氮代谢关键酶活性及其产量与品质的影响，研究结果表明施用有机无机复混肥促进了小白菜对氮素营养吸收效率，减少硝酸盐在植物体内的积累，同时还能够提高小白菜可食部分维生素、可溶性糖、蛋白氮、天冬氨酸、丙氨酸、异亮氨酸和叶片中叶绿素等的含量，减少小白菜可食部分硝酸盐和亚硝酸盐含量，改善小白菜可食部分的品质。

3. 促进作物根系生长发育　堆肥可以提高根系生物量，扩大根系生长范围，提高细根数量，改善根冠比例，增加根系水平分布范围，增加根系在深土层分布的比重（黄继川等，2009；黄继川等，2010）。研究发现土壤施用堆肥后可以通过提高根际土壤碳矿化程度，改善连作的耕作方式带来的土壤退化的环境问题，刺激根系生长，提高作物产量（Zhang et al.，2014）。植物从土壤中获取养分主要通过根系对养分的吸收作用，而大多数植物根系的适宜生长环境为中性环境，土壤酸碱度影响着营养元素的有效性，从而影响根系对营养元素的吸收效率。现代好氧堆肥在发酵过程中通常引入一些功能性添加剂，如微生物菌剂和矿物添加剂等，这些功能性添加剂除了可以改善堆肥进程，缩短堆肥腐熟周期，降低堆肥中重金属的生物有效性外，还具有减少氮素损失和温室气体排放及保持养分含量作用。堆肥中存在的酶类等活性物质施加到土壤后可以显著提高土壤的酶活性，影响作物根系活力和植株生长情况。同时，堆肥中有益菌种对植物生长也有很好的促进作用，天津师范大学王晶晶等（2011）以城市生活垃圾堆肥中提取出的有益菌种为原料，配制微生物菌剂，研究堆肥微生物菌剂对黑麦草和高羊茅初期生长的影响，发现接种复合菌剂对黑麦草和高羊茅前期生长促进作用优于双菌种处理和单菌种的配施效果。

四、作物施肥原则及清洁堆肥施用方法

加快推进农业绿色发展，实施有机肥替代化肥，推进资源循环利用，实现节本增效、提质增效，探索产出高效、产品安全、资源

节约、环境友好的现代农业发展之路。肥料作为农作物生长发育的营养元素，是农业投入物质的重要组成部分，占农业生产投入品价值的50%左右。合理施肥是确保农产品增产的主要技术措施之一，也是提高农业综合生产能力的重要途径之一。对于作物的施肥应明确施肥原则，做到科学合理，提倡有机无机相结合的施肥方式。目前，对于我国主要果菜茶和农作物的施肥原则和方法归纳如下：

(一) 水果

1. 苹果

(1) 施肥原则。

① 依据土壤肥力条件和产量水平，适当减少氮、磷化肥用量；增施有机肥，提倡有机无机配合施用；注意钙、镁、硼和锌的配合施用。

② 重视施用秋季基肥，在果实膨大期适当减少氮肥用量，增施钾肥。秋季已经施基肥的果园，萌芽前不施肥或少施肥。秋季未施基肥的果园，一是参照秋季施肥建议在萌芽前尽早施入，早春干旱缺水产区要在施肥后补充水分以利于养分吸收利用；二是在萌芽前（3月上旬开始）喷3遍1%～3%的尿素（浓度前高后低）加适量白糖（约1%）和其他缺乏的微量元素及防霜冻剂以增加储藏养分，利于减轻早春晚霜冻的危害。

③ 与高产优质栽培技术相结合，如平原地起垄栽培、生草覆盖技术、下垂果枝修剪技术以及壁蜂授粉技术等；根据树势和树龄分期施用氮、磷、钾肥料。山东半岛和黄土高原等干旱的区域要与地膜（园艺地布）等覆盖结合。

④ 土壤酸化的果园可通过施用硅、钙、镁肥或石灰等其他土壤改良剂改良土壤。

(2) 施肥方法。

① 果实采摘前后是秋施基肥的关键时期，秋施基肥最适时间在9月中旬至10月中旬，即早中熟品种采收后，对于晚熟品种，最好在采收前进行，确因实际操作困难，建议在采收后马上施肥，

越快越好。采用条沟法或穴施施用清洁堆肥或商品有机肥料，每亩用量 600～800 千克，或施用商品生物有机肥，每亩用量 400～500 千克。同时，施入苹果配方肥，渤海湾产区建议施用 45%的配方肥（N∶P_2O_5∶K_2O=18∶13∶14）或相近配方肥，每 1 000 千克产量用 15 千克左右；黄土高原产区建议施用 45%的配方肥（N∶P_2O_5∶K_2O=20∶15∶10）或相近配方肥，每 1 000 千克产量用 25 千克左右。有机堆肥或生物有机肥用量再增加 20%～100%，配方肥用量减少 10%～50%。施肥深度在 30～40 厘米。

② 第一次膨果肥在果实套袋前后施，渤海湾产区建议施用为 45%的配方肥（N∶P_2O_5∶K_2O=22∶5∶18）或相近配方肥，每 1 000 千克产量用 12.5 千克左右；黄土高原产区建议施用为 45%的配方肥（N∶P_2O_5∶K_2O=15∶15∶15）或相近配方肥，每 1 000 千克产量用 15 千克左右。采用放射沟法或穴施，施肥深度在 15～20 厘米。

③ 第二次膨果肥在 7～8 月施，渤海湾产区建议施用 45%的配方肥（N∶P_2O_5∶K_2O=12∶6∶27）或相近配方肥，每 1 000 千克产量用 12 千克左右；黄土高原产区建议施用 45%的配方肥（N∶P_2O_5∶K_2O=15∶5∶25）或相近配方肥，每 1 000 千克产量用 10 千克左右。采用放射沟法或穴施，施肥深度在 15～20 厘米。宜采取少量多次法，施肥次数 2～3 次。

④ 土壤缺锌、硼的果园，萌芽前后每亩施用硫酸锌 1～1.5 千克、硼砂 0.5～1.0 千克；在花期和幼果期叶面喷施 0.3%硼砂溶液，果实套袋前喷 3 次 0.3%的钙肥。土壤酸化的果园，每亩施用石灰 150～200 千克或硅、钙、镁肥 50～100 千克等。

2. 梨

（1）施肥原则。

① 增施有机肥料，实施梨园生草、覆草，培肥土壤；土壤酸化严重的果园施用石灰和有机肥进行改良。

② 依据梨园土壤肥力条件和梨树生长状况，适当减少氮、磷肥用量，增加钾肥施用，通过叶面喷施补充钙、镁、铁、锌、硼等

中微量元素。

③ 结合高产优质栽培技术、产量水平和土壤肥力条件，确定肥料施用时期、用量和元素配比。

④ 优化施肥方式，改撒施为条施或穴施，结合灌溉施肥，以水调肥。

（2）施肥方法。

① 基肥（秋冬季未施有机肥的梨园）。亩产 4 000 千克以上的梨园施用有机堆肥 2～3 米^3/亩，或商品有机肥 12 千克/株；亩产 2 000～4 000 千克的梨园施用有机肥 1.5～2.5 米^3/亩，或商品有机肥 10 千克/株；亩产 2 000 千克以下的梨园施用有机肥 1～1.5 米^3/亩或商品有机肥 7～8 千克/株。在树冠投影下距主干 1 米处挖 100 厘米×40 厘米×40 厘米的环状沟，将有机堆肥均匀施入沟中后覆土。

② 萌芽期施肥（可以结合春季基肥一起施用）。可施用尿素 0.1 千克/株（按株行距 3 米×4 米）和磷酸二氢钾 0～0.5 千克/株。

③ 幼果膨大肥。亩产 4 000 千克梨园施用尿素 0.75 千克/株、磷酸氢二铵 0.2 千克/株、硫酸钾 0.25 千克/株；亩产 2 000～4 000 千克的梨园施用尿素 0.5～0.75 千克/株、磷酸氢二铵 0.2 千克/株、硫酸钾 0.2 千克/株；亩产 2 000 千克以下的梨园施用尿素 0.3～0.4千克/株、磷酸氢二铵 0.2 千克/株、硫酸钾 0.2 千克/株。

④ 花芽分化肥。亩产 4 000 千克梨园施用尿素 0.4 千克/株、磷酸氢二铵 0.4 千克/株；亩产 2 000～4 000 千克的梨园施用尿素 0.3～0.4 千克/株、磷酸氢二铵 0.3 千克/株；亩产 2 000 千克以下的果园施用尿素 0.25 千克/株、磷酸氢二铵 0.3 千克/株。

⑤ 果实二次膨大肥。亩产 4 000 千克梨园施用尿素 0.25 千克/株、磷酸氢二铵 0.5 千克/株、硫酸钾 0.4 千克/株；亩产 2 000～4 000 千克的梨园施用尿素 0.2 千克/株、磷酸氢二铵 0.4 千克/株、硫酸钾 0.4 千克/株；亩产 2 000 千克以下的果园施用尿素 0.2 千克/株、磷酸氢二铵 0.4 千克/株和硫酸钾 0.4 千克/株。

⑥ 根外追肥。硼、锌、铁等缺乏的梨园可用 0.2%硼砂、

0.2%硫酸锌+0.3%尿素混合液或0.3%硫酸亚铁+0.3%尿素溶液于发芽前至开花盛期多次喷施，两周一次。土壤钙、镁较缺乏的果园，磷肥宜选用钙镁磷肥；根据有机肥的施用量，酌情增减化肥的用量；根据梨树树势的强弱可适当增减追肥的次数和用量。

3. 柑橘

(1) 施肥原则。

① 重视有机肥料的施用，实施橘园行间种植绿肥、生草覆盖，培肥土壤、保持水土；土壤酸化严重的果园施用碱性调理剂和有机肥进行改良。

② 根据果园土壤肥力状况和柑橘品种及产量水平，优化氮、磷、钾肥用量及施肥时期和分配比例；在南方酸性土壤上注意补充镁、钙、硼、锌等中微量元素，尤其是在春季柑橘萌芽前及开花前后补充硼和锌。

③ 果园施肥方式改全园撒施为集中穴施或沟施。

④ 施肥和水分管理应与绿色高产优质栽培技术结合，春季施肥前注意果树的整形修剪，夏季易出现高温伏旱，提倡柑橘园生草覆盖和穴储肥水技术，有条件的果园提倡水肥一体化技术；秋季注意深施有机肥。

(2) 施肥方法。

① 施用有机堆肥 5～10 千克/株，或者施用有机堆肥 2～3 米^3/亩；树势弱或肥力低的土壤应适当多施。有机堆肥作基肥时最好在秋季施用，秋季未施用则在春季 2～3 月及早施入（尤其是晚熟柑橘在秋季不方便施用的情况下应在春季补施），采用开沟或挖穴方法施用。

② 亩产 3 000 千克以上的果园，施氮肥（N）20～30 千克/亩、磷肥（P_2O_5）6～10 千克/亩、钾肥（K_2O）15～25 千克/亩；亩产 1 500～3 000 千克的果园，施氮肥（N）15～25 千克/亩、磷肥（P_2O_5）6～8 千克/亩、钾肥（K_2O）10～15 千克/亩；亩产 1 500 千克以下的果园，施氮肥（N）10～20 千克/亩、磷肥（P_2O_5）5～6千克/亩、钾肥（K_2O）6～15 千克/亩。

③ 缺钙、镁的果园，选用钙镁磷肥。缺硼、锌、铁的果园，每亩施用硼砂 0.5～0.75 千克、硫酸锌 1～1.5 千克、硫酸亚铁 2～3千克，与有机肥混匀后于秋季施用；pH<5.5 的果园，每亩施用硅钙肥或石灰 60～80 千克，50%秋季施用，50%夏季施用。

④ 春季施肥（萌芽肥或花前肥）：30%～40%的氮肥、30%～40%的磷肥、20%～30%的钾肥在 2～3 月萌芽前开沟土壤施用。对于树势较弱的果树，在花蕾期和幼果期用 0.3%尿素+0.2%磷酸二氢钾进行叶面施肥；缺硼果园在幼果期用 0.1%～0.2%硼砂溶液，每隔 10～15 天喷一次，连续喷施 2～3 次；缺锌的果园用 0.1%～0.2%硫酸锌溶液，在幼果期喷施。夏季施肥（壮果肥）：30%～40%的氮肥、20%～30%的磷肥、40%～50%的钾肥在 6～7 月施用。秋冬季施肥（采果肥）：20%～30%的氮肥、40%～50%的磷肥、20%～30%的钾肥及全部有机肥和硼、锌肥在 11～12 月采果前后施用。缺硫果园应选择含硫肥料如硫酸铵、硫酸钾、过磷酸钙等，也可适当施用硫黄。

4. 猕猴桃

（1）施肥原则。

① 增施有机肥，提高果园有机质含量。

② 实施配方施肥，精准施肥，提高肥料的利用效率，减少施肥对猕猴桃根系的损伤和对土壤的污染。

③ 增施中微量元素。

④ 科学灌水，根据猕猴桃不同生长阶段需水规律，科学合理地进行灌水。

（2）施肥方法。

① 基肥。施基肥宜早不宜迟，一般在果实采收后落叶前施用，时间是 10～12 月。基肥施用量应占到全年施肥量的 60%～70%，依据土壤质量、猕猴桃树势和树龄，每株可施入有机堆肥 10～15 千克，再加有效氮肥 0.5～1 千克和磷肥 2～3 千克。施基肥可采用株间、行间开沟深施或穴施等方式。施肥沟深 50～60 厘米，宽 40 厘米。施基肥后，应及时浇水。

② 追肥。一年可追肥两次。第一次为催芽肥，一般在早春萌芽（2月中旬至3月）抽梢前施入，以有效氮肥为主，盛果期果树每株可开浅环状沟或放射状沟施入尿素0.5～0.8千克。果园土壤肥力低，可酌情多施。第二次为壮果促梢肥，在谢花后（6～8月），施肥量占总施肥量的20%～30%，幼树每株施用复合肥0.25～0.35千克，大猕猴桃树可施复合肥1～2千克。追肥可以沟施或穴施，施肥深度5～10厘米，施肥后浇水。

③ 根外追肥。根据猕猴桃植株缺素状况，可进行根外追肥。常用的追肥种类和浓度为：尿素0.3%～0.5%，过磷酸钙1.0%～1.3%，硫酸亚铁0.3%～0.5%，草木灰浸出液1%～2%，硫酸锌0.5%～1.0%，硼砂0.1%～0.3%。根外追肥时最好选择晴朗无风的天气，于上午10时前或下午4时后进行。

5. 桃

（1）施肥原则。

① 增加有机肥施用比例，依据土壤肥力和早中晚熟品种及产量水平，合理调控氮、磷、钾肥施用水平，注意钙、镁、硼和锌或铁肥的配合施用。

② 不同品种的春季追肥时期要有差别，早熟品种较晚熟品种追肥时期早，要加强秋施基肥，其春季追肥次数比晚熟品种少。

③ 与优质栽培技术相结合，夏季易出现涝害的平原地区需注意结合起垄、覆膜或果园生草技术，干旱地区提倡采用地表覆盖和穴储肥水技术。

（2）施肥方法。

① 有机堆肥施用量。早熟品种、土壤肥沃的果园或树龄小或树势强的果园施有机肥1～2米^3/亩；晚熟品种、土壤瘠薄、树龄大、树势弱的果园施有机肥2～3米^3/亩。

② 化肥施用量。产量水平1 500千克/亩的桃园施用氮肥（N）8～10千克/亩、磷肥（P_2O_5）5～6千克/亩、钾肥（K_2O）10～12千克/亩；产量水平2 000千克/亩的桃园施用氮肥（N）12～16千克/亩、磷肥（P_2O_5）5～8千克/亩、钾肥（K_2O）12～18千克/亩；

产量水平 3 000 千克/亩的桃园施用氮肥（N）15～18 千克/亩、磷肥（P_2O_5）8～10 千克/亩、钾肥（K_2O）16～20 千克/亩。

③ 全部有机堆肥作基肥时最好于秋季 9～10 月施用，秋季未施用的则在春季土壤解冻后及早施入，采用开沟或挖穴方法土施；60%以上的磷肥和 30%～40%钾肥及 40%～50%的氮肥一同与有机堆肥基施，其余氮、磷、钾肥按生育期养分需求分次追施。中早熟品种可以在桃树萌芽前（3 月初）、果实迅速膨大前分两次追肥，第一次氮、磷、钾配合施用，第二次以钾肥为主配合氮、磷肥；晚熟品种可以在萌芽前、花芽生理分化期（5 月下旬至 6 月下旬）和果实迅速膨大前分 3 次追肥，萌芽前追肥以氮肥为主配合磷、钾肥，后两次追肥以钾肥为主配合氮、磷肥。

④ 对前一年早期落叶或负载量过高的果园，应加强根外追肥，萌芽前可喷施 2～3 次 1%～3%的尿素，萌芽后至 7 月中旬之前，每隔 7 天一次，按两次尿素与一次磷酸二氢钾（浓度为 0.3%～0.5%）的顺序喷施。

⑤ 如施用有机肥数量比较多，则秋季基施的氮、钾肥可酌情减少 2～4 千克/亩。

6. 葡萄

（1）施肥原则。

① 重视有机堆肥的施用，根据生育期施肥，合理搭配氮、磷、钾肥，视葡萄品种、产量水平、长势、气候等因素调整施肥计划。

② 土壤酸性较强果园，适量施用石灰、钙镁磷肥来调节土壤酸碱度和补充相应养分。

③ 采用适宜施肥方法，有针对性施用中微量元素肥料，预防裂果。

④ 施肥与其他管理措施相结合，有条件的葡萄园应水肥一体化，遵循少量多次的灌溉施肥原则。

（2）施肥方法。

① 根据产量水平进行合理施肥。亩产 1 500 千克以下的果园施用有机堆肥 1 000～1 500 千克/亩、氮肥（N）8～12 千克/亩、磷

肥（P_2O_5）5～8 千克/亩、钾肥（K_2O）8～12 千克/亩；亩产 1 500～2 000千克的果园施用有机堆肥 1 500～2 000 千克/亩、氮肥（N）10～15 千克/亩、磷肥（P_2O_5）8～12 千克/亩、钾肥（K_2O）12～16 千克/亩；亩产 2 000 千克以上的果园施用有机堆肥 2 000～2 500 千克/亩、氮肥（N）15～20 千克/亩、磷肥（P_2O_5）10～15 千克/亩、钾肥（K_2O）15～20 千克/亩。

② 土壤缺硼、锌、镁和钙的果园，秋施基肥时相应施用硫酸锌 0.5～1 千克/亩、硼砂 0.5～1.0 千克/亩、硫酸钾镁肥 0.1～0.2 千克/亩、过磷酸钙 15～20 千克/亩，与有机肥混匀后在 9 月中旬至 10 月中旬施用（晚熟品种采果后尽早施用）。施肥方法采用穴施或沟施，穴或沟深度 40 厘米左右。花前至初花期喷施 0.3%～0.5%的优质硼砂溶液；坐果后到成熟前喷施 3～4 次 0.3%～0.5%的优质磷酸二氢钾溶液；幼果膨大期至采收前喷施 0.3%～0.5%的优质硝酸钙溶液。

③ 化肥分 3～4 次施用。第一次是秋施基肥，应在前一年 9 月中旬至 10 月中旬（晚熟品种采果后尽早施用），在有机肥基础上施用 20%的氮肥、20%的磷肥、20%的钾肥；第二次在 4 月中旬进行，以氮、磷肥为主，施用 20%的氮肥、20%的磷肥、10%的钾肥；第三次在 6 月初果实套袋前后进行，根据留果情况氮、磷、钾配合施用，施用 40%的氮肥、40%的磷肥、20%的钾肥；第四次在 7 月下旬到 8 月中旬，施用 20%的氮肥、20%的磷肥、50%的钾肥，根据降雨、树势和产量情况采取少量多次的方法进行，以钾肥为主，配合少量氮、磷肥。

④ 采用水肥一体化栽培管理的高产葡萄园，萌芽到开花前，每次追施氮肥（N）、磷肥（P_2O_5）、钾肥（K_2O）各为 1.0～1.2 千克/亩，每 10 天追肥一次；开花期追肥一次，追施氮肥（N）0.9～1.2 千克/亩、磷肥（P_2O_5）0.9～1.2 千克/亩、钾肥（K_2O）0.45～0.55 千克/亩，辅以叶面喷施硼、钙、镁肥；果实膨大期着重追施氮肥和钾肥，每次追施氮肥（N）2.0～2.2 千克/亩、磷肥（P_2O_5）1.2～1.5 千克/亩、钾肥（K_2O）2.5～3.0 千克/亩，每

10～12天追肥一次；着色期追施高钾型复合肥，每次追施氮肥（N）0.4～0.5千克/亩、磷肥（P_2O_5）0.4～0.5千克/亩、钾肥（K_2O）1.0～1.2千克/亩，每7天追肥一次，叶面喷施补充中微量元素。

7. 荔枝

（1）施肥原则。

① 重视有机肥料的施用，根据生育期施肥，合理搭配氮、磷、钾肥，视荔枝品种、长势、气候等因素调整施肥计划。

② 土壤酸性较强果园，适量施用石灰、钙镁磷肥来调节土壤酸碱度和补充相应养分。

③ 采用适宜施肥方法，有针对性施用中微量元素肥料。

④ 果实发育期正值雨季，氮肥尽量选用铵态氮肥，提高氮的利用率，避免用尿素或硝态氮肥，以免淋洗。

⑤ 施肥与其他管理措施相结合，如采用滴喷灌施肥、施肥枪施肥等。

（2）施肥方法。

① 结果盛期（株产50千克左右）的施肥。每株施有机堆肥10～15千克、氮肥（N）0.50～0.75千克、磷肥（P_2O_5）0.25～0.3千克、钾肥（K_2O）0.6～1.0千克、钙肥（Ca）0.25～0.35千克、镁肥（Mg）0.07～0.09千克。

② 幼年未结果树或结果较少树的施肥。每株施有机堆肥5～8千克、氮肥（N）0.3～0.5千克、磷肥（P_2O_5）0.1～0.15千克、钾肥（K_2O）0.3～0.5千克、镁肥（Mg）0.05千克。

③ 肥料分6～8次分别在采后（一梢一肥，2～3次）、花前、谢花及果实发育期施用。视荔枝树体长势，可将花前肥和谢花肥合并施用，或将谢花肥和壮果肥合并施用。氮肥在上述4个生育期施用比例为45%、10%、20%和35%，钾钙镁肥施用比例为30%、10%、20%和40%，磷肥可在采后一次施入或分采后和花前两次施入。花期可喷施磷酸二氢钾溶液。

④ 缺硼和缺钼的果园，在花前、谢花及果实膨大期喷施0.2%

硼砂+0.05%钼酸铵；在荔枝梢期喷施0.2%硫酸锌或复合微量元素。pH<5.0的果园，每亩施用石灰100千克；pH为5.0～6.0的果园，每亩施用石灰为40～60千克，在冬季清园时施用。

（二）蔬菜

1. 设施番茄

（1）施肥原则。

① 合理施用有机肥，适当减施氮、磷肥，增施钾肥，非石灰性土壤及酸性土壤需补充钙、镁、硼等中微量元素。

② 根据作物产量、茬口及土壤肥力条件合理分配化肥，大部分磷肥基施和氮、钾肥追施；早春生长前期不宜频繁追肥，重视花后和中后期追肥。

③ 与高产栽培技术结合，采用“少量多次”的原则，合理灌溉施肥。

④ 土壤退化的老棚需进行秸秆还田或施用高碳氮比的有机肥，少施禽粪肥，增加轮作次数，达到除盐和减轻连作障碍目的。

（2）施肥方法。

① 苗肥。增施腐熟有机堆肥，补施磷肥，每10米^{2}苗床施经过腐熟的堆肥30～60千克、钙镁磷肥0.5～1千克、硫酸钾0.5千克，根据苗情喷施0.5%～0.1%尿素溶液1～2次。

② 基肥。施用优质有机堆肥1～2米^3/亩。

③ 化肥。产量水平4 000～6 000千克/亩：氮肥（N）12～16千克/亩，磷肥（P_2O_5）6～8千克/亩，钾肥（K_2O）15～20千克/亩；产量水平6 000～8 000千克/亩：氮肥（N）15～20千克/亩，磷肥（P_2O_5）8～12千克/亩，钾肥（K_2O）20～25千克/亩；产量水平8 000～10 000千克/亩：氮肥（N）20～25千克/亩，磷肥（P_2O_5）10～15千克/亩，钾肥（K_2O）25～30千克/亩。70%以上的磷肥作基肥条（穴）施，其余随复合肥追施，20%～30%的氮、钾肥基施，70%～80%在花后至果穗膨大期间分3～10次随水追施，每次追施氮肥不超过5～7千克/亩。

④ 菜田土壤 pH<6 时易出现钙、镁、硼缺乏，可基施钙肥（Ca）50～75 千克/亩、镁肥（Mg）4～6 千克/亩，根外补施 2～3 次 0.1%的硼肥。

2. 设施黄瓜

（1）施肥原则。

① 提倡施用优质有机堆肥，老菜棚注意多施含秸秆多的腐熟堆肥，少施禽粪肥，实行有机无机肥配合施用和秸秆还田。

② 依据土壤肥力条件和有机肥的施用量，综合考虑环境养分供应，适当调整氮、磷、钾肥用量。

③ 采用合理的灌溉技术，遵循“少量多次”的灌溉施肥原则。

④ 定植后苗期不宜频繁追肥，氮肥和钾肥分期施用，少量多次，避免追施磷含量高的复合肥，前期追施高氮复合肥，中后期重视钾肥的追施。

⑤ 蔬菜地酸化严重时，尤其是土壤 pH 为 5 以下，应适量施用石灰等碱性土壤调理剂。

⑥ 提倡应用水肥一体化技术，做到控水控肥，提质增产，节约生产成本。

（2）施肥方法。

① 育苗期增施腐熟有机堆肥，补施磷肥，每 10 米^2 苗床施用腐熟有机堆肥 40～60 千克、钙镁磷肥 0.5～1 千克、硫酸钾 0.5 千克，根据苗情喷施 0.05%～0.1%尿素溶液 1～2 次。

② 基肥。施用有机堆肥 2～3 米^3/亩。

③ 化肥。产量水平 3 000～6 000 千克/亩：氮肥（N）8～15 千克/亩，磷肥（P_2O_5）4～8 千克/亩，钾肥（K_2O）10～15 千克/亩；产量水平 6 000～9 000 千克/亩：氮肥（N）15～20 千克/亩，磷肥（P_2O_5）6～10 千克/亩，钾肥（K_2O）15～25 千克/亩；产量水平 9 000～12 000 千克/亩：氮肥（N）20～25 千克/亩，磷肥（P_2O_5）10～15 千克/亩，钾肥（K_2O）25～30 千克/亩；产量水平 12 000～15 000 千克/亩：氮肥（N）25～35 千克/亩，磷肥（P_2O_5）15～20 千克/亩，钾肥（K_2O）30～35 千克/亩。

④ 全部有机堆肥和磷肥作基肥施用，初花期以控为主，秋冬茬和冬春茬的氮、钾肥分 7～9 次追肥，越冬长茬的氮、钾肥分 10～14 次追肥，结果期注重高钾复合肥或水溶肥的追施。每次追施氮肥数量不超过 4 千克/亩。追肥期为三叶期、初瓜期、盛瓜期，盛瓜期根据收获情况每收获 1～2 次追施一次肥。

3. 露地甘蓝

（1）施肥原则。

① 合理施用有机肥，有机肥与化肥配合施用，氮、磷、钾肥的施用应遵循控氮、稳磷、增钾的原则。

② 肥料分配上以基肥、追肥结合为主；追肥以氮肥为主，合理配施钾肥。

③ 注意在莲座期至结球后期适当喷施钙、硼等中微量元素，防止“干烧心”等病害的发生。

④ 蔬菜地酸化严重时应适量施用石灰等土壤调理剂。

⑤ 与高产栽培技术，特别是节水灌溉技术结合，以充分发挥水肥耦合效应，提高肥料利用率。

（2）施肥方法。

① 基肥。每亩施用有机堆肥 1 500～2 000 千克，有机肥结合耕地一起施用，使土肥充分混合，这样既有利于改良土壤，又可防止有机肥过于集中。

② 化肥。产量水平 6 500 千克/亩以上：氮肥（N）8～12 千克/亩，磷肥（P_2O_5）4～8 千克/亩，钾肥（K_2O）10～13 千克/亩；产量水平 5 500～6 500 千克/亩：氮肥（N）6～10 千克/亩，磷肥（P_2O_5）3～5 千克/亩，钾肥（K_2O）8～12 千克/亩；产量水平 4 500～5 500千克/亩：氮肥（N）5～8 千克/亩，磷肥（P_2O_5）2～3千克/亩，钾肥（K_2O）6～10 千克/亩。

③ 根外追肥。在结球初期可叶面喷施 0.2%磷酸二氢钾溶液及中微量元素肥料；缺硼或缺钙情况下，可在生长中期喷 2～3 次 0.1%～0.2%硼砂溶液、0.3%～0.5%氯化钙或硝酸钙溶液。设施栽培可增施二氧化碳气肥。

对往年“干烧心”发生较严重的地块，注意控氮补钙，可于莲座期至结球后期，叶面喷施0.3%～0.5%氯化钙溶液或硝酸钙溶液2～3次；南方地区菜园土壤pH＜5时，每亩需施用生石灰100～150千克；土壤pH＜4.5时，每亩需施用生石灰（宜在整地前施用）150～200千克。对于缺硼的地块，可基施硼砂0.5～1千克/亩，或叶面喷施0.2%～0.3%的硼砂溶液2～3次。同时，可结合喷药喷施2～3次0.5%磷酸二氢钾，以提高甘蓝的净菜率和商品率。氮、钾肥30%～40%基施，其余60%～70%在莲座期和结球初期分两次追施，磷肥全部作基肥条施或穴施。

4. 露地大白菜

（1）施肥原则。

① 重施有机肥，培肥地力。

② 氮、磷、钾肥合理配合，适当补充中微量元素。

③ 莲座期之后加强追肥管理。

（2）施肥方法。

① 根据白菜生长需肥量和土壤养分供给能力测算基肥用量，结合当前白菜施肥实际水平进行综合分析，每亩施用优质有机堆肥2 000～3 000千克。

② 亩产净菜5 000千克的条件下，推荐施用氮肥（N）15～20千克/亩、磷肥（P_2O_5）5～8千克/亩、钾肥（K_2O）20～25千克/亩。可根据产量水平的高低适当地增减肥料用量。

③ 磷肥全部作基肥；30%的氮肥作基肥，其他70%作追肥施用；50%的钾肥作基肥，其他50%作追肥。氮、钾肥可在莲座期之后追施2～3次。

5. 萝卜

（1）施肥原则。

① 依据土壤肥力条件和目标产量，优化氮、磷、钾肥数量，特别注意调整氮、磷肥用量，增施钾肥。

② 北方石灰性土壤有效锰、锌、硼、钼等微量元素含量较低，应注意这些微量元素的补充。

③ 有机肥料的合理施用对提高萝卜产量和改善品质有明显作用，忌用没有充分腐熟的有机肥料，提倡施用腐熟的农家肥或商品有机肥。

④ 肥料施用应与高产优质栽培技术结合，特别是与抗旱节水和排水管理措施相结合。

（2）施肥方法。

产量水平 4 000～5 000 千克/亩：施有机堆肥 2 000～2 500 千克/亩、氮肥（N）10～12 千克/亩、磷肥（P_2O_5）6～8 千克/亩、钾肥（K_2O）10～15 千克/亩；产量水平 3 000 千克/亩：施有机堆肥 1 000～1 500 千克/亩、氮肥（N）6～8 千克/亩、磷肥（P_2O_5）4～6 千克/亩、钾肥（K_2O）8～10 千克/亩；产量水平1 500千克/亩：施有机堆肥 500～1 000 千克/亩、氮肥（N）4～6千克/亩、磷肥（P_2O_5）3～5 千克/亩、钾肥（K_2O）6～8 千克/亩。

有机堆肥全部作底肥施用；氮肥总量的 40%作基肥，60%于莲座期和肉质根生长前期分两次作追肥施用；磷、钾肥料全部作基肥施用，或 2/3 钾肥作基肥，1/3 钾肥于肉质根生长前期追施。若基肥没有施用有机肥，可酌情增加氮肥 3～5 千克/亩和钾肥 2～3 千克/亩。

6. 设施辣椒

（1）施肥原则。

① 因地制宜地增施优质有机肥，夏季闷棚之后推荐施用微生物有机肥。

② 开花期控制施肥，从始花到分枝坐果时，除植株严重缺肥可略施速效肥外，都应控制施肥，以防止落花、落叶、落果。

③ 幼果期和采收期要及时施用速效肥，以促进幼果迅速膨大。

④ 辣椒移栽后到开花期前，促控结合，以薄肥勤浇。

⑤ 忌用高浓度肥料，忌湿土追肥，忌在中午高温时追肥，忌过于集中追肥。

（2）施肥方法。

① 基肥。施用有机堆肥 2 000～3 000 千克/亩，一次施用。

② 化肥。产量水平 2 000 千克/亩以下：氮肥（N）6～8 千克/亩，

磷肥（P_2O_5）2～3 千克/亩，钾肥（K_2O）8～10 千克/亩；产量水平 2 000～4 000 千克/亩：氮肥（N）8～12 千克/亩，磷肥（P_2O_5）3～4 千克/亩，钾肥（K_2O）6～12 千克/亩；产量水平 4 000千克/亩以上：氮肥（N）12～18 千克/亩，磷肥（P_2O_5）4～5千克/亩，钾肥（K_2O）12～18 千克/亩。

③ 一般情况下氮肥总量的 20%～30%作基肥，70%～80%作追肥，对于气温高、湿度大情况应减少氮肥基施量，甚至不施；磷肥可 60%作基肥，留 40%到结果期追肥；30%～40%的钾肥作基肥，60%～70%作追肥，追肥期为门椒期、对椒期、盛果期。盛果期根据收获情况，每收获两次追施一次肥，共 3 次。

④ 在辣椒生长中期注意分别喷施适宜的叶面硼肥和叶面钙肥产品，防治辣椒脐腐病。

7. 马铃薯

（1）施肥原则。

① 依据测土结果和目标产量，确定氮、磷、钾肥合理用量；依据土壤肥力条件优化氮、磷、钾化肥用量。

② 增施有机肥，提倡有机无机配合施用；忌用没有充分腐熟的有机肥料。

③ 依据土壤钾素状况，适当增施钾肥。

④ 肥料分配上以基肥、追肥结合为主，追肥以氮、钾肥为主。

⑤ 依据土壤中微量元素养分含量状况，在马铃薯旺盛生长期叶面适量喷施中微量元素肥料。

⑥ 肥料施用应与高产优质栽培技术相结合，尤其需要注意病害防治。

（2）施肥方法。根据马铃薯种植区域的不同（南方和北方），马铃薯的施肥方法也存在一定的差异。

① 北方马铃薯一作区。包括内蒙古、甘肃、宁夏、河北、山西、陕西、青海、新疆。

a. 根据每亩地的产量，建议每亩施用 1 500～2 000 千克有机堆肥作基肥；若基肥施用了有机肥，可酌情减少化肥用量。

b. 推荐复合肥 11－18－16（$N-P_2O_5-K_2O$）或相近配方肥作种肥，尿素与硫酸钾（或氮钾复合肥）作追肥。

c. 产量水平 3 000 千克/亩以上：配方肥（种肥）11－18－16（$N-P_2O_5-K_2O$）推荐用量 50 千克/亩，苗期至块茎膨大期分次追施尿素 15～18 千克/亩、硫酸钾 10～12 千克/亩；产量水平 2 000～3 000 千克/亩：配方肥（种肥）推荐用量 40 千克/亩，苗期至块茎膨大期分次追施尿素 10～15 千克/亩、硫酸钾 6～10 千克/亩；产量水平 1 000～2 000 千克/亩：配方肥（种肥）推荐用量 30 千克/亩，苗期至块茎膨大期追施尿素 8～12 千克/亩、硫酸钾 5～8 千克/亩；产量水平 1 000 千克/亩以下：建议施用复合肥 19－10－16（$N-P_2O_5-K_2O$）或相近配方肥 30～35 千克/亩，播种时一次性施用。

② 南方春作马铃薯区。包括云南、贵州、广西、广东、湖南、四川、重庆等地。

a. 每亩施用 1 500～2 000 千克有机堆肥作基肥；若基肥施用了有机肥，可酌情减少化肥用量。

b. 推荐复合肥 13－15－17（$N-P_2O_5-K_2O$）或相近配方肥作基肥，尿素与硫酸钾（或氮钾复合肥）作追肥，也可选择复合肥 15－10－20（$N-P_2O_5-K_2O$）或相近配方肥作追肥。

c. 产量水平 3 000 千克/亩以上：配方肥（基肥）13－15－17（$N-P_2O_5-K_2O$）推荐用量 50 千克/亩，苗期至块茎膨大期分次追施尿素 8～12 千克/亩、硫酸钾 8～12 千克/亩，或追施配方肥［15－10－20（$N-P_2O_5-K_2O$）］15～20 千克/亩；产量水平 2 000～3 000 千克/亩：配方肥（基肥）13－15－17（$N-P_2O_5-K_2O$）推荐用量 40 千克/亩，苗期至块茎膨大期分次追施尿素 5～8 千克/亩、硫酸钾 6～10 千克/亩，或追施配方肥［15－10－20（$N-P_2O_5-K_2O$）］10～15 千克/亩；产量水平 1 500～2 000 千克/亩：配方肥（基肥）13－15－17（$N-P_2O_5-K_2O$）推荐用量 30 千克/亩，苗期至块茎膨大期分次追施尿素 4～6 千克/亩、硫酸钾 4～8 千克/亩，或追施配方肥［15－10－20（$N-P_2O_5-K_2O$）］6～12 千克/亩；产量水平

1 500 千克/亩以下：配方肥（基肥）13－15－17（N－P_2O_5－K_2O）推荐用量 30 千克/亩，苗期至块茎膨大期分次追施尿素 3～5 千克/亩、硫酸钾 4～5 千克/亩，或追施配方肥［15－10－20（N－P_2O_5－K_2O）］8 千克/亩。

d. 对于硼或锌缺乏的土壤，可基施硼砂 1 千克/亩或硫酸锌 1～2千克/亩。

8. 大豆

（1）施肥原则。

① 根据测土结果，控制氮肥用量，适当减少磷肥施用比例，对于高产大豆，可适当增加钾肥施肥量，并提倡施用根瘤菌剂。

② 在偏酸性土壤上，建议选择生理碱性肥料或生理中性肥料，磷肥选择钙镁磷肥，钙肥选择石灰。

③ 提倡侧深施肥，施肥位置在种子侧方 5～7 厘米、种子下方 5～8 厘米；如做不到侧深施肥可采用分层施肥，施肥深度在种子下方 3～4 厘米占 1/3，6～8 厘米占 2/3；难以做到分层施肥时，在北部高寒有机质含量高的地块采取侧施肥，其他地区采取深施肥，尤其磷肥要集中深施到种子下方 10 厘米。

④ 补施硼肥和钼肥，在缺乏症状较轻地区，钼肥可采取拌种的方式，最好和根瘤菌剂混合拌种，提高结瘤效率。

⑤ 在东北冷凉区、西北风沙干旱区、太行山沿线区及西北石漠化区等种植区域和玉米改种大豆区域，要大幅减少氮肥施用量，控制磷肥用量，增施有机肥、根瘤菌剂及中微量元素。

（2）施肥方法。

① 增施有机肥，每亩有机堆肥施用量为 1 000～1 500 千克。

② 依据大豆养分需求，氮（N）、磷（P_2O_5）、钾（K_2O）施用比例在高肥力土壤为 1∶1.2∶（0.3～0.5）；在低肥力土壤可适当增加氮、钾用量，氮、磷、钾施用比例为 1∶1∶（0.3～0.7）。

③ 目标产量 130～150 千克/亩：氮肥（N）2～3 千克/亩，磷肥（P_2O_5）2～3 千克/亩，钾肥（K_2O）1～2 千克/亩；目标产量 150～175 千克/亩：氮肥（N）3～4 千克/亩，磷肥（P_2O_5）3～4

千克/亩，钾肥（K_2O）2～3 千克/亩；目标产量大于 175 千克/亩：氮肥（N）3～4 千克/亩，磷肥（P_2O_5）4～5 千克/亩，钾肥（K_2O）2～3 千克/亩。在低肥力土壤可适当增加氮、钾用量，氮、磷、钾施用量分别为氮肥（N）4～5 千克/亩、磷肥（P_2O_5）5～6 千克/亩、钾肥（K_2O）2～3 千克/亩。

④ 高产区或土壤钼、硼缺乏区域，应补施硼肥和钼肥；在缺乏症状较轻地区，可采取微肥拌种的方式。提倡施用大豆根瘤菌剂。

（三）茶

1. 施肥原则

（1）以有机堆肥为主，结合无机肥施用。有机堆肥能提供协调、完全的营养元素，能改善土壤的理化和生物性状，而且肥效持久，但养分含量低，且释放缓慢，不能完全、及时地满足茶树需要。无机肥养分含量高、肥效快，但长期施用易引起土壤板结，而且流失严重。一般基肥以有机堆肥为主，追肥以无机化肥为主。

（2）以氮肥为主，重视平衡施肥。幼龄茶园为培养庞大的根系和健壮的骨架枝，增加侧枝分生密度，扩大树冠覆盖度，对氮、磷、钾等养分的需求均较高，氮、磷、钾的比例以 1∶1∶1 为宜；成龄采摘茶园以收获鲜叶为主，对氮肥需求量大，氮、磷、钾的比例以 3∶1∶1 为好；茶树所需的钙、镁、硫等大量元素要注意适当补充，铁、锰、锌、铜、钼、硼和氯等微量元素要保证不缺乏。

（3）重视基肥，分期追肥。一般要求基肥占年施肥量的 50% 左右，追肥占 50%左右，且有机肥和磷、钾肥最好全部以基肥的方式施用。追肥一般分 3 次施用。

（4）以根际施肥为主，并适当结合叶面施肥。茶树根系在行间盘根错节，分布深广，其主要功能是从土壤中吸收养分和水分，因此茶园施肥无疑应以根部施肥为主，但茶树叶片也具有吸收功能，尤其是在土壤干旱、湿涝、根病等根部吸收障碍或施用微量营养元素时，叶面施肥效果更好，而且叶面施肥还能活化茶树体内的酶系统，增强茶树根系的吸收能力。

2. 施肥方法

茶树的施肥量还应根据树龄、树势、采叶量与次数和土壤条件而定，一般幼龄茶园或采叶不多的应少施；成龄丰产、以采叶为主的、土壤瘦瘠的要多施。全年施肥量按施肥期比例分配；每亩按400从茶树计算，从数增减时，施肥量也对应增减；可按肥料种类所含“三要素”（氮、磷、钾）成分计算不同肥料施用量。

（1）基肥。茶叶基肥通常在秋冬（9～11月）施，以有机堆肥和磷肥为主，施用量占全年施肥量的40%。每亩施有机堆肥600～800千克（或尿素20～25千克）、过磷酸钙40～50千克、硫酸钾10千克，将上述的几种肥料混匀后，结合冬季翻土，以沟施或穴施于茶叶根系密集区。茶园基肥施用要因地制宜、灵活掌握，土壤肥力低、性质差的多施，产量高、施肥效益好的多施。

（2）追肥。茶树生长后活动期，从2～9月分批追施，也就是春茶（2～3月）、夏茶（5月）、秋茶（7月）前均需施追肥。追肥以氮为主，钾肥在春节前一次性施下，具体每次追肥情况如下：每一次追肥在2～3月，每亩用尿素15千克、硫酸钾8千克，第二次追肥在5月上中旬，每亩用尿素5千克，第三次追肥在7月上旬，每亩施尿素10千克，都可以兑成2%～3%水溶液，结合中耕除草后浇施。也可以用根外追肥，即0.5%尿素、1%～2%过磷酸钙水肥液（化肥与水搅拌溶解后，静置过夜，用澄清液喷于叶面），每亩喷施肥液约200千克。

（四）大田作物

1. 小麦

（1）华北平原冬小麦。

① 施肥原则。

a. 依据土壤肥力水平，适当调减氮、磷肥用量。

b. 增施有机肥，实施玉米秸秆还田，提倡有机肥、无机肥配合施用。

c. 氮肥分期施用，适当增加生育中后期的氮肥施用比例。

d. 依据土壤钾素状况，高效施用钾肥；注意锌等微量元素的配合施用。

e. 肥料施用应与高产优质栽培技术相结合。

② 施肥方法。

a. 根据小麦亩产量施用有机肥 2 000～3 000 千克。

b. 亩产 600 千克以上条件下：氮肥（N）10～15 千克/亩，磷肥（P_2O_5）6～8 千克/亩，钾肥（K_2O）6～8 千克/亩；亩产 500～600 千克条件下：氮肥（N）8～12 千克/亩，磷肥（P_2O_5）4～6 千克/亩，钾肥（K_2O）4～6 千克/亩；亩产 400～500 千克条件下：氮肥（N）6～10 千克/亩，磷肥（P_2O_5）3～5 千克/亩，钾肥（K_2O）0～5 千克/亩；亩产 400 千克以下条件下：氮肥（N）5～8 千克/亩，磷肥（P_2O_5）3～4 千克/亩，钾肥（K_2O）0～5 千克/亩。

c. 若基肥施用了有机堆肥，可酌情减少化肥用量。对于缺锌土壤，可基施硫酸锌 1～2 千克/亩。氮肥总量的 1/3 作基肥施用，2/3 作为追肥在拔节期施用；磷、钾肥全部作基肥。单产水平在 400 千克/亩以下时，氮肥作基肥、追肥的比例可各占一半。缺硫地区麦田，如底肥没有施用过磷酸钙、硫酸钾、硫基复合肥等，应在第一次追肥时选择施用硫酸铵，每亩施硫酸铵 2 千克左右。旱地小麦可适当加重基肥比例，科学施肥，各地因地制宜制订、发布小麦施肥指导方案。

(2) 长江流域冬小麦。

① 施肥原则。

a. 增施有机肥，实行秸秆还田，有机肥、无机肥相结合。

b. 适当减少氮肥总用量，调整基肥、追肥比例，减少基肥用量。

c. 缺磷土壤应适当增施磷肥或稳施磷肥，有效磷丰富的土壤可适当降低磷肥用量。

d. 优先选择中低浓度肥料品种，磷肥可选择钙镁磷肥和过磷酸钙，钾肥可选择氯化钾。

② 施肥方法。

a. 施用有机肥 2 000～3 000 千克/亩。

b. 亩产 400 千克以上条件下：氮肥（N）10～12 千克/亩，磷肥（P_2O_5）4～6 千克/亩，钾肥（K_2O）4～6 千克/亩；亩产 300～400 千克条件下：氮肥（N）8～10 千克/亩，磷肥（P_2O_5）3～5 千克/亩，钾肥（K_2O）3～5 千克/亩；亩产 200～300 千克条件下：氮肥（N）6～9 千克/亩，磷肥（P_2O_5）3～5 千克/亩，钾肥（K_2O）0～5 千克/亩。

c. 有机堆肥全部作为基肥；氮肥的 50%作为基肥，50%作为追肥；磷、钾肥全部作基肥。弱筋小麦应加大基肥比例。在缺锌、缺锰地区，每亩基施硫酸锌或硫酸锰 1 千克，缺钼田块采用钼酸铵拌种。施用有机肥或种植绿肥翻压的田块，可适当减少基肥用量。常年秸秆还田的地块，钾肥用量可适当减少。

（3）西北地区旱作冬小麦。

① 施肥原则。

a. 根据土壤储水状况确定基肥。

b. 增施有机肥，提倡有机无机配合施用。

c. 施肥以基肥为主、追肥为辅。

d. 肥料施用应与高产节水栽培技术相结合。

② 施肥方法。

a. 高肥力土壤，亩产 300 千克以上条件下：有机堆肥 1 500～3 500 千克/亩，氮肥（N）6～8 千克/亩，磷肥（P_2O_5）3～4 千克/亩。

b. 中肥力土壤，亩产 200～300 千克条件下：有机堆肥 1 500～3 500千克/亩，氮肥（N）5～7 千克/亩，磷肥（P_2O_5）3～6 千克/亩。

c. 低肥力土壤，亩产 200 千克以下条件下：有机堆肥 1 500～3 500千克/亩，氮肥（N）3～5 千克/亩，磷肥（P_2O_5）3～7 千克/亩。

d. 有机肥和磷肥作底肥一次施入，70%～80%氮肥作基肥，20%～30%氮肥作追施。水浇地冬小麦科学施肥指导方案各地因地制宜制订发布。

2. 水稻

（1）东北（黑龙江等）寒地水稻。

① 施肥原则。

a. 提倡秸秆还田，重视稻田土壤培肥。

b. 增加基施氮肥的比例，使基肥中的氮占总施氮量的45%左右，减少分蘖肥，提高穗肥的施用比例。

c. 在偏酸性土壤上，建议磷肥选择碱性的钙镁磷肥。

d. 钾肥可优先选择氯化钾，在秸秆还田的地块可适当减少钾肥用量。

e. 根据测土结果，注意补施中微量元素和含硅肥料。

f. 采用节水灌溉，追肥“以水带氮”，充分发挥水肥耦合效应，提高肥料利用率。

② 施肥方法。

a. 施用有机堆肥1 500～2 000千克/亩。

b. 在水稻目标产量500～600千克/亩的田块，施氮肥（N）6～8千克/亩、磷肥（P_2O_5）3～4千克/亩、钾肥（K_2O）3～5千克/亩；在缺锌或缺硼的地区，基施硫酸锌1～2千克/亩或硼砂0.5～0.75千克/亩；在土壤偏酸的田块，适当基施含硅碱性肥料。

c. 氮肥的40%～45%作为基肥，20%～25%作为蘖肥，30%～35%作为穗肥；磷肥全部作基肥；钾肥的50%作为基肥，50%作为穗肥。

（2）长江中下游地区双季早稻。

① 施肥原则。

a. 适当降低氮肥总用量，增加穗肥比例。

b. 基肥深施，追肥“以水带氮”。

c. 磷肥优先选择普钙或钙镁磷肥。

d. 增施有机肥料，提倡秸秆还田。

② 施肥方法。

a. 施用有机堆肥1 000～2 000千克/亩。

b. 在亩产400～450千克条件下，施氮肥（N）6～8千克/亩、磷肥（P_2O_5）4～5千克/亩、钾肥（K_2O）4～5千克/亩；在缺锌或缺硼的地区，适量施用锌肥或硼肥；适当基施含硅肥料。

c. 氮肥的40%～50%作为基肥，25%～30%作为蘖肥，20%～25%作为穗肥；磷肥全部作基肥；钾肥的50%～60%作为基肥，40%～50%作为穗肥。

d. 施用有机堆肥或种植绿肥翻压的田块，基肥用量可适当减少；在常年秸秆还田的地块，钾肥用量可适当减少。

（3）长江中下游地区一季中稻。

① 施肥原则。

a. 增施有机肥，有机肥、无机肥相结合。

b. 控制氮肥总量，调整基肥及追肥比例，减少前期氮肥用量。

c. 基肥深施，追肥“以水带氮”。

d. 在油稻轮作田，适当减少水稻磷肥用量。

② 施肥方法。

a. 每亩施用有机堆肥1 500～2 500千克/亩。

b. 在亩产550～600千克的情况下，粳稻氮肥（N）用量10～15千克/亩，籼稻氮肥（N）用量8～12千克/亩，磷肥用量（P_2O_5）3.5～5千克/亩，钾肥用量（K_2O）4.5～6千克/亩；缺锌土壤每亩施用硫酸锌1千克；适当基施含硅肥料。

c. 氮肥的40%～50%作基肥，20%～30%作蘖肥，20%～30%作穗肥；有机肥与磷肥全部基施；钾肥分基肥（占60%～70%）和穗肥（占30%～40%）两次施用。

d. 施用有机肥或种植绿肥翻压的田块，基肥用量可适当减少。

（4）西南地区一季中稻。

① 施肥原则。

a. 增施有机肥，有机肥、无机肥相结合。

b. 调整基肥与追肥比例，减少前期氮肥用量。

c. 基肥深施，追肥“以水带氮”。

d. 在油稻轮作田，适当减少水稻磷肥用量。

e. 选择中低浓度磷肥，如钙镁磷肥和普通过磷酸钙等；钾肥选择氯化钾。

f. 在土壤 pH 5.5 以下的田块，适当施用含硅碱性肥料或基施生石灰。

② 施肥方法。

a. 施用有机堆肥 1 000～2 000 千克/亩。

b. 在亩产 550～600 千克的情况下，粳稻氮肥（N）用量 6～10 千克/亩，籼稻氮肥（N）用量 6～10 千克/亩，磷肥（P_2O_5）用量 3.5～5 千克/亩，钾肥（K_2O）用量 3.5～5 千克/亩。

c. 35%～55%的氮肥作基肥，20%～30%作蘖肥，25%～35%作穗肥；有机肥与磷肥全部基施；钾肥分基肥（占 60%～70%）和穗肥（占 30%～40%）两次施用。

d. 在缺锌和缺硼地区，适量施用锌肥和硼肥；在土壤酸性较强田块基施含硅碱性肥料或生石灰 30～50 千克/亩。

（5）华南双季早稻。

① 施肥原则。

a. 控制氮肥总量，调整基肥、追肥比例，减少前期氮肥用量，实行氮肥后移。

b. 基肥深施，追肥“以水带氮”。

c. 在土壤酸化的田块，适当施用含硅碱性肥料或生石灰。

② 施肥方法。

a. 施用有机堆肥 1 000～2 000 千克/亩。

b. 在亩产 400～450 千克的情况下，施氮肥 7～10 千克/亩、磷肥（P_2O_5）2～3 千克/亩、钾肥（K_2O）5～7 千克/亩；缺锌土壤要适当施用硫酸锌。

c. 氮肥分次施用，基肥占 30%～35%，分蘖肥占 30%～35%，穗肥占 30%～40%，有机肥与磷肥全部基施，钾肥作基肥和蘖肥两次施用（各占 50%）。

d. 施用有机肥的田块，基肥用量可适当减少；在常年秸秆还田的地块，钾肥用量可适当减少 30%。

e. 在土壤酸性较强田块基施含硅碱性肥料或生石灰50千克/亩左右。

3. 春玉米

(1) 东北冷凉春玉米区。包括黑龙江大部分和吉林东部。

① 施肥原则。

a. 依据测土配方施肥结果，确定氮、磷、钾肥合理用量。

b. 氮肥分次施用，高产田适当增加钾肥的施用比例。

c. 依据气候和土壤肥力条件，农机农艺相结合，种肥和基肥配合施用。

d. 增施有机肥，提倡有机无机肥配合施用，可进行适量秸秆粉碎方式还田。

e. 重视硫、锌等中微量元素的施用，酸化严重土壤增施碱性肥料。

f. 建议玉米和大豆间作、套种或者轮作，同时减少化肥施用量，增施有机肥和生物肥料。

② 施肥方法。

a. 施用有机堆肥2 000～3 000千克/亩；推荐使用配方肥14-18-13 ($N-P_2O_5-K_2O$) 或相近配方肥。

b. 产量水平500～600千克/亩，配方肥14-18-13 ($N-P_2O_5-K_2O$) 推荐用量为20～25千克/亩，7叶期追施尿素8～10千克/亩。

c. 产量水平600～700千克/亩，配方肥14-18-13 ($N-P_2O_5-K_2O$) 推荐用量为25～30千克/亩，7叶期追施尿素10～13千克/亩。

d. 产量水平700千克/亩以上，配方肥14-18-13 ($N-P_2O_5-K_2O$) 推荐用量为30～35千克/亩，7叶期追施尿素12～15千克/亩。

e. 产量水平500千克/亩以下，配方肥14-18-13 ($N-P_2O_5-K_2O$) 推荐用量为15～20千克/亩，7叶期追施尿素6～9千克/亩。

f. 若基肥施用了有机堆肥，可酌情减少化肥用量。在含磷较丰富的田块，应适当施用锌、铁微量元素肥。

(2) 东北半湿润春玉米区。包括黑龙江西南部、吉林中部和辽宁北部。

① 施肥原则。

a. 控制氮、磷、钾肥施用量，氮肥分次施用，适当降低基肥用量，充分利用磷、钾肥后效。

b. 一次性施肥的地块，选择缓控释肥料，适当增施磷酸氢二铵作种肥。

c. 有效钾含量高、产量水平低的地块在施用有机肥的情况下可以少施或不施钾肥。

d. 土壤pH高、产量水平高和缺锌的地块注意施用锌肥。长期施用氯基复合肥的地块应改施硫基复合肥或含硫肥料。

e. 增加有机肥施用量，加大秸秆还田力度。

f. 推广应用高产耐密品种，合理增加玉米种植密度。

g. 无秸秆还田地块可采用深耕打破犁底层，促进根系发育，提高水肥利用效率。

h. 地膜覆盖种植区，可考虑在施底（基）肥时，选用缓控释肥料，以减少追肥次数。

i. 中高肥力土壤采用施肥方案推荐量的下限。

② 施肥方法。

a. 基肥施用1 500～2 000千克/亩有机堆肥；推荐使用配方肥15-18-12（$N-P_2O_5-K_2O$）或相近配方肥，依据玉米产量、土壤养分状况和有机肥施用情况，酌情增减化肥用量。

b. 产量水平550～700千克/亩，配方肥15-18-12（$N-P_2O_5-K_2O$）推荐用量为20～25千克/亩，大喇叭口期追施尿素10～15千克/亩。

c. 产量水平700～800千克/亩，配方肥15-18-12（$N-P_2O_5-K_2O$）推荐用量为25～30千克/亩，大喇叭口期追施尿素12～15千克/亩。

d. 产量水平800千克/亩以上，配方肥15-18-12（$N-P_2O_5-K_2O$）推荐用量为30～35千克/亩，大喇叭口期追施尿素15～18千克/亩。

e. 产量水平 550 千克/亩以下，配方肥 15－18－12（N－P_2O_5－K_2O）推荐用量为 15～20 千克/亩，大喇叭口期追施尿素 8～10 千克/亩。

（3）东北半干旱春玉米区。包括吉林西部、内蒙古东北部、黑龙江西南部。

① 施肥原则。

a. 采用有机肥、无机肥结合施肥技术，风沙土区域可采用秸秆覆盖免耕施肥技术。

b. 氮肥深施，施肥深度应达 8～10 厘米；分次施肥，提倡大喇叭期追施氮肥。

c. 充分发挥水肥耦合效应，利用玉米对水肥需求最大效率期同步规律，结合补水施用氮肥。

d. 掌握平衡施肥原则，氮、磷、钾比例协调供应，缺锌地块要注意锌肥施用。

e. 根据该区域的土壤特点，采用生理酸性肥料，种肥宜采用磷酸二氢铵。

f. 中高肥力土壤采用施肥方案推荐量的下限。

g. 膜下滴灌种植，可考虑在施底（基）肥时，选用缓控释肥料，以减少滴灌追肥次数。

② 施肥方法。

a. 每亩有机堆肥施用 1 500～2 000 千克/亩；推荐使用配方肥 13－20－12（N－P_2O_5－K_2O）或相近配方肥。

b. 产量水平 450～600 千克/亩，配方肥 13－20－12（N－P_2O_5－K_2O）推荐用量为 20～30 千克/亩，大喇叭口期追施尿素 8～12 千克/亩。

c. 产量水平 600 千克/亩以上，配方肥 13－20－12（N－P_2O_5－K_2O）推荐用量为 30～35 千克/亩，大喇叭口期追施尿素 10～14 千克/亩。

d. 产量水平 450 千克/亩以下，配方肥 13－20－12（N－P_2O_5－K_2O）推荐用量为 15～20 千克/亩，大喇叭口期追施尿素 6～8 千克/亩。

（4）东北温暖湿润春玉米区。包括辽宁大部分和河北东北部。

① 施肥原则。

a. 依据测土配方施肥结果，确定合理的氮、磷、钾肥用量。

b. 氮肥分次施用，尽量不采用一次性施肥，高产田适当增加钾肥施用比例和次数。

c. 加大秸秆还田力度，增加施用有机肥比例。

d. 重视硫、锌等中微量元素的施用。

e. 肥料施用必须与深松、增密等高产栽培技术相结合。

f. 中高肥力土壤采用施肥方案推荐量的下限。

② 施肥方法。

a. 施用有机堆肥100～2 000千克/亩；推荐使用配方肥17-17-12（$N-P_2O_5-K_2O$）或相近配方肥。

b. 产量水平500千克/亩以下，配方肥17-17-12（$N-P_2O_5-K_2O$）推荐用量为15～20千克/亩，大喇叭口期追施尿素9～12千克/亩。

c. 产量水平500～600千克/亩，配方肥17-17-12（$N-P_2O_5-K_2O$）推荐用量为20～25千克/亩，大喇叭口期追施尿素12～14千克/亩。

d. 产量水平600～700千克/亩，配方肥17-17-12（$N-P_2O_5-K_2O$）推荐用量为25～30千克/亩，大喇叭口期追施尿素14～16千克/亩。

e. 产量水平700千克/亩以上，配方肥17-17-12（$N-P_2O_5-K_2O$）推荐用量为30～35千克/亩，大喇叭口期追施尿素15～20千克/亩。

4. 棉花

（1）黄淮海区域棉花。

① 施肥原则。

a. 增施有机肥，提倡有机肥、无机肥配合。

b. 依据土壤肥力条件，适当调减氮、磷化肥用量，高效施用钾肥，注意硼和锌的配合施用。

c. 氮肥分期施用，适当增加生育中期的氮肥施用比例。

d. 肥料施用应与高产优质栽培技术相结合。

② 施肥方法。

a. 在亩产皮棉 70～90 千克的条件下，亩施优质有机堆肥2 000 千克、氮肥（N）8～10 千克、磷肥（P_2O_5）5～7 千克、钾肥（K_2O）5～7 千克。对于硼、锌缺乏的棉田，注意补施硼、锌肥。亩产皮棉 90～100 千克的条件下，亩施优质有机堆肥 1.5 吨、氮肥（N）10～12 千克、磷肥（P_2O_5）6～8 千克、钾肥（K_2O）6～8千克。对于硼、锌缺乏的棉田，注意补施硼、锌肥，硼肥（硼砂）、锌肥（硫酸锌）用量每亩用量 1～2 千克，硼肥叶片喷施，每亩用量 100～150 克水溶性硼肥，在现蕾至开花期进行。

b. 氮肥的 35%～40%用作基肥，35%～40%用在初花期，15%～20%用在盛花期；磷肥全部用作基肥；钾肥全部用作基肥或基肥、追肥（初花期）各半。从盛花期开始，对长势较弱的棉田，结合施药混喷 0.5%～1.0%尿素溶液和 0.3%～0.5%磷酸二氢钾溶液 50～75 千克/次，每隔 7～10 天喷一次，连续喷施 2～3 次。

（2）长江中下游地区棉花。

① 施肥原则。

a. 增施有机肥，提倡有机肥、无机肥相结合。

b. 依据土壤肥力状况和肥效反应，适当调减氮、磷化肥用量，稳定钾肥用量。

c. 硼、锌明显缺乏的棉田应基施硼肥和锌肥，潜在缺乏的应注重根外追施硼、锌肥。

d. 对于育苗移栽棉田，磷、钾肥采用穴施或条施等集中施用。

e. 施肥与高产优质栽培技术相结合。

② 施肥方法。

a. 在亩产皮棉 90～110 千克的条件下，施用优质有机肥2 000 千克/亩、氮肥（N）12～15 千克/亩、磷肥（P_2O_5）4～6 千克/亩、钾肥（K_2O）8～10 千克/亩。对于硼、锌缺乏的棉田，注意补施硼砂 1.0 千克/亩和硫酸锌 1.5 千克/亩。

b. 氮肥的 25%～30%用作基施，25%～30%用作初花期追肥，25%～30%用作盛花期追肥，15%～20%用作铃期追肥；磷肥全部作基施；钾肥的 60%用作基施，40%用作初花期追肥。从盛花期开始对长势较弱的棉田，喷施 0.5%～1.0%尿素溶液和 0.3%～0.5%磷酸二氢钾溶液 50～75 千克/次，每隔 7～10 天喷一次，连续喷施 2～3 次。

（3）新疆棉花。

① 施肥原则。

a. 依据土壤肥力状况和肥效反应，适当调整氮肥用量，增加生育中期施用比例，合理施用磷、钾肥。

b. 充分利用当地有机肥资源，增施有机肥，重视棉秆还田。

c. 硼、锌明显缺乏的棉田应基施硼肥和锌肥，潜在缺乏的应注重根外追施硼、锌肥。

d. 施肥与高产优质栽培技术相结合，尤其要重视水肥一体化调控。

② 施肥方法。

a. 在亩产皮棉 120～150 千克的条件下，施用棉籽饼 50～75 千克/亩、氮肥（N）12～15 千克/亩、磷肥（P_2O_5）7～8 千克/亩、钾肥（K_2O）0～3 千克/亩。亩产皮棉 150～180 千克的条件下，施用棉籽饼 75～100 千克/亩、氮肥（N）15～20 千克/亩、磷肥（P_2O_5）8～10 千克/亩、钾肥（K_2O）0～5 千克/亩，膜下滴灌棉田适当减少施肥量。对于硼、锌缺乏的棉田，注意补施硼、锌肥。

b. 对于地面灌棉田，45%～50%的氮肥用作基施，50%～55%用作追肥施用。30%的氮肥用在初花期，20%～25%的氮肥用在盛花期。所有磷、钾肥均用作基施。对于膜下灌棉田，25%～30%的氮肥用作基施，70%～75%的氮肥用作追肥，70%～80%的磷、钾肥用作基施，剩余用作追肥，依据棉花长势随水滴施，随水施肥次数一般为 9～10 次，每次肥料用量不超过 2 千克/亩（纯养分量）。使用滴灌专用肥要注意养分配比，避免施用磷、钾含量很高的肥料品种。

5. 油菜

(1) 长江流域冬油菜。

① 施肥原则。

a. 增施有机肥，提倡有机肥、无机肥配合和秸秆还田。

b. 依据土壤有效硼状况，补充硼肥。

c. 适当降低氮肥基施用量，增加薹肥比例。

d. 肥料施用应与其他高产优质栽培技术相结合。

② 施肥方法。

a. 每亩施用有机堆肥 1 500～2 000 千克作基肥。

b. 产量水平 200 千克/亩以上：适时追施薹肥，氮肥（N）3 千克/亩，钾肥（K_2O）3 千克/亩。基肥没有施硼肥的田块，在抽薹至开花初期，叶面喷施硼砂 1.0 千克/亩。

c. 产量水平 100～200 千克/亩：适时追施薹肥，氮肥（N）2.5 千克/亩，钾肥（K_2O）2 千克/亩。基肥没有施硼肥的田块，在抽薹至开花初期，叶面喷施硼砂 0.75 千克/亩。

d. 产量水平 100 千克/亩以下：适时追施薹肥，氮肥（N）2 千克/亩，钾肥（K_2O）1 千克/亩。基肥没有施硼肥的田块，在抽薹至开花初期，叶面喷施硼砂 0.5 千克/亩。

若基肥施用了有机肥，可酌情减少追肥用量。缺硫田块，追肥品种应选择硫酸铵。

(2) 北方春油菜。

① 施肥原则。

a. 增施有机肥，推广休闲地种植绿肥。

b. 提倡氮肥分次施用。

c. 补施硼、锌、硫肥。

d. 提高播种质量，做好保墒工作，适当提高种植密度。

② 施肥方法。

a. 根据油菜的种植量，施用有机堆肥 1 000～2 000 千克/亩。

b. 产量水平 150 千克/亩以上：氮肥（N）8 千克/亩，磷肥（P_2O_5）5 千克/亩，钾肥（K_2O）2.5 千克/亩，硫酸锌 1.5 千克/亩。

c. 产量水平 100～150 千克/亩：氮肥（N）6～8 千克/亩，磷肥（P_2O_5）4 千克/亩，钾肥（K_2O）2.5 千克/亩，硫酸锌 1 千克/亩。

d. 产量水平 100 千克/亩以下：氮肥（N）6 千克/亩，磷肥（P_2O_5）3 千克/亩，钾肥（K_2O）2 千克/亩，硫酸锌 0.5 千克/亩。

氮肥作基肥、追肥各 50%，磷、钾肥全部作基肥。此外，建议播种前用 0.1～0.2 千克/亩硼肥拌种；氮肥应选用硫酸铵。

五、展望

目前，我国经济快速发展的同时也产生了大量有机固体废弃物，造成了严重的资源浪费和环境污染问题。好氧堆肥可以达到资源化和无害化处理的目的，降低其环境风险的同时可以实现废弃物的资源化利用，产生显著的经济效益和社会效益。堆肥原料来源和成分复杂，含有多种污染物，影响了堆肥产业的发展。现代堆肥产业的发展，开始重视对堆肥过程中污染物的削减和管控，提高堆肥的品质。目前的研究对降低堆肥中重金属的生物有效性及抗生素和抗生素抗性基因的残留、温室气体减排、恶臭控制等做了大量的工作，并深入探索了堆肥过程中微生物群落结构演替和堆肥体系中各影响因素间的内在联系。清洁堆肥产品富含植物所必需的有效养分，补充土壤有机质，改良土壤，在农业生产和土壤修复方面有着广泛的应用。清洁堆肥的产品使用应解决以下几个问题。

堆肥的营养元素相较于化肥而言较低，但其有机质是土壤中不可或缺的组分。因此，清洁堆肥的使用应与化肥相结合，并结合测土培肥，针对性地向农田土壤和作物供应养分。

当前堆肥市场混乱，产品质量参差不齐，缺乏有效的腐熟标准和评价体系，制定一套切合目前堆肥行业发展现状的腐熟指标和产品标准同样是一个急需解决的问题。

我国幅员辽阔，气候差异较大，有机固体废弃物的来源和组分也存在着较大的差异，因此建立一套适合不同气候条件下的堆肥生产指导工艺同样是十分必要的。

目前，对于堆肥过程中污染物削减工艺的研究大多集中在表象对比，今后应加强堆肥对污染物削减机制的探索。

主要参考文献

邓接楼，王艾平，涂晓虹，2006. 生物有机肥对小白菜产量和品质的影响[J]. 安徽农业科学，34（17）：4359，4363.

范美蓉，刘强，谢桂先，等，2006. 有机无机复混肥对小白菜作用效果和机理的研究［J］. 土壤通报，37（4）：732－736.

黄继川，彭智平，于俊红，等，2009. 玉米秸秆堆肥处理对芥菜品质及土壤肥力的影响［J］. 广东农业科学，12：88－91.

黄继川，彭智平，于俊红，等，2010. 施用秸秆堆肥对生菜品质和土壤酶活性的影响［J］. 广东农业科学，37（11）：97－99.

郎晓峰，徐阳春，沈其荣，2008. 不同有机无机复混肥对土壤供氮和玉米生长的影响［J］. 生态与农村环境学报，24（3）：33－38.

李鸣雷，谷洁，高华，等，2007. 不同有机肥对大豆植株性状、品质和产量的影响［J］. 西北农林科技大学学报（自然科学版），35（9）：67－72.

陆引罡，王家顺，赵承，等，2008. 有机-无机专用混配肥对烤烟产量和养分利用率的影响［J］. 土壤通报，39（2）：334－337.

聂文翰，戚志萍，冯海玮，等，2017. 复合菌剂秸秆堆肥对土壤碳氮含量和酶活性的影响［J］. 环境科学，38（2）：783－791.

仝少伟，时连辉，刘登民，等，2014. 不同有机堆肥对土壤性状及微生物生物量的影响［J］. 植物营养与肥料学报，20（1）：110－117.

王晶晶，赵树兰，多立安，2011. 接种垃圾堆肥微生物菌剂对黑麦草和高羊茅初期生长的影响［J］. 中国草地学报，33（3）：94－99.

徐智，李季，2013. 2 种微生物菌剂对堆肥过程中酶变化的影响研究［J］. 中国农学通报，29（8）：175－179.

叶静，安藤丰，符建荣，等，2008. 几种新型有机肥对菜用毛豆产量、品质及化肥氮利用率的影响［J］. 浙江大学学报（农业与生命科学版），34（3）：289－295.

周立祥，胡霭堂，戈乃玢，1994. 城市生活污泥农田利用对土壤肥力性状的影响［J］. 土壤通报，1994，25（3）：126－129.

Hsu J H，Lo S L，1999. Chemica land spectroscopic analysis of organic matter transformations during composting of pig manure [J]. Environmental Pollution, 104: 189-196.

Zhang X, Cao Y, Tian Y, et al, 2014. Short-term compost application increases rhizosphere soil carbon mineralization and stimulates root growth in long-term continuously cropped cucumber [J]. Scientia Horticulturae, 175: 269-277.

第八章　清洁堆肥在土壤改良中的应用

堆肥化作为处理有机固体废弃物的主要方法，是实现有机废弃物无害化、稳定化和资源化的有效手段之一。通过堆肥化处理，有机固体废弃物能够转变为富含有机质，含有植物生长所需要的多种大量、中量和微量元素的有机肥料，可以用于农业生产、土壤改良以及污染土壤的修复。堆肥化处理能够提高物料的腐熟化程度，避免烧苗、烧根等不良反应。与化肥相比，有机肥的施用能够显著提高土壤中有机质的水平，能够促进土壤团粒结构的形成，降低土壤容重，提高土壤保水和保肥能力。此外，有机肥中还含有大量如植物生长素、激素、小分子有机酸等具有生理活性的物质，对土壤中微生物的活性产生积极的影响。

对于污染土壤的修复与再利用，大量的实验室、温室以及小区试验证明，堆肥化过程以及有机肥能够用于无机或有机污染土壤的修复。有报道指出，堆肥化的过程能够快速降解污染土壤中的有机污染物。此外，在污染土壤中添加有机肥能够通过提高植物以及微生物活性达到加快有机污染物降解或者稳定土壤中污染物的目的。与传统的污染修复技术相比，堆肥参与的污染土壤修复更加廉价，堆肥参与植物修复/原位微生物修复的成本为土壤原位钝化处理成本的1/10～1/2。此外，土壤中施加有机肥有助于控制植物疾病，这又在另一个方面上降低了合成杀菌剂的施用，避免污染发生的可能。本章将围绕清洁堆肥在土壤改良中的应用展开。

一、土壤环境问题

土壤是人类赖以生存的物质基础，是人类社会发展不可缺少、难以再生的自然资源。从组成上来讲，土壤是由地球表面岩石风化形成的矿物质、微生物残体腐解产生的有机质、土壤生物（固相物质）以及水分（液相物质）、空气（气相物质）所组成的三相复合系统。土壤生态系统在整个环境系统中占有重要的地位，土壤圈与其他各个圈层之间进行紧密的物质与能量交换使得其成为了与人类生存与发展联系最为密切的环境要素。随着经济社会的发展，城市化、工业化以及集约化农业快速发展，目前我国土壤环境面临的主要问题包括土壤污染、土壤盐渍化、土壤酸化等（图 8-1）。

图 8-1　土壤污染、土壤盐渍化以及土壤酸化

1～2. 土壤污染　3. 土壤盐渍化　4. 土壤酸化

土壤污染是指大量有毒有害的污染物以污水灌溉、大气沉降、淋溶与地表径流等方式进入土壤环境中，当污染物的累积量和累积速率超过了土壤自净能力时，土壤的功能逐渐丧失，土壤污染随之产生。相关研究表明，我国土壤污染问题已经相当严重。2014 年 4 月 17 日，环境保护部和国土资源部联合发布的《全国土壤污染公报》指出，全国土壤环境状况总体不容乐观，部分地区土壤污染较

重，耕地土壤环境质量堪忧，工矿业废弃土地环境问题突出。我国农田土壤污染点位超标率为19.4%，污染类型以无机污染为主，有机污染次之，土壤中有机物和无机物混合产生的复合型污染比例较低。从污染分布情况来看，南方土壤污染程度重于北方土壤，长江三角洲、珠江三角洲以及东北老工业基地等部分区域土壤污染问题比较突出，西南、中南地区土壤重金属超标范围较大。近年来，土壤污染导致的粮食安全、饮用水安全以及公众健康的环境事件持续发生。全国每年因土壤污染导致的粮食污染高达1 200万吨，直接经济损失超过200亿元。

此外，作为环境系统中的关键节点，污染土壤既可以作为污染物的“汇”也可以作为污染物的“源”，当环境条件发生变化的时候，土壤中的污染物可能释放出来，造成更大范围的环境污染。

土壤盐渍化是土壤退化的主要类型之一，是地下水中盐分在表层土壤中逐渐富集的结果。此外，不合理的灌溉行为和过量的施肥可能使潜在盐渍化土壤中的盐分趋于表层土壤中聚集，称为土壤的次生盐渍化。有调查指出，我国各类盐化、碱化土壤面积相当于我国现有耕地面积的25%。近年来，重度盐渍化土壤面积由原来的6.0%上升到7.4%。盐渍化土壤主要分布于我国的华北地区、西北干旱区以及东北地区。土壤盐渍化会从影响植物水分吸收、无机离子的吸收以及土壤pH变化而影响作物的生长。

土壤酸化是耕地土壤所面临的主要的环境问题，全球范围内约有40%的耕地土壤受到土壤酸化的影响。研究表明，在不施用石灰而仅施用化肥的情况下，20%的农田土壤耕层pH将在不到20年的时间内下降超过1.0个单位。在我国，化肥的广泛施用使得我国在20年间土壤pH平均下降了0.13～0.76。土壤酸化有可能导致土壤中铝、锰以及土壤重金属毒害效应的激发，会显著影响农田土壤的生产力，对于粮食安全造成极大的威胁。我国土壤酸化主要集中于湖南、江西、福建、浙江、广东、广西、海南等地。

二、堆肥特点

堆肥是指有机固体废弃物经过高温好氧发酵而产生的富含腐殖质的稳定化和清洁化的堆肥产物，表观上来看，呈现深褐色，质地蓬松，具有泥土的芬芳。

堆肥的主要特点表现在以下 3 个方面（图 8-2）。

（1）堆肥养分含量均衡，除去植物所需的大量养分元素外，堆肥中还含有一定量的维生素、生物酶以及植物生长调节剂等。

（2）堆肥的肥效相对持久，所含的养分含量相对复杂，随着有机质的分解，堆肥中养分需要经过矿化才能缓慢释放而加以利用。

（3）堆肥中大量的腐殖质能够提高土壤的阳离子交换量以及土壤的缓冲能力。

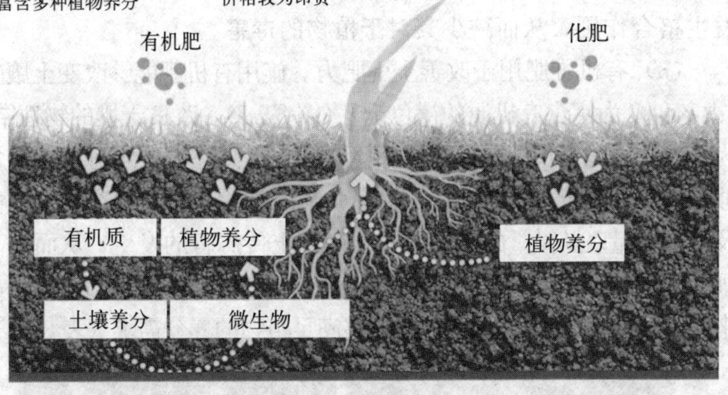

图 8-2　堆肥特点

三、清洁堆肥用于土壤改良

在农业生产过程中，由于土壤的先天理化性质缺陷或者自身养分的不足，会对农作物产量和质量造成影响，因此需要对土壤进行改良以优化其功能。有机肥的施用能够显著提高土壤的肥力，有效改善土壤的理化性质，提高作物的产量与质量。

（1）清洁堆肥用于盐渍化土壤改良。化肥与有机肥的施用都会对土壤的电导率、盐基离子的总量和组成造成影响。施用有机肥有利于改良土壤的物理性状，提高土壤中团粒体的数目，增加土壤的孔隙度，降低土壤容重。同时，施加有机肥能够显著改善土壤的保水特性，减少水分的蒸发，从而抑制盐分的表面聚集，这可以在一定程度上解决长期施肥导致的土壤次生盐渍化问题。此外，有研究发现，土壤中施用有机肥有利于增加土壤胶体以及腐殖质的含量，提升土壤对盐分离子的吸收，降低土壤中盐分离子的活性。

（2）清洁堆肥对酸性土壤改性的作用。有机肥的施用能够缓解土壤酸化，这是因为有机肥能够补充土壤中由于阴离子淋失而失去的盐基离子，提高土壤的缓冲能力。有机肥中含有的大量有机质能够提高土壤的阳离子交换量，能够增加土壤的酸缓冲能力。此外，这些大分子的有机物能够与土壤中的 Al^{3+} 以及其他有毒金属离子发生螯合作用，从而减少其对于植物的毒害。

（3）有机堆肥用于改善土壤肥力。施用有机肥能够改变土壤颜色（由灰色变为富含有机质的褐色土）（图 8-3），改良土壤的物理结构，为植物根系的生长创造良好的环境；能够提高黏土中水分的下渗；能够提高土壤对于水分的保持，提高肥料的利用效率，补充有机物质以及多种大量以及微量的养分元素，抑制土传病害的发生，从而提高土壤的肥力。在施加有机肥时建议先对土壤进行理化性质的测定，一般来说每公顷土壤 1～2 吨的堆肥能够满足植物的养分需求（表 8-1）。

a

b

图 8-3　有机肥添加前后土壤颜色对比

a. 有机肥添加前土壤颜色　b. 有机肥添加后土壤颜色

表 8-1 有机肥添加对土壤理化性质的影响

	有机肥	土壤	低有机肥添加土壤	高有机肥添加土壤
pH	7.2	7.72	7.43	7.34
EC 值（毫西/厘米）	6.4	0.67	1.78	3.28
有机质（%）	52.4	0.78	1.75	2.04
总磷（%）	1.8	0.04	0.14	0.21
总氮（%）	2.4	0.11	0.07	0.1
总钾（%）	0.66	0.93	0.94	0.91
Cd（毫克/千克）	<2.5	1.1	1.5	1.6
Pb（毫克/千克）	84	72.7	79.3	82
Zn（毫克/千克）	3083	36.2	96.6	128.7
Ni（毫克/千克）	59	23.7	27.5	28.7
Cr（毫克/千克）	113	37.8	42.6	53.7

（4）堆肥用于土壤改良的应用。在美国，有机肥可以用于道路的绿化、草坪绿化维护以及斜坡的水土保持工程等（图 8-4、图 8-5）。此外，还可以将有机肥与枯枝落叶用网袋固定于排水沟，用于防治水土流失，净化水体。在国内，高速公路车道间的绿化带以及城市草坪的培育和维护中也常选用堆肥作为肥料的主要来源。相比于无机肥料，有机肥具有缓释、有机质含量高等优点。

四、清洁堆肥用于土壤污染修复

1. 土壤污染的特点 土壤污染具有隐蔽性与潜伏性、累积性与地域性、不可逆性以及治理难、周期长、费用高的特点。

（1）隐蔽性与潜伏性。与大气污染和水污染不同，土壤污染往往需要通过对土壤样品以及农产品（粮食、蔬菜以及水果等）进行检测才能确定。此外，土壤从污染到对其生态功能造成显著影响往往需要一个相当长的时间，正因如此，往往当土壤污染事件曝光时，其污染程度已经达到了十分严重的水平。

图 8-4　有机肥在道路绿化上的应用

（2）累积性与地域性。污染物在土壤环境中并不能像其在水体或者大气环境中那样进行长距离的迁移与扩散，因此容易在区域土壤中不断累积，达到较高的浓度，这是矿产开发、金属冶炼以及化工生产等导致土壤点源污染的主要原因。此外，农业生产过程中伴随着农药使用以及污水灌溉的面源污染，造成了大面积农田土壤的污染。值得庆幸的是，相比于点源污染，面源污染的程度相对较低。

图 8-5 有机肥用于斜坡以及道路水土保持工程

(3) 不可逆性。土壤污染具有不可逆性，一方面，进入土壤中的污染物很难再从土壤环境中分离出来。另一方面，污染土壤的环境风险会在相当长的一段时间内存在并持续威胁土壤生态系统中的动物、植物以及微生物，土壤生态系统正常功能的修复往往需要上百年的时间。以重金属为例，进入土壤中的重金属不能被微生物降解，只能通过扩散、淋溶等方式缓慢迁移，降低其在土壤中的浓度。相比而言，尽管有机化合物能够被微生物降解，但是需要较长的时间。此外，有机污染物的降解产物的生物毒性可能高于原有污染物。

(4) 治理难、周期长、费用高。土壤污染一旦发生则很难治理。积累在污染土壤中的难降解污染物，很难通过稀释作用和自净化作用来消除。因此，污染源头的控制只是土壤污染控制中的一个关键环节，对于污染土壤的修复才是其中最为重要的环节。但是，从目前已有的治理方法来看，仍然存在着修复成本较高、治理时间较长的问题。因此，开发更先进、更有效、更经济的污染土壤修复、治理技术与方法是当前亟待解决的问题。

2. 污染土壤修复技术 污染土壤的修复是指利用物理、化学以及生物的方法转移、吸收、降解和转化土壤中的污染物，使其浓度降低到可接受水平，或将有毒、有害的污染物转化为无害的物质。一般而言，污染土壤修复的原理包括改变污染物在土壤中的存在形态或者与土壤结合的方式、降低土壤中有害物质的浓度以及利用其在环境中的迁移性与生物有效性。

污染土壤的修复技术根据修复场地与污染场地的位置关系可以分为原位修复和异位修复两类。原位修复技术可以分为 3 类：①污染源控制技术；②截断污染物暴露途径，阻断其生物累积的技术；③降低受体风险的技术。原位修复主要针对于大面积、低污染的场地修复，其处理时间相对较长、效率相对较低，但是修复成本相对廉价。此外，原位处理对土壤结构及其功能的破坏相对较小。相比而言，异位修复技术主要针对高浓度、污染较为集中、面积相对较小的污染修复。由于土壤的开挖以及运输，异位修复技术的费用一般较高。

按照操作的原理，污染土壤的修复技术可以分为物理化学修复和生物修复两类。其中，物理化学修复主要是通过破坏污染物与土壤颗粒之间的结合，达到破坏、分离或者固定化污染物的技术，主要包括各种工程措施（客土、翻耕）以及土壤气相抽提、土壤淋洗、电动修复、化学氧化、固定化/稳定化、热脱附、电动修复等。物理化学修复往往实施周期短，可以用于各种污染土壤的修复。但是，物理化学修复工程的投入相对较大，对土壤基本功能破坏较大，修复完成后土壤不能直接用于农业生产。

生物修复技术则是利用各种生物的自然新陈代谢过程，减少环境中的有害污染物，主要分为植物修复技术和微生物修复技术。其中，植物修复技术主要是针对重金属污染土壤的修复，通过植物提取、植物挥发以及植物稳定达到降低污染土壤生态风险的目的。微生物修复技术则主要针对石油、农药等有机污染土壤的治理，通过微生物对有机污染物的降解达到降低土壤中污染物浓度的目的。相比于物理化学修复，生物修复具有成本低、无二次污染的优点，适用于量大面积的污染土壤修复。然而，生物修复受环境条件的影响较大，不适用于高浓度污染土壤修复，也不能用作突发事件的应急处理。为了提升生物修复的修复效率，生物强化修复技术成为了目前技术开发与研究的重点。生物强化修复技术主要分为生物强化和生物促进两个方面：生物强化是指施加对于目标污染物有一定处理能力的外源微生物菌剂或者通过基因工程技术提高植物对于污染物的吸收和降解能力；生物促进则是通过添加能够促进微生物和植物降解、吸收目标污染物的各种生长激素、营养物质，达到提高修复效率的目的。

图 8-6 列出了各种修复技术的特点及其适用的污染类型。虽然土壤污染修复技术很多，但是各自都存在着特定的应用范围与局限性，没有一种土壤修复技术能够涵盖所有类型污染土壤的修复。此外，由于土壤理化性质差异，在某一污染土壤修复中表现优良的技术不一定会在另一种污染土壤修复中表现出类似的效果。污染土壤修复技术的制定需要因地制宜，为此环境保护部于 2014 年 2 月发布了《污染场地土壤修复技术导则》，该导则列出了污染场地土壤修复方案编制的一般程序（图 8-7）。

3. 清洁堆肥在重金属污染土壤修复中的应用

（1）作用机理。清洁堆肥施加到土壤中能够通过降低土壤中重金属的生物有效性达到修复污染土壤的目的。土壤中的重金属元素可以与土壤中不同成分结合形成不同的化学形态，这与土壤的类型、土壤性质、外源物质的来源与历史以及环境条件等密切相关。金属在土壤中的存在形式一般可以分为交换态（包括水溶态）、碳酸盐结合态、铁锰氧化物结合态、有机结合态以及残渣态等。不同形态重金属的生物可吸收性不同，一般来说处于交换态以及碳酸盐结合态的重金属容易被植物吸收。相比而言，处于其他形态的重金属则相对稳定。对于土壤中重金属的形态还没有统一的分析方法，目前最为常用的形态分析方法主要是 Tessier五步提取法以及欧洲共同体标准物质局提出的 BCR 法（表8-2）。

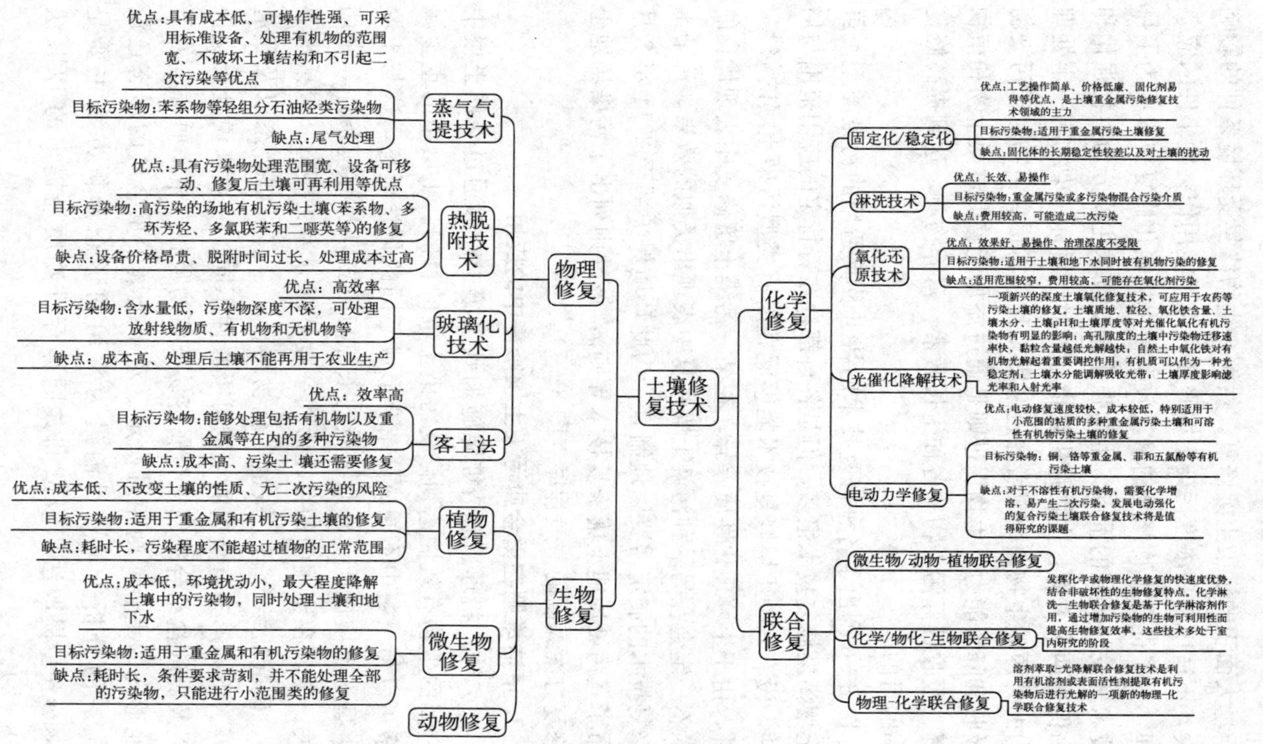

图8-6 主要土壤修复技术

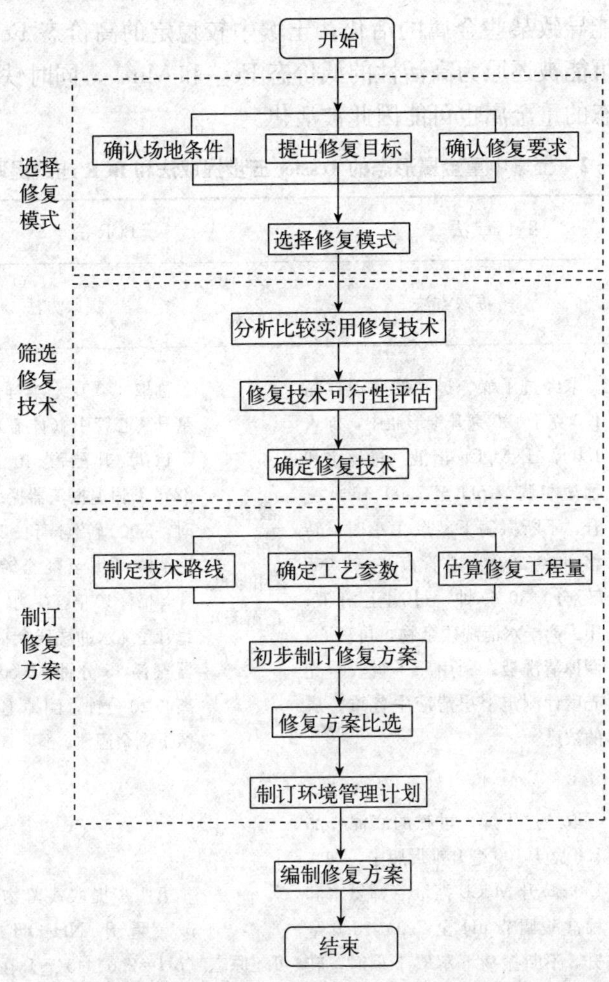

图 8-7 污染场地土壤修复方案编制程序

堆肥能够与土壤中重金属形成稳定的络合物，将其从较为活泼的有效态转化为相对稳定的有机结合态，从而降低了其生物有效性，降低重金属在动植物体内的累积。堆肥中的有机物还可以和金属发生氧化还原反应，使重金属从毒性较高的高价态转化为低毒或者无毒的低价态，这些重金属包括 Cr、Tc 等。同理，堆肥的添加也有可能导致某些金属的活化，土壤中较稳定的高价态 Fe 与 Mn 氧化物可能被还原为高活性的低价态 Fe^{2+} 和 Mn^{2+}，同时铁锰氧化物结合态的重金属也可能因此被活化。

表 8-2　土壤中重金属形态的 Tessier 五步提取法和 BCR 连续提取法

Tessier 法		BCR 法	
重金属形态	提取方法	重金属形态	提取方法
水溶态及交换态	取经过干燥、过筛的底泥样品 1.0 克于 100 毫升锥形瓶中，加入 1.0 摩/升 $MgCl_2$ 溶液（稀氨水和稀盐酸调节 pH 至 7.0）15.0 毫升，不断振荡下萃取 1 小时，转移到 50 毫升离心管离心（3 000 转/分）30 分钟，过滤上清液，用去离子水清洗残余物，再离心，倒掉清洗液。利用原子吸收分光光度计测定上层清液中各重金属的浓度	酸溶态（可交换态和弱酸溶解态）	称取 1.0 克土壤样品于 80 毫升离心管中（拧盖），采用 0.11 摩/升醋酸 40 毫升在 22.5 ℃恒温振荡器振荡 16 小时，3 000 转/分离心 20 分钟，上清液倾倒至聚乙烯瓶中保存，稀释 10 倍，待测。加入 20 毫升超纯水冲洗残余物，振荡器振荡 15 分钟，3 000 转/分离心 20 分钟，倒掉上层清液留下剩余固体
碳酸盐结合态	取经过干燥、过筛的底泥样品 1.0 克于 100 毫升锥形瓶中，加入 1.0 摩/升 $MgCl_2$ 溶液（稀氨水和稀盐酸调节 pH 至 7.0）15.0 毫升，不断振荡下萃取 1 小时，转移到 50 毫升离心管离心（3 000 转/分）30 分钟，过滤上清液，用去离子水清洗残余物，再离心，倒掉清洗液。利用原子吸收分光光度计测定上层清液中各重金属的浓度	可还原态（铁锰氧化物结合态）	第一步提取残留物继续用 0.5 摩/升 $NH_2OH \cdot HCl$（pH=2.0）40 毫升在（22±5）℃ 恒温振荡器振荡 16 小时，3 000 转/分离心 20 分钟，清洗步骤同上，稀释 20 倍，待测

（续）

Tessier 法		BCR 法	
重金属形态	提取方法	重金属形态	提取方法
铁锰氧化物结合态	向上步离心残渣的离心管中加入 0.04 摩/升 $NH_2OH \cdot HCl$（盐酸羟胺）溶液 20.0 毫升，水浴保温 [（96±3)℃]，间歇搅拌，萃取 6 小时，3 000 转/分离心 30 分钟，过滤上清液，用去离子水清洗残余物，再离心，倒掉清洗液。利用原子吸收分光光度计测定上层清液中各重金属的浓度	可氧化态（有机物结合态和硫化物结合态）	第二步提取残留物继续留用，向离心管中缓慢加入 8.8 摩/升过氧化氢（H_2O_2）10 毫升于 22.5 ℃静置 1 小时后在 85 ℃水中水浴 1 小时后，恒温水浴（85 ℃）1 小时，前 0.5 小时不断用手摇晃，去掉盖子蒸发至体积少 3 毫升。再加 10 毫升过氧化氢溶液处理过程同上，蒸发至体积小于 1 毫升。冷至室温，加入 1 摩/升醋酸铵溶液（pH＝2.0）50 毫升，消解、分离和清洗过程同上，上清液稀释 20 倍，待测
有机结合态	向上步离心残渣的离心管中加入 0.02 摩/升硝酸溶液 3.0 毫升和 30% 过氧化氢溶液（HNO_3 调节 pH 至 2.0）5.0 毫升，水浴保温 [(85±2)℃]，间歇搅拌，萃取 2 小时。再加 30% 过氧化氢溶液（HNO_3 调节 pH 至 2.0）3.0 毫升，水浴保温 [(85±2)℃]，间歇搅拌条件下，萃取 3 小时。冷却后，加入 3.2 摩/升 CH_3COONH_4（乙酸铵）5.0 毫升，并继续振荡 30 分钟。3 000 转/分离心 30 分钟，过滤上清液，用去离子水清洗残余物，再离心，倒掉清洗液。利用原子吸收分光光度计测定上层清液中各重金属的浓度	残渣态	第三步剩下的部分即为残渣态，将其蒸干转移至玛瑙研钵中，研磨后 40 ℃烘干 4 小时

（续）

Tessier 法		BCR 法	
重金属形态	提取方法	重金属形态	提取方法
残渣态	向上步离心残渣的离心管加入混酸 HNO_3、HF、$HClO_4$、HCl，其体积分别为 8.0 毫升、2.0 毫升、2.0 毫升、2.0 毫升，水浴保温［(85±2)℃］，间歇搅拌，消化 3 小时，3000 转/分离心 30 分钟，过滤上清液，试剂空白，原子吸收测定上层清液中各重金属的浓度		

堆肥添加可以降低重金属在土壤环境中的迁移能力，一些碱度较高的堆肥可以提高土壤的 pH，这有利于土壤中游离态重金属的沉淀反应。有研究表明，酸性土壤中施加碱度较高的堆肥样品使得土壤 pH 从＜7.0 提高到了＞7.3，小麦组织中的 Cd 的含量降低了 33%～60%。有机肥对水溶态的金属离子具有很强的固定能力，堆肥中的大分子有机物能够通过吸附的形式与金属离子形成稳定的复合物，从而降低土壤中重金属的生物有效性以及由于重金属淋溶导致的地下水体污染的环境风险。然而，需要注意的是，堆肥的添加会促进土壤中 Cu^{2+} 的淋溶，这主要与有机结合态铜较高的迁移能力有关。此外，堆肥的添加可以通过提供植物、微生物生命活动所需要的营养物质达到增强生物修复效率的目的。

（2）影响因素。

① 土壤类型。在利用堆肥进行重金属污染土壤修复的过程中需要考虑土壤基本性质的差异，其修复效果在不同土壤中往往存在着较大的差异。一般而言，堆肥添加对于污染壤土的修复效果显著好于污染的沙土。此外，有研究表明堆肥添加对淹水土壤的修复效果好于旱地土壤。

② 重金属种类。重金属的类型是影响有机肥对重金属污染土壤修复效果的另一个制约因素。一般而言，有机肥对于 Pb、Cu 和 Cd 污染土壤的修复效率显著高于其他重金属污染土壤，这主要与堆肥中的有机组分与土壤中金属离子形成螯合物的稳定程度有关。此外，通过调节堆肥中金属离子（如 Fe 和 Mn）的比例可以提高堆肥对于土壤中重金属的稳定化作用。

③ 堆肥性质。堆肥自身的性质也是影响其对于土壤重金属修复能力高低的影响因素之一。一方面，不同的堆肥物料可能导致不同堆肥产品中有机组分之间存在较大的差异，因而影响其对于土壤中游离金属的螯合能力。在堆肥中胡敏酸和胡敏素与重金属之间形成的络合物的溶解度较低，而富里酸与金属离子之间形成的络合物则相对活性较高，这与两种有机大分子之间分子量、官能团的组成和数目相关。一般而言，分子量较小的有机物与金属形成的络合物活性较强，更容易被植物吸收。而堆肥中胡敏酸和富里酸的比例则与堆肥的腐熟程度相关，因而采用腐殖化程度越高的堆肥，更有利于土壤中重金属的固定。另一方面，堆肥中所含有的重金属的量以及其生物有效性也是堆肥用于重金属污染土壤修复过程中需要考虑的问题。堆肥原料中或多或少会含有一定量的重金属，尽管在堆肥产品中其生物有效性大大降低，但是其量相比于堆肥原料有一定程度的富集，将其施加到土壤中的时候，存在着土壤重金属二次污染的问题。因此，在选择土壤修复的堆肥产品时应该选择重金属含量相对较低的堆肥产品（即清洁堆肥）。对此，《复合微生物肥料》（NY/T 798—2015）指出，堆肥产品中重金属 As、Cd、Pb、Cr 和 Hg 的含量不得超过 15 毫克/千克、3 毫克/千克、50 毫克/千克、150 毫克/千克和 2 毫克/千克。尽管如此，对于用于污染修复的堆肥产品，还没有相应的技术标准可以执行。

（3）相关研究。

① 冶炼厂周边农田修复。为了修复金属冶炼厂附近的农田土壤（Cd 和 Cu 污染），张喆等（2009）将不同比例的鸡粪-稻壳堆肥（每小区施 0 千克、8.1 千克、16.2 千克、32.4 千克、64.8 千克）

施加到3.6米^2 的小区中，通过种植小麦研究不同处理对土壤中重金属在小麦中累积的影响。

经过修复，污染土壤中有效态Cd的含量有了显著的降低，根际土中无机结合态Cd的含量降低了24%以上，而有机结合态Cd的含量有所增加。在低比例堆肥添加的处理中小麦籽粒以及茎中Cd的含量均有不同程度的降低，土壤酶的活性也有显著的提高。相比于Cd，Cu在小麦籽粒中的含量有了不同程度的增加。

② 其他研究。有关有机肥添加对重金属修复的研究还有很多。对于大部分的金属离子，表8-3列出了其中的若干研究结果。

表8-3 堆肥用于重金属污染土壤中的研究

污染土壤中的重金属	添加剂	结果	参考文献
Cr	堆肥、畜禽粪便	有机肥的添加提高了土壤中水溶性有机碳的含量，促进了Cr的还原	Bolan et al.，2003
Cr	堆肥	Cr的淋失量降低了，主要是因为堆肥添加提高了土壤中的有机质的含量、阳离子交换量以及沉淀作用	Banks et al.，2006
As、Cd、Cu和Zn	生物炭和绿肥	Cu和As在土壤溶液中的浓度提高了近30倍，但是Zn和Cd的活性有了显著的降低	Bessley et al.，2010
Cd、Cu、Mn、Ni、Pb和Zn	污泥堆肥	植物中重金属的累积量增加了，但是其含量并没有超过标准值	Izhevska et al.，2009
Pb、Cd和Zn	堆肥、沸石、石灰	降低了重金属的活性，提高了残渣态重金属比例，降低了重金属在植物体内的吸收	Castaldi et al.，2005
Cd	鸡粪堆肥	降低了土壤中Cd的活性以及Cd对植物的毒性	Liu et al.，2006
Cd、Cu、Pb和Zn	堆肥	Zn和Cd的淋失量降低，Pb和Cu的淋失量增加	Ruttens et al.，2006

4. 堆肥用于有机污染土壤的修复　堆肥用于有机污染土壤的修复主要采用两种方式：①直接将一定量的污染土壤与堆肥原料混合，在堆肥的同时完成对污染土壤的净化（图 8-8）；②污染土壤中直接添加已经腐熟的堆肥产品进行污染土壤的原位修复。通过添加堆肥处理的土壤有机污染物主要包括各种农药、多环芳烃、石油类等。相比于其他的修复技术，利用堆肥以及有机肥修复有机污染土壤显得更为廉价（表 8-4）。

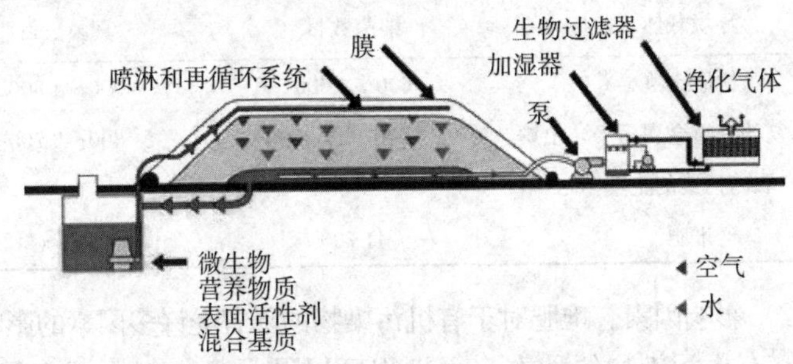

图 8-8　生物堆肥技术用于有机污染土壤修复

表 8-4　不同修复技术对有机污染土壤修复的费用估计

单位：万美元

修复技术	工程花费
堆肥化	360
固化	730
热处理	1140
安全填埋	1080
焚烧	1890

注：工程花费为修复 1 公顷表层土壤（20 厘米）所需要的费用。

（1）作用机理。堆肥用于有机污染土壤的修复，一方面利用堆肥产品本身含有多种微生物，可降解土壤中的污染物，另一方面，由于堆肥中含有丰富的营养物质，可以作为微生物生命活动的碳源以及氮源，可以刺激微生物的活动，加快有机污染物降解速度。表

8-5为堆肥、健康土壤及污染土壤（干土）中微生物含量的比较。由于堆肥中含有大量的养分，其中微生物的数量相比于土壤都有了显著的提高。因此，在土壤中添加堆肥有利于提高土壤中微生物的数量。此外，在堆肥中添加对于目标污染物具有高效降解能力的微生物菌株，然后用于污染土壤的修复已成为现在研究的热点。

表8-5　堆肥、健康土壤以及污染土壤（干土）中微生物的含量

单位：万个/克

环境载体	细菌数目	真菌数目
健康土壤	600～4 600	900～4 600
经过修复的（重金属污染）土壤	1 900～17 000	800～9 700
农药污染的土壤	1 900	600
堆肥	41 700	15 500

（2）影响因素。堆肥对于有机污染物的降解受许多因素的影响。

① 有机污染物的种类、污染程度以及污染物与土壤之间的相互作用是影响堆肥修复有机污染土壤效率的关键因素。

② 微生物的种类与活性以及其对于目标污染物的降解效率均影响堆肥降解有机污染物的效率，堆肥可以通过引入营养物质或者其他外源微生物来达到提高有机污染土壤修复效率的目的。

③ 环境因素如温度、降雨、土壤的基本理化性质都能在一定程度上影响其作用的效率。表8-6为影响微生物降解有机污染物的适宜环境条件。

表8-6　土壤微生物降解有机污染物的适宜环境条件

环境因素	污染物降解最适环境条件
土壤含水量（%）	30～90
pH	7.5～7.8
含氧量（%）	10～40
温度（℃）	20～30
养分	C∶N∶P=(100～120)∶10∶1

（3）相关应用。

① 多环芳烃污染土壤的修复。土壤中的多环芳烃是一种极为稳定的难降解物质。微生物能够通过共代谢作用对于难降解污染物多环芳烃的彻底分解或矿化起主导作用。为了处理富含硝基苯、偶氮苯、苯胺、苯酚、萘、芘、三氯苯等挥发性有机污染物的污染土壤，研究发现采用菇渣-土壤混合物进行好氧堆肥，通过60天的堆肥处理，土壤中的有机污染物的含量有显著的降低。添加营养物质、菇渣、曝气、翻堆等不同处理方式均能增加有机污染物的降解率（>50%）。

a. 工程设计。

#0：对照（无堆肥处理）。

#1：900千克有机肥+0.5千克磷肥+菇渣（6%）+人工翻堆（31天）。

#2：900千克有机肥+0.5千克磷肥+菇渣（6%）+主动曝气+人工翻堆（31天）。

#3：900千克有机肥+0.5千克磷肥+菇渣（6%）+主动曝气。

#4：900千克有机肥+0.5千克磷肥+菇渣（6%）。

b. 堆体设计。堆体设计如图8-9所示。

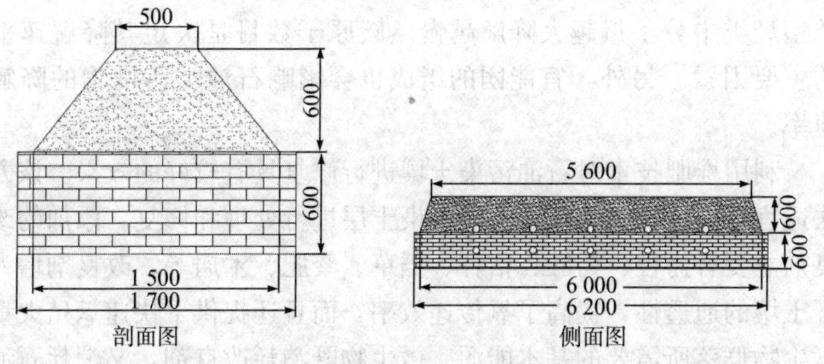

图8-9　条垛式堆肥系统的设计（图中标注单位为毫米）

c. 处理效果。含有6%菇渣的土壤，通过添加适宜的营养物质、保持适当的含水率、添加曝气设施、定期方队能够提土壤中有机污染物的降解。具体效果见表 8－7。

表 8－7　条垛式堆肥反应器处理有机污染物的效果

单位：毫克/千克

堆号	堆肥前有机物浓度		堆肥后有机物浓度	
	半挥发性有机物	挥发性有机化合物	半挥发性有机物	挥发性有机化合物
＃0	23.5	0.17	16.9	＜0.05
＃1	15.4	＜0.05	4.7	＜0.05
＃2	7.7	＜0.05	3.2	＜0.05
＃3	8.1	＜0.05	5.7	＜0.05
＃4	10.7	＜0.05	7.9	＜0.05

② 石油污染土壤的修复。石油污染土壤中含有大量的芳香烃类污染物，主要包括苯、甲苯、乙苯等。石油污染的土壤会对土生微生物、动物以及植物的生存造成显著的影响。石油组分相当复杂，其降解速率也受污染，一般来说，石油中不同组分的降解特性为：正烷烃＞支链烷烃＞芳香烃＞环烷烃＞支链芳香烃，同种类型烃类中分子量越大降解越慢。碳原子数目是决定其降解速率的主要因素。另外，官能团的组成也会影响石油类污染物的降解速率。

利用堆肥技术对石油污染土壤进行修复具有较好的效果。该方法适宜对高挥发、高浓度石油污染土层进行处理和修复。添加的改良剂主要有树枝、树叶、秸秆、稻草、粪肥、木屑等。改良剂增大了土壤的通透性，提高了氧传递效率，而且还提供了快速繁殖大量微生物群落所需要的基本能源。微生物既消耗改良剂，又消耗石油类物质作为能源和碳源。堆肥过程自身可以产生热量，使系统温度保持在较高的水平。

③ 农药污染土壤的修复。伴随着有机磷农药的大量施用，其在土壤中的残留问题逐渐凸显：一方面，残留在土壤中有机磷农药会随着雨水的冲刷进入地表河流以及地下水中，对整个环境造成影响；另一方面，残留在植物表面的农药污染物可能随着食物链汇集到人体中，对人类健康造成严重的威胁。为了解决土壤中残留有机磷农药的污染问题，余震等（2009）通过从污染土壤中筛选出的对有机磷农药具有高效降解能力的细菌，它将其接种于污染土壤的堆体中，能够快速降解土壤中的有机磷农药。

④ 环境激素类物质的去除。环境中存在一些能够像激素一样影响人体和动物体内分泌功能的物质，称为环境激素，又称内分泌干扰物。尽管它们在环境中含量极小，但是一旦进入人体内，就可以与特定的激素受体结合，干扰内分泌系统的正常功能。这类化学物质主要用来制造农药、洗涤剂和塑料制品或添加剂以及药品等。将秸秆与污泥混合进行好氧堆肥处理，所添加的污染物即增塑剂粗品对苯二甲酸二异辛酯，对堆肥过程不同时期的乙醇萃取样品经液相色谱分析后发现，堆肥处理对污染物有着很好的降解效果。虽然，目前生物修复方面关于环境激素类污染物降解的研究较少，如用生物降解只能处理含多氯联苯浓度较小的废弃物，而且速率较慢。但是，随着人们对环境激素危害性的认识，应用堆肥技术对这类污染物的生物降解的研究也必然获得很大进展。

（4）不足。堆肥作为一种能够有效修复有机污染土壤的技术具有环境友好、低成本等优点，但其同时也存在着许多不足：①并非所有的有机污染物都能够被微生物降解，当污染物与土壤颗粒以及土壤中的腐殖质相结合时，修复效率则会显著降低；②有些化学试剂经过微生物降解后，其产物的毒性和移动性均比母体化合物有所增加；③有些情况下，微生物并不能将全部的污染物从土壤中出去，当污染物浓度太低而不足以为微生物活动提供足够的能源和碳源时，剩余的微生物则会残留于土壤中；④微生物活动易受环境条件影响，特定的微生物往往只能降解一种或者一类污染物，而且外源微生物很可能在较短的时间内被土著微生物降解取代。基于此，研究有机污染土壤污染物降解过程中的中间代谢产物以及筛选具有高效降解能力的微生物菌株是目前研究的重点。

主要参考文献

陈英旭，2008. 土壤重金属的植物污染化学［M］. 北京：科学出版社.

环境保护部和国土资源部，2014. 全国土壤污染状况调查公报［EB/OL］.（2014-04-17）［2019-03-18］. http://www.gov.cn/foot/site1/20140417/782bcb88840814ba158d01.pdf.

李季，彭生平，2015. 堆肥工程实用手册［M］. 2版. 北京：化学工业出版社.

余震，2012. 五氯酚污染土壤的堆肥修复及其微生物群落组成研究［D］. 长沙：湖南大学.

张亚宁，2014. 堆肥腐熟度快速测定指标和方法的建立［D］. 北京：中国农业大学.

张喆，2009. 原位施用堆肥对重金属污染土壤中小麦生长及Cd、Cu形态的影响［D］. 武汉：华中农业大学.

周启星，宋玉芳，2004. 污染土壤修复原理与方法［M］. 北京：科学出版社.

Banks M K，Schwab A P，Henderson C，2006. Leaching and reduction of chromium in soil as affected by soil organic content and plants［J］. Chemosphere，62（2）：255-264.

Beesley L，Moreno-Jiménez E，Gomez-Eyles J L，2010. Effects of biochar and greenwaste compost amendments on mobility，bioavailability and toxicity of inorganic and organic contaminants in a multi-element polluted soil［J］. Environmental pollution，158（6）：2282-2287.

Bolan N S，Adriano D C，Duraisamy P，et al，2003. Immobilization and phytoavailability of cadmium in variable charge soils. Ⅲ. Effect of biosolid compost addition［J］. Plant and Soil，256（1）：231-241.

Castaldi P，Santona L，Melis P，2005. Heavy metal immobilization by chemical amendments in a polluted soil and influence on white lupin growth［J］. Chemosphere，60（3）：365-371.

Liu Y，Ma L，Li Y，et al，2007. Evolution of heavy metal speciation during the aerobic composting process of sewage sludge［J］. Chemosphere，67（5）：

1025－1032.

Ruttens A, Mench M, Colpaert J V, et al, 2006. Phytostabilization of a metal contaminated sandy soil. Ⅰ: Influence of compost and/or inorganic metal immobilizing soil amendments on phytotoxicity and plant availability of metals [J]. Environmental Pollution, 144 (2): 524－532.

图书在版编目（CIP）数据

堆肥清洁生产与使用手册 / 张增强主编 .—北京：中国农业出版社，2019.3（2023.6 重印）
ISBN 978 - 7 - 109 - 25168 - 7

Ⅰ.①堆…　Ⅱ.①张…　Ⅲ.①农业废物-有机垃圾-堆肥-手册　Ⅳ.①S141.4 - 62

中国版本图书馆 CIP 数据核字（2019）第 018712 号

中国农业出版社出版
（北京市朝阳区麦子店街 18 号楼）
（邮政编码 100125）
责任编辑　魏兆猛
文字编辑　丁晓六

中农印务有限公司印刷　新华书店北京发行所发行
2019 年 3 月第 1 版　2023 年 6 月北京第 2 次印刷

开本：880mm×1230mm　1/32　印张：8.5　插页：2
字数：226 千字
定价：39.00 元